科学出版社“十四五”普通高等教育本科规划教材

分析化学

第 2 版

主 编 张 丽 黄荣增

科 学 出 版 社

北 京

内 容 简 介

本书是第 2 版，是科学出版社“十四五”普通高等教育本科规划教材之一。全书内容主要介绍化学定量分析方法，包括绪论、分析数据的误差和统计处理、重量分析法、滴定分析法概论、酸碱滴定法、沉淀滴定法、配位滴定法和氧化还原滴定法等内容，部分章附有思考与练习，计算题附有答案。本书内容简单扼要、重点突出、理论联系实际。

本书可供高等院校中药学类、药学类、医学技术类、生物医学工程类、食品科学与工程类等相关专业本科生使用，也可作为成人教育、自学考试相关专业教师和学生的教学和参考用书，并可供广大医药、食品科研单位或质量检验部门的科研、技术人员参阅。

图书在版编目（CIP）数据

分析化学 / 张丽，黄荣增主编. —2 版. —北京：科学出版社，2023.5
科学出版社“十四五”普通高等教育本科规划教材
ISBN 978-7-03-075358-8

Ⅰ. ①分…　Ⅱ. ①张…　②黄…　Ⅲ. ①分析化学-高等学校-教材
Ⅳ. ①O65

中国国家版本馆 CIP 数据核字（2023）第 059640 号

责任编辑：郭海燕 / 责任校对：刘　芳
责任印制：赵　博 / 封面设计：蓝正设计

科学出版社 出版
北京东黄城根北街 16 号
邮政编码：100717
http://www.sciencep.com
三河市宏图印务有限公司 印刷
科学出版社发行　各地新华书店经销
*
2017 年 8 月第　一　版　开本：787×1092　1/16
2023 年 5 月第　二　版　印张：10 1/4
2023 年 5 月第八次印刷　字数：249 000

定价：69.80 元

（如有印装质量问题，我社负责调换）

《分析化学》第2版

编　委　会

主　编　张　丽　黄荣增

副主编　陈晓霞　单鸣秋　赵　宏　耿　婷　李　菀

编　委　（按姓氏笔画顺序排列）

朱安宏（南京中医药大学翰林学院）

李　菀（湖北中医药大学）

张　丽（南京中医药大学）

陈晓霞（辽宁中医药大学）

单鸣秋（南京中医药大学）

赵　宏（江苏海洋大学）

耿　婷（南京中医药大学翰林学院）

夏林波（辽宁中医药大学）

黄文瑜（湖北中医药大学）

黄荣增（湖北中医药大学）

程芳芳（南京中医药大学）

薛　璇（安徽中医药大学）

前　言

分析化学是人们获得物质化学组成、含量和结构等信息的分析方法及有关理论的一门科学，属于化学信息科学，包括化学分析和仪器分析两部分内容。分析化学作为本科中药学类、药学类、医学技术类、生物医学工程类、食品科学与工程类等专业的必修课，其理论和对学生能力的培养是相关专业本科教育阶段不可缺少的内容，因此，该课程越来越受到普遍重视。

近年来，分析化学学科发展在全球范围内呈现了前所未有的良好态势，科学研究取得了一系列重大进展，尤其是近十年来国内相关领域的进步，有力推动了国民经济各行业的发展，尤其是为医药、食品行业领域的健康发展提供了坚实的保障。

党的二十大强调教育优先发展、科技自立自强，高质量教材编写亦是其中重要的一环。科学出版社“十四五”普通高等教育本科规划教材《分析化学》是在第 1 版《分析化学》教材内容科学性、系统性、逻辑性与准确性的基础上，根据近年来分析化学学科的最新发展状况，进行了修订和充实。本书由南京中医药大学等中医药院校的 11 名专家通力合作编写而成。参编人员均具有较长期分析化学一线教学、研究及实践经历，因此可针对教学中的重点、难点及学生接受情况，融合多年的教学体会，使教材编写内容更贴近学生的实际需要。

全书编写分工如下：第 1 章张丽、黄荣增，第 2 章李菀，第 3 章单鸣秋、赵宏，第 4 章夏林波，第 5 章薛璇，第 6 章黄文瑜，第 7 章程芳芳、耿婷，第 8 章陈晓霞，附录朱安宏。本书的统稿、定稿工作由主编和副主编共同完成。

本书的编写参考了大量国内外同类教材和文献资料，注意各章间的共性与个性问题，着重强调基本内容、基本理论与基本技能知识，突出本学科特点，分层次（掌握、熟悉与了解）进行编写，列举的实例与中药学、药学类等专业密切相关。

在本书的编写过程中，受到参编学校众多专家的大力支持，在此一并表示衷心感谢。国内外出版的分析化学教材众多，要编写出一套既适合教学需要，又能反映分析化学进展并具有一定特色的教科书，颇有难度。对本书的不足之处，敬请读者和同行不吝批评指正。

张　丽

2023 年 1 月于南京中医药大学

目　录

第1章 绪　　论

 第1节　分析化学的任务与作用 

分析化学(analytical chemistry)是人们获得物质化学组成、含量和结构等信息的分析方法及有关理论的科学，属于化学信息科学。分析化学以化学基本理论和实验技术为基础，并吸收物理学、生物学和信息学等方面的知识以充实本身的内容，从而解决科学与技术所提出的各种分析问题。

分析化学的任务是采用各种方法，应用各种仪器测试得到图像、数据等相关信息确定物质的化学组分(或成分)、各组分的含量及化学结构。它们分别隶属于定性分析(qualitative analysis)、定量分析(quantitative analysis)和结构分析(structural analysis)研究的范畴。

分析化学不仅对化学学科本身的发展起着重大推进作用，而且对国民经济建设各方面，包括医药卫生、食品的发展及高等医药院校教育都起着重要的作用。

1. 化学药物研究　分析化学对于化学药物的新药研发、药物构效关系研究、药物代谢动力学研究、药品质量控制、药品生产、药品流通、临床检验、疾病诊断等均发挥着举足轻重的作用。化学药物的新药研发，首先需要确定药物的化学结构，需要应用元素分析、质谱分析和光谱分析等一系列分析方法。同时在化学药物的生产工艺研究中，需要对影响药物质量的特殊杂质进行定性定量研究，最大限度地控制其含量，此时需要用到分析化学的结构确定方法和色谱法、光谱法等定量分析方法。众所周知，药物在体内发挥作用，而药物的体内研究，往往需要采用色谱-质谱联用等先进分析化学手段进行。而化学药物的质量标准，更需要采用分析化学的手段通过系统的定性、定量研究而建立。

2. 中药研究　分析化学是中药的药效成分研究、资源研究、炮制与制剂工艺研究、品质评价与质量标准研究等贯穿中药生产-流通-临床应用全产业链研究中不可或缺的技术支持。中药现代化研究中首要任务是中药药效成分的确定，这是中药所有研究的基础。在进行中药药效成分研究时，需要采用色谱分析法对中药各类成分分别进行提取分离、得到单体后，再应用元素分析、质谱分析和光谱分析等一系列分析方法进行定性、定量研究并确定其结构，最后通过药效学实验确定其效应。

中药产业的源头是中药资源，《中药材保护和发展规划》中明确指出“中药材是中医药事业传承和发展的物质基础，是关系国计民生的战略性资源”。随着大健康产业的到来，中药资源需求量不断增长，野生中药资源已不能满足大健康事业发展的需求，中药材由野生变家种(养)是产业革命，并需要以中药药效成分为指标，开展系统、坚实的研究。在这一过程中，分析化学可提供强有力的技术支持。

中药饮片是可以直接用于临床中药汤剂煎煮或作为中药制剂的原料药，古人的炮制工艺描述往往缺乏量化，需要工艺优化后，以优选后的参数实现工业化生产。中药制剂的工艺亦是如此，需要和炮制工艺优选一样，采用分析化学的手段提供指标性成分在工艺过程中的动态信息或多成分的指纹谱信息，从而优选最佳工艺。

中药的质量标准与品质评价，主要涉及中药的性状、鉴别、检查和含量测定等中药真伪优劣的评价，如水分、灰分、农药残留量、重金属的检查、指标性成分或有效成分含量等，这些内容无一不依赖于分析化学的手段进行研究。

3. 食品研究 相比较于药品的短时间应用，食品的食用时间往往较长，容易产生蓄积毒性。因此，食品质量与安全是食品行业发展的立足之本，也是世界各国极为重视的问题。在食品质量与安全的研究中，需要采用各种分析化学的手段与方法进行食品生产过程中的杂质确定与控制、食品质量标准的制定、食品中非法添加剂的检测等。近年来，飞速发展的分析化学学科，也为提高食品质量与安全监管提供了强有力的支持。

总之，在药学、中药学、食品质量与安全及相关专业的院校教育中，分析化学是一门重要的专业基础课，其理论知识和实验技能不仅有效支撑相关专业后续各门专业课程的学习，而且还有助于科学研究思路的扩展。

第2节　分析化学方法的分类

根据不同的分类方法，可将分析化学方法划分为不同的类别。本书介绍常用的几种分类方法，即根据分析任务(目的)、分析对象、分析方法的测定原理、操作方法和具体要求的不同进行分类。

一、定性分析、定量分析和结构分析

根据分析任务(目的)的不同，分析化学可分为定性分析、定量分析与结构分析。定性分析的任务是识别和鉴定物质由哪些元素、离子、基团或化合物组成。定量分析的任务是测定物质中某种或某些组分的含量(各自含量或合量)。结构分析的任务是研究物质的分子结构(包括构型与构象)或晶体结构，以及结构与性质的关系。

二、无机分析和有机分析

根据分析对象的不同，分析化学可分为无机分析和有机分析。无机分析(inorganic analysis)的对象是无机物，由于组成无机物的元素种类较多，通常要求鉴定物质的组成(元素、离子、原子团或化合物)和测定各成分的含量。无机分析又可分为无机定性分析和无机定量分析。有机分析(organic analysis)的对象是有机物，虽然组成有机物的元素种类不多，主要是碳、氢、氧、氮、硫和卤素等，但自然界有机物的种类有数百万之多而且结构相当复杂，分析的重点是官能团分析和结构分析。有机分析也可分为有机定性分析和有机定量分析。

三、化学分析和仪器分析

根据分析方法测定原理的不同，分析化学可分为化学分析和仪器分析。

1. 化学分析(chemical analysis method)　是以物质的化学反应为基础的分析方法。化学分析法由于历史悠久，又是分析化学的基础，故常称为经典分析法(classical analysis method)。被分析的物质称为试样(sample，或称样品)，与试样起反应的物质称为试剂(reagent)。试剂与试样所发生的化学变化称为分析化学反应。根据分析化学反应的现象和特征鉴定物质的化学成分，称为化学定性分析。根据分析化学反应中试样和试剂的用量，测定物质中各组分的相对含量，称为化学定量分析。化学定量分析主要有重量分析(gravimetric analysis)和滴定分析(titrimetric analysis)或容量分析(volumetric analysis)等。

例如，某定量分析化学反应为

$$\underset{X}{m\mathbf{C}}+\underset{V}{n\mathbf{R}} \longrightarrow \underset{W}{\mathbf{C}_m\mathbf{R}_n}$$

C 为被测组分，R 为试剂。可根据生成物 C_mR_n 的量 W，或与组分 C 反应所需试剂 R 的量 V，求出组分 C 的量 X。如果用称量方法求得生成物 C_mR_n 的质量，这种方法称为重量分析。如果从与组分反应的试剂 R 的浓度和体积求得组分 C 的含量，这种方法称为滴定分析或容量分析。

化学分析法的特点是所用仪器设备简单、结果准确、应用范围广，但有一定的局限性。例如，对于物质中痕量或微量杂质的定性或定量分析往往灵敏度欠佳、操作繁琐、以致不能满足快速分析的要求，因此该法的分析范围以常量分析为主。

2. 仪器分析法(instrumental analysis method)　是以物质的物理性质或物理化学性质为基础的分析方法。这类方法需要较特殊的仪器。其中，根据物质的某种物理性质，如熔点、沸点、折光率、旋光度或光谱特征等，不经化学反应，直接进行定性、定量和结构分析的方法，称为物理分析法(physical analysis method)，如色谱分析法等；根据物质在化学变化中的某种物理性质，进行定性、定量分析的方法称为物理化学分析法(physicochemical analysis method)，如比色测定法等。仪器分析法主要包括电化学(electrochemical)分析法、光学(optical)分析法、质谱(mass spectrometric)分析法、色谱(chromatographic)分析法等，具有灵敏、快速、准确和应用范围广等特点，广泛应用于痕量或微量成分的分析。

四、常量分析、半微量分析、微量分析和超微量分析

根据试样的用量多少，分析化学可分为常量分析、半微量分析、微量分析和超微量分析。各种方法的试样用量分类如表 1-1 所示。

表 1-1　各种分析方法的试样用量

方法	试样质量	试液体积
常量分析	＞0.1g	＞10ml
半微量分析	0.01～0.1g	1～10ml
微量分析	0.1～10mg	0.01～1ml
超微量分析	＜0.1mg	＜0.01ml

通常无机定性分析多为半微量分析，化学定量分析多为常量分析，微量分析及超微量分析

时多采用仪器分析方法。

此外，根据试样中待测组分含量高低不同，又可粗略分为常量组分(质量分数 > 1%)，微量组分(质量分数为 0.01%～1%)和痕量组分(质量分数<0.0l%)的测定。需要注意的是，痕量组分的分析不一定是微量分析，因为测定痕量组分，有时要取样数千克以上。

五、例行分析和仲裁分析

根据具体作用的不同，分析化学又可分为例行分析和仲裁分析。例行分析(routine analysis)是一般化验室在日常生产或工作中的分析，又称为常规分析。仲裁分析(arbitral analysis)是指不同单位对分析结果有争议时，要求某仲裁单位(法定检验单位)使用法定方法，进行裁判的分析。

第 3 节　试样分析的基本程序

试样分析的基本程序通常包括以下几个步骤：取样、分析试液的制备、分析测定、结果处理与评价等。

一、取样

根据分析对象的性质，针对气体、液体或固体，采用不同的取样方法。在取样过程中，最重要的原则是要保证所取试样的代表性，否则分析结果将毫无意义，甚至可能导致错误的结论。因此，必须采用科学取样法，从分析的总试样或送到实验室的总试样中取出具有代表性的试样进行分析。例如，对于固体样品的缩分常采用四分法，即将试样混匀，摊成正方形，依对角线划“×”，使分为四等份，取用对角的两份，如此反复进行直至符合分析工作的要求为止。

二、分析试液的制备

试样制备的目的是使试样适合于选择的分析方法，消除可能的干扰。定量化学分析一般采用湿法分析，根据试样性质的不同，试样制备可能包括干燥、粉碎、溶解、提取、纯化和富集(浓缩)等步骤，最终制成待测试液。

三、分析测定

根据待测组分的性质和对分析结果准确度的要求，选择合适的分析方法。因为每个试样的分析结果都是由“测定”来完成的，熟悉各种方法的特点，根据它们在灵敏度、选择性及适用范围等方面的差别来正确选择适合不同试样的分析方法。另外，还应根据试样制备方法的不同进行空白试验或回收试验等来估计试样制备过程可能给测定结果带来的误差。

四、结果处理与评价

根据分析过程中有关反应的计量关系及分析测量所得数据，计算试样中待测组分的含量。对测定结果及其误差分布情况应用统计学方法进行评价，如平均值、标准差(或相对标准差)、测量次数和置信度等。

第 4 节　分析化学的发展历史趋势

分析化学学科的发展历史悠久，在科学史上，分析化学曾经是化学研究的开路先锋。20世纪以来，随着现代科学技术的飞速发展及学科间的相互渗透融合，分析化学学科的发展经历了几次巨大的变革。

1. 第一次变革　20 世纪初，随着物理化学溶液理论的发展，分析化学学科得到了理论支持，建立了溶液中四大平衡理论(酸碱平衡、氧化还原平衡、配位平衡及溶解平衡)，使分析化学逐渐由技术发展为科学。

2. 第二次变革　第二次世界大战前后，随着物理学和电子学的发展，推动了分析化学中物理和物理化学分析方法的发展，出现了以光谱分析、电化学分析为代表的简便、快速的仪器分析方法，并丰富了这些分析方法的理论体系。各种仪器分析方法的发展，改变了经典分析化学以化学分析为主的局面。

3. 第三次变革　20 世纪 70 年代以来，随着计算机技术的广泛应用，促使分析化学进入第三次变革时期，由于生命、环境、材料和能源等科学发展的需要，现代分析化学已经突破了纯化学领域，逐步将化学与数学、物理学、计算机科学及生命科学紧密地结合起来，发展成为一门多学科性的综合科学，生命分析化学等学科的发展，标志着分析化学在人类探究人与自然的道路上攀登到了一个新高度。对分析化学的要求不再限于一般的“有什么”(定性分析)和“有多少”(定量分析)的范围，而是要求能提供物质更多的、更全面的多维信息：从常量到微量及微粒分析(分子、原子级水平及纳米尺度的检测分析方法)；从组成到形态分析；从总体到微区分析；从宏观组分到微观结构分析；从整体到表面及逐层分析；从静态到快速反应追踪分析；从破坏试样到无损分析；从离线到在线分析等。同时要求分析化学能提供灵敏度、准确度、选择性、自动化及智能化更高的新方法(或仪器)与新技术。

进入 21 世纪，分析化学学科广泛汲取当代科学技术的最新成就，充分利用一切可以利用的性质，建立了各种分析化学的新方法与新技术，推动分析化学逐步上升为分析科学，成为当代最富活力的学科之一，必将为以大数据分析为特征的信息时代的进步提供更多的支撑。

(张　丽、黄荣增)

本章 ppt 课件

第2章 分析数据的误差和统计处理

定量分析是对化学体系的某个或某些性质参数如质量、体积、酸度、电极电位和吸光度等进行测量，以准确获取试样中被测组分的含量。任何性质的测量都包括人、仪器和体系三个方面的因素。在分析过程中，由于受到分析方法、测量仪器、试剂和分析工作者等某些主观和客观因素的影响，所得测量结果不可能绝对准确，测量值与真实值不可能完全一致，由此产生的误差是客观存在、不可避免的。因此，为了减小误差，提高分析结果的准确度，有必要探讨误差产生的原因和减免方法。

分析工作者在进行定量分析时，必须根据对分析结果准确度的要求，合理安排实验，选择合适的分析方法和仪器，找出分析测量过程中误差产生的原因及出现的规律，采取相应的措施加以减免，并对测量数据进行统计处理、正确表达和评价分析结果。

第1节 误　差

定量分析工作中产生误差的原因很多，就其来源和性质的不同，可分为系统误差、随机误差两大类。

一、系统误差

系统误差(systematic error)又称可定误差，是由某种可确定的原因造成的。这类误差在重复测定中，总是重复出现、正负方向确定、大小可测，即系统误差具有重现性、单向性和可测性。

系统误差影响结果的准确度，若能找出原因，就可以采取一定的方法加以消除。

系统误差产生的原因主要有以下几种：

1. 方法误差　由于实验设计或分析方法选择不当所造成的误差，通常对测定结果影响较大。例如，重量分析中，沉淀条件选择不当，沉淀物溶解度较大；滴定分析中，指示剂选择不当，滴定终点与化学计量点不一致，落在滴定突跃范围之外；色谱分析中，分离条件选择不当，被测组分峰与相邻峰重叠，未达到良好分离等。

2. 仪器误差　由于实验仪器本身不符合要求所引起的误差，如天平两臂不等长、砝码长期使用后质量有所改变、容量仪器标线不准、分光光度计波长示值与实际波长不相符等。

3. 试剂误差　由于实验所用试剂不合格引起的误差，如化学试剂变质失效、基准物质纯度不够、溶剂或试剂中含有少量杂质等。

4. 操作误差　由于分析人员主观上习惯性的不正确操作所引起的误差，如对滴定终点颜色的判断总是偏深或偏浅、读取仪器所显示的数据总是偏大或偏小等。

由于分析人员马虎大意导致操作错误，即因过失而产生的误差，称为过失误差，不属于操作误差，如滴定管读错数据、试剂加错、称样时试样洒落在容器外等。

二、随机误差

随机误差(random error)又称偶然误差，是由一些难以觉察和控制的、变化无常的、不可避免的偶然因素造成的。例如，实验温度、压力、湿度、仪器工作状态等的微小变动；试样处理条件的微小差异；天平或滴定管读数的不确定性等都可能使测定结果产生波动。随机误差的大小决定分析结果的精密度。

在每一次测量过程中，随机误差都会出现，误差大小和正负都不固定，无法控制，不能用校正的方法加以减免。看似没有规律性，但如果多次测量就会发现，它们的出现服从统计规律，即大小相等方向相反的误差出现的概率相等，大误差出现的概率小，小误差出现的概率大。

应当指出，系统误差和随机误差的划分并不是绝对的。例如，在观察滴定终点颜色改变时，有人总是习惯性偏深，属于系统误差中的操作误差；但在平行多次测定中，观察滴定终点颜色的深浅程度不可能完全一致，时浅时深，稍有差异，又属于随机误差。在实际分析测量工作中，系统误差和随机误差完全可能同时存在。

三、离群值的取舍

在平行多次测量的一组数据中，常会发现某一数据明显地偏离其他测量值，这在统计学上称为离群值(outlier)，又称异常值或可疑值。例如，测量 4 个数据：22.55、22.53、22.21、22.50，显然 22.21 为离群值。离群值的取舍对测定结果的精密度和准确度有很大影响，必须认真对待。

实验中一旦出现离群值，绝不能随意舍弃。首先应确定是否由实验中的过失所致，若是则应当舍弃；若不是或不能确定，则可能是随机误差波动性的极度表现，这在统计学上是允许的，应当用统计检验的方法决定取舍。由于一般实验测量次数比较少(3～5 次)，不能对总体标准偏差正确估计，因此，通常用 Q 检验法和 G 检验法检验离群值。

1. *Q* 检验法 设有 n 个数据，其递增的顺序为 x_1，x_2，…，x_{n-1}，x_n，其中 x_1 或 x_n 为离群值。

具体检验步骤是：①将各数据按递增顺序排列；②计算最大值与最小值之差；③计算离群值与相邻值之差；④计算 Q 值(式 2-1)；⑤根据测定次数 n 和置信度要求查 Q 值表(表 2-1)，若计算的 $Q > Q_{表}$，则该离群值应予舍弃，否则应保留。

$$Q = \frac{|x_{离群} - x_{相邻}|}{x_{max} - x_{min}} \tag{2-1}$$

表 2-1　不同置信度下的 *Q* 值表

置信度 P	测定次数 n							
	3	4	5	6	7	8	9	10
90%	0.94	0.76	0.64	0.56	0.51	0.47	0.44	0.41
95%	0.97	0.84	0.73	0.64	0.59	0.54	0.51	0.49
99%	0.99	0.93	0.82	0.74	0.68	0.63	0.60	0.57

Q 检验法的优点是直观性强，计算简便。

例 2-1 标定某一溶液的浓度，测得 5 个数据：0.1014mol/L、0.1012mol/L、0.1015mol/L、0.1030mol/L 和 0.1016mol/L，试用 Q 检验法确定离群值 0.1030 是否应舍弃（要求置信度 P 为 90%）。

解：

$$Q = \frac{0.1030 - 0.1016}{0.1030 - 0.1012} = 0.78$$

由已知条件 P=90%，n=5，查表得 $Q_{90\%}=0.64 < Q$，所以，数据 0.1030 应舍弃。

2. G 检验法(Grubbs 法) 具体检验步骤如下：

①计算包括离群值在内的测定平均值 $\bar{x}$；②计算离群值与平均值 $\bar{x}$ 之差的绝对值；③计算包括离群值在内的标准偏差 S；④计算 G 值(式 2-2)；⑤根据测定次数和置信度要求查 $G_{P,\ n}$ 临界值表（表 2-2），

当 $G > G_{P,\ n}$，则该离群值应当舍弃，反之则应保留。

$$G = \frac{\left| x_{离群} - \bar{x} \right|}{S} \tag{2-2}$$

表 2-2 $G_{P,\ n}$ 临界值表

置信度 P	测定次数 n													
	3	4	5	6	7	8	9	10	11	12	13	14	15	20
90%	1.15	1.46	1.67	1.82	1.94	2.03	2.11	2.18	2.23	2.29	2.33	2.37	2.41	2.56
95%	1.15	1.48	1.71	1.89	2.02	2.13	2.21	2.29	2.36	2.41	2.46	2.51	2.55	2.71
99%	1.15	1.49	1.75	1.94	2.10	2.22	2.32	2.41	2.48	2.55	2.61	2.66	2.71	2.88

本法的优点在于判断离群值的过程中，引入了测量数据的平均值及标准偏差 S，因此该法准确度高，适用范围广，但缺点是计算较麻烦。

例 2-2 测定某药物中钴的含量，得结果如下：1.25μg/ml，1.27μg/ml，1.31μg/ml，1.40μg/ml，试用 G 检验法判断 1.40 是否应该保留(P=95%)。

解：

$$\bar{x} = 1.31 \qquad S = 0.066$$

$$G = \frac{1.40 - 1.31}{0.066} = 1.36$$

由已知条件 P = 95%，n=4，查表得 $G_{95\%,\ 4}=1.48 > G$，故 1.40 应该保留。

第 2 节 测量值的准确度和精密度

一、准确度和误差

准确度(accuracy)表示测量值与真实值的接近程度，测量值与真实值越接近，测量就越准确。准确度的高低用误差(error)来衡量，误差有绝对误差与相对误差两种表示方法。

1. 绝对误差(absolute error) 是指测量值与真实值之差。若以 χ 代表测量值，μ 代表真实值，绝对误差 δ 为

$$\delta = \chi - \mu \tag{2-3}$$

当测量值大于真值时，误差为正值，称为正误差；当测量值小于真值时，误差为负值，称为负误差。绝对误差的单位与测量值的单位相同。绝对误差的绝对值越小，测量的准确度就越高。

例 2-3 称得某一物体的重量为 1.6380g，而该物体的真实重量为 1.6381g，则其绝对误差为

$$\delta=1.6380-1.6381=-0.0001\text{g}$$

若有另一物体的真实重量为 0.1638g，测得结果为 0.1637g，则称量的绝对误差为

$$\delta=0.1637-0.1638=-0.0001\text{g}$$

两次测量的绝对误差的绝对值都为 0.0001g，准确度相当，但两个物体的重量相差 10 倍，绝对误差在结果中所占的比例未能反映出来，故在定量分析中常用相对误差表示准确度。

2. 相对误差(relative error) 是指绝对误差在真实值中所占的百分率。

$$\text{相对误差}=\frac{\delta}{\mu}\times 100\%=\frac{x-\mu}{\mu}\times 100\% \quad (2\text{-}4)$$

相对误差同样有正负之分，但没有单位。在例 2-3 中，相对误差分别等于

$$\frac{-0.0001}{1.6381}\times 100\%=-0.007\%$$

$$\frac{-0.0001}{0.1638}\times 100\%=-0.07\%$$

由此可见，虽然两物体称量的绝对误差相等，但它们的相对误差并不相同，测量值越大，相对误差就越小，测定的准确度就越高。在实际工作中，如果不知道真值，但知道测量的绝对误差，也可用测量值 x 代替真值 μ 来估算相对误差。

相对误差的大小是用来评价和选择不同分析方法的重要依据之一。例如，用重量法和滴定法进行常量分析时，允许的相对误差仅为千分之几；而用光谱法和色谱法等方法进行微量、痕量分析时，允许的相对误差可达百分之几。

3. 约定真值与相对真值 所谓真值，从严格意义上讲，是指某物质组分客观存在的真实数值。由于任何定量分析测量都存在误差，因此真值是不可能通过实际测量得到的，而只能逼近。

在分析化学中，常用的真值有约定真值和相对真值(标准值)。

(1) 约定真值：是对于给定目的具有适当不确定度的、赋予特定量的值。例如，由国际计量大会定义的单位(国际单位)及我国的法定计量单位是约定真值。如物质的量的单位摩尔(mol)、长度的单位米(m)、电流强度的单位安培（A）和热力学温度的单位开尔文（K）等，以及各元素的原子量等都是约定真值。

(2) 相对真值(标准值)：是经公认的权威机构，采用可靠的分析方法，反复多次进行测定，将大量数据进行统计处理而得到的测量值。具有相对真值(标准值)的试样称为标准参考物质(也称为标准品或标样)，由权威机构认定、派发，并具有相应的证书。

二、精密度和偏差

精密度(precision)表示一组平行测量数据中，各测量值之间相互接近的程度，各测量值越接近，精密度就越高。精密度的高低用偏差(deviation)来衡量，偏差越小，说明测量数据越接

近，结果的精密度就越高。偏差常用平均偏差、相对平均偏差、标准偏差和相对标准偏差表示。

1．平均偏差(average deviation，$\bar{d}$)**和相对平均偏差**(relative average deviation，$\bar{d}_r$)

绝对偏差

$$d = x_i - \bar{x} \tag{2-5}$$

平均偏差$\bar{d}$

$$\bar{d} = \frac{\sum_{i=1}^{n}|x_i - \bar{x}|}{n} \tag{2-6}$$

相对平均偏差

$$\bar{d}_{\mathrm{r}} = \frac{\bar{d}}{\bar{x}} \times 100\% \tag{2-7}$$

使用平均偏差和相对平均偏差表示结果的精密度比较简单，但有不足之处。在一系列的测定中，小的偏差总是占多数，大的偏差总是占少数，当按总的测定次数去求平均偏差时，所得结果偏小，大的偏差得不到突出反映。所以用平均偏差或相对平均偏差表示精密度不太适合。

2．标准偏差(standard deviation，*S*)**和相对标准偏差**(relative standard deviation，RSD) 样本(有限次测定数据的集合)标准偏差S 的数学表达式为

$$S = \sqrt{\frac{\sum_{i=1}^{n}(x_i - \bar{x})^2}{n-1}} \tag{2-8}$$

式(2-8)中，n 为测量次数，式中的计算使用了绝对偏差的平方和，可以突出大的偏差，故标准偏差S 能更好地说明测量值的分散程度。标准偏差的单位与测量数据的单位相同。

相对标准偏差 RSD(也称变异系数 CV)为

$$\mathrm{RSD} = \frac{S}{\bar{x}} \times 100\% \tag{2-9}$$

例如，对某一试样做甲、乙两组平行测定，结果如下(表 2-3)：

表 2-3　甲、乙两组平行测定结果

组别	测量数据					平均值	平均偏差	标准偏差
甲	10.3，10.4	9.8，10.0	9.6，9.7	10.2，10.2	10.1，9.7	10.0	0.24	0.28
乙	10.0，9.8	10.1，10.5	9.3，9.8	10.2，10.3	9.9，9.9	10.0	0.24	0.33

可以看出乙组数据中，9.3 等个别数据明显偏离较大，但两组数据的平均偏差一样，未能分辨出精密度的差异，而标准偏差则可反映出甲组的精密度好于乙组。

例 2-4　标定某溶液的浓度，4 次结果分别为 0.2041 mol/L、0.2049 mol/L、0.2039 mol/L 和 0.2043 mol/L。试计算标定结果的平均值、平均偏差、相对平均偏差、标准偏差、相对标准偏差。

解：

平均值

$$\bar{x} = \frac{0.2041 + 0.2049 + 0.2039 + 0.2043}{4} = 0.2043\mathrm{mol/L}$$

平均偏差

$$\bar{d} = \frac{0.0002 + 0.0006 + 0.0004 + 0.0000}{4} = 0.0003\mathrm{mol/L}$$

相对平均偏差

$$\frac{\bar{d}}{\bar{x}} \times 100\% = \frac{0.0003}{0.2043} \times 100\% = 0.15\%$$

标准偏差 $$S=\sqrt{\frac{(0.0002)^2+(0.0006)^2+(0.0004)^2+(0.0000)^2}{4-1}}=0.0004\text{mol/L}$$

相对标准偏差 $$\text{RSD}=\frac{0.0004}{0.2043}\times100\%=0.2\%$$

三、准确度与精密度的关系

准确度表示测量结果的正确性，精密度表示测量结果的重复性。测定结果的好坏应从精密度和准确度两个方面衡量，只有精密度和准确度都高的测量值才是好的测量结果。

例如，甲、乙、丙、丁四人分析同一试样，每人测定 4 次，所得结果如图 2-1 所示。

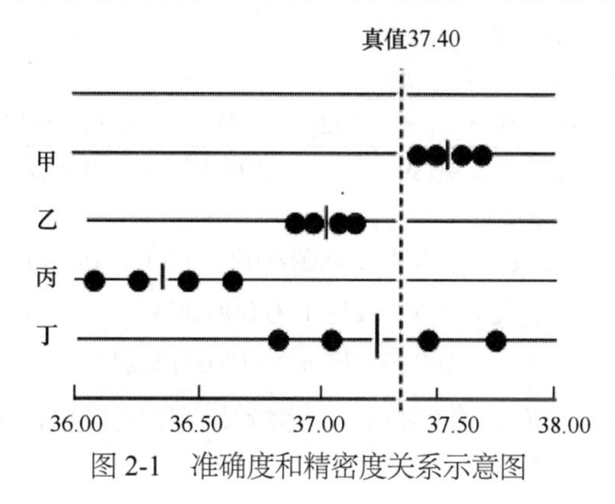

图 2-1 准确度和精密度关系示意图

甲所得结果准确度与精密度均好，结果可靠；乙的精密度虽很高，但准确度太低，测量中存在较大系统误差；丙的准确度与精密度均很差；丁的精密度很差，平均值接近真值，是由于正负误差碰巧相互抵消，纯属巧合，不能认为准确度高。

综上所述，我们可以得出以下结论：①精密度好是衡量准确度高低的前提条件，精密度差，结果不可靠；②精密度好，不一定准确度高，只有在消除了系统误差的前提下，精密度好，准确度才会高。

四、误差的传递

定量分析结果是通过许多步测量取得多个测量数据，再按一定公式，加减乘除等运算后得到的，其中每一步测量都可能有误差，这些误差都会传递到最终的分析结果中。误差是如何传递的，对分析结果有何影响，这便是误差的传递要研究和解决的问题。

误差的传递(propagation of error)分为系统误差的传递和随机误差的传递。

1．系统误差的传递

(1) 加减运算：和、差的绝对误差等于各测量值绝对误差的和、差。

$$R=x+y-z$$
$$\delta R=\delta x+\delta y-\delta z \tag{2-10}$$

(2) 乘除运算：积、商的相对误差等于各测量值相对误差的和、差。

$$R=xy/z$$

$$\frac{\delta R}{R}=\frac{\delta x}{x}+\frac{\delta y}{y}-\frac{\delta z}{z} \tag{2-11}$$

例 2-5 配制 1000ml 浓度为 0.01667mol/L 的 $K_2Cr_2O_7$ 标准溶液，用减重法称得 $K_2Cr_2O_7$ 基准物 4.9039g，定量溶解于 1000ml 容量瓶中，稀释至刻度。若减重前的称量误差是+0.0003g，减重后的称量误差是−0.0002g，容量瓶的真实容积是 999.75ml。所配 $K_2Cr_2O_7$ 标准溶液的相对误差、绝对误差和真实浓度各是多少？

解：$K_2Cr_2O_7$ 的浓度按下式计算

$$c=\frac{m}{MV}$$

相对误差

$$\begin{aligned}\frac{\delta c}{c}&=\frac{\delta m}{m}-\frac{\delta M}{M}-\frac{\delta V}{V}\\&=\frac{+0.0003-(-0.0002)}{4.9039}-\frac{0}{294.19}-\frac{1000-999.75}{999.75}\\&=-0.02\%\end{aligned}$$

绝对误差 $\delta c=-0.02\%\times 0.016\,67=-0.000\,003\text{mol/L}$

真实浓度

$$\begin{aligned}c&=0.016\,67-(-0.000\,003)\\&=0.016\,673\approx 0.016\,67\text{mol/L}\end{aligned}$$

本例中，标准溶液浓度按 4 位有效数字保留，称量及容量瓶容积误差对结果的影响不大。

2. 随机误差的传递

(1) 加减运算：和、差结果的标准偏差的平方，等于各测量值的标准偏差的平方和；和、差结果的极值绝对误差，等于各测量值极值绝对误差的绝对值之和。

$$R=x+y-z$$

$$S_R^2=S_x^2+S_y^2+S_z^2 \tag{2-12}$$

$$\Delta R=|\Delta x|+|\Delta y|+|\Delta z| \tag{2-13}$$

(2) 乘除运算：积、商结果的相对标准偏差的平方，等于各测量值的相对标准偏差的平方和；积、商结果的极值相对误差，等于各测量值极值相对误差的绝对值之和。

$$R=xy/z$$

$$\left(\frac{S_R}{R}\right)^2=\left(\frac{S_x}{x}\right)^2+\left(\frac{S_y}{y}\right)^2+\left(\frac{S_z}{z}\right)^2 \tag{2-14}$$

$$\frac{\Delta R}{R}=\left|\frac{\Delta x}{x}\right|+\left|\frac{\Delta y}{y}\right|+\left|\frac{\Delta z}{z}\right| \tag{2-15}$$

例如，用分析天平称量样品，一次称量的绝对误差±0.0001g，递减法两次测量的极值绝对误差是±0.0002g。若称量的标准偏差 S=0.1mg，则递减法称量结果的标准偏差为

$$S_R=\sqrt{S_1^2+S_2^2}=\sqrt{0.1^2+0.1^2}=0.14\text{mg}$$

又如，用滴定分析法测定药物有效成分的含量，其百分含量($P\%$)的计算公式

$$P\%=\frac{T\times V\times F}{W}\times 100\%$$

式中，T 是标准溶液对药物有效成分的滴定度，V 是所消耗标准溶液的体积(ml)，F 是标准溶液浓度的校正因数，W 是药物样品的重量。上式中的滴定度 T 可以认为没有误差，如果 V、F 和 W 的极值绝对误差分别是 ΔV、ΔF 和 ΔW，则 P 的极值相对误差是

$$\frac{\Delta P}{P}=\left|\frac{\Delta V}{V}\right|+\left|\frac{\Delta F}{F}\right|+\left|\frac{\Delta W}{W}\right|$$

若测量 V、F 和 W 的相对极值误差都是 1‰，则此药物有效成分的含量 P 的极值相对误差应是 3‰。

五、提高分析结果准确度的方法

提高准确度必须消除或减免分析过程中存在的各种误差。

1．系统误差的判断与评估

(1) 对照试验：采用被测试样分析方法对已知含量的标准试样进行测定，或用公认可靠的分析方法与选定方法对同一被测试样进行测定的一种试验。

根据标准试样的分析结果与已知含量的差值，或根据公认的可靠的分析方法与选定方法对同一试样测定的差值，经显著性检验，既可判断方法有无系统误差，又可用此差值对测定结果进行校正。

(2) 回收试验：如果试样组成不清楚，难以配制与试样基体一致的标样，则可采用回收试验。这种方法是向试样中准确加入已知量的被测组分的纯物质，然后用同一方法进行测定，计算回收率。

$$回收率(\%)=\frac{加入后试样测得总量-加入前原试样测得量}{加入量}\times100\%$$

上式中加入后试样测得总量为原有量与加入量之和的测定值，加入前原试样测得量为试样中被测组分的原有含量。回收率通常为 95%～105%，回收率越接近 100%，说明系统误差越小，方法准确度越高。回收试验的结果只能用于系统误差的评估，不能用于结果的校正。

2．消除系统误差

(1) 选择合适的分析方法，减小或消除方法误差：被测组分的含量不同时，对分析结果准确度的要求也不一样。常量组分的分析一般要求相对误差在千分之几以内，微量组分分析一般为 1%～5%，甚至 10%以内。不同的分析方法所能达到的准确度和灵敏度不一样，应根据具体情况和要求，选择合理的分析方法。化学分析与仪器分析相比较，化学分析准确度高而灵敏度低，一般用于高含量组分的测定；仪器分析灵敏度高但准确度低，一般用于微量、痕量组分的测定。如分析方法不够完善，应尽可能找出原因，加以改进或进行必要的校正。

(2) 校准仪器，消除仪器误差：仪器不准确引起的系统误差，可以通过校准仪器加以消除。例如，砝码、移液管和滴定管等，在定量分析中，必须进行校准，并在计算结果时采用校正值。

(3) 做空白试验，消除试剂误差：在不加试样的情况下，按照与测定试样相同的分析步骤和条件进行测定的一种试验，称为空白试验。所得结果称为空白值，用空白值校正分析结果，可以消除或减少由于试剂、蒸馏水等引起的系统误差。

(4)消除操作误差：遵守操作规程，纠正不正确的习惯性操作，消除操作误差。

3. 减小随机误差 根据随机误差的分布规律，在消除系统误差的前提下，平行测定次数越多，随机误差相互抵消就越充分，平均值就越接近于真值。因此，增加平行测定次数取平均值可以减小随机误差对分析结果准确度的影响。一般平行测量3～5次，若精密度不高或对准确度要求较高，应适当增加测量次数。

4. 减小仪器测量误差 提高仪器的测量精度，减小绝对误差；增大测量的质量或体积，减小相对误差。

例如，50ml 滴定管每次读数误差为±0.01ml，在一次滴定中需读数两次，极值误差为±0.02ml，要使滴定的相对误差≤0.1%，则滴定液的体积至少为

$$\frac{2\times 0.01}{0.1\%}=20\,(\text{ml})$$

万分之一的分析天平每次称量的误差为±0.0001g，递减法称量两次，极值误差为±0.0002g，为使称量的相对误差≤0.1%，则应称取的试样最小量为

$$\frac{0.0001\times 2}{0.1\%}=0.2\,(\text{g})$$

第3节 有效数字及其运算规则

在科学实验中，为了得到准确的测量结果，不仅要准确地测定各种数据，而且还要正确地记录和计算。分析结果的数值不仅表示试样中被测成分含量的多少，而且还反映了测定的准确程度。所以，记录实验数据和计算结果应保留几位数字或保留至小数点后第几位，是一件很重要的事，不能随便增加或减少。

一、有效数字

有效数字是指在分析工作中实际上能测量到的数字，其位数由全部准确数字和最后一位欠准(可疑)数字组成，既能表示数值的大小，又能反映测量的精度。如

坩埚质量 18.5734g　　六位有效数字

滴定消耗体积 24.41ml　　四位有效数字

坩埚的质量在数值上是 18.5734g，显然使用的测量仪器是万分之一的分析天平，不是台秤；滴定消耗体积在数值上是 24.41ml，则表明使用的是常量滴定管。故上述坩埚质量应是(18.5734±0.0001)g，滴定消耗体积应是(24.41±0.02)ml，最后一位欠准确。

有效数字的记录应以仪器的测量精度为准。例如，25ml 溶液，用移液管取，应记录为25.00ml，有四位有效数字；用 100ml 量筒取，应记录为 25ml，只有两位有效数字。

有效数字的位数越多，测定的相对误差就越小。例如，递减法称得某物质量为 0.5180g，它表示该物实际质量是(0.5180±0.0002)g，其相对误差为

$$\pm\frac{0.0002}{0.5180}\times 100\%=\pm 0.04\%$$

如果少取一位有效数字，则表示该物实际质量是(0.518±0.002)g，其相对误差为

$$\pm\frac{0.002}{0.518}\times 100\% = \pm 0.4\%$$

提高仪器的测量精度，增大有效数字(如增大称量质量或滴定体积)，可增加有效数字的位数。

必须指出，测量数据中，1～9 是有效数字，如果有“0”时，应分析具体情况，哪些“0”是有效数字，哪些“0”只是起定位的作用，不是有效数字。

1.0005	五位有效数字
0.5000，31.05%，6.023×10^2	四位有效数字
0.0540，1.86×10^{-5}	三位有效数字
0.0054，0.40%	两位有效数字
0.5，0.002%	一位有效数字

关于有效数字，以下几点值得注意：

(1) pH、pC、pK 等对数值，其有效数字的位数仅取决于小数部分数字的位数，因整数部分只说明该数的方次。例如，pH=12.68、pK=5.04，其有效数字均为两位。

(2) 像 6500 这样的数据，应采用科学计数法，明确表示有几位有效数字。例如，6.5×10^3，有两位有效数字；6.500×10^3，有四位有效数字。

(3) 首位数≥8，在乘除等运算中，其有效数字的位数可多计一位。如 97，可视为三位有效数字。

(4) 常数 π、e 的数值及系数如 3、1/2 等的有效数字位数，可认为无限制。

二、有效数字的修约规则

在数据处理过程中，各测量值的有效数字的位数或小数点的位数可能不同，在运算时按一定的规则舍弃多余的尾数，不但可以节省计算时间，而且还可以避免结果准确度的误判。按规则舍弃多余的尾数，称为数字修约。现多采用“四舍六入五成双”修约规则：当确定了有效数字的保留位数后，多余尾数的首数等于或小于 4 时，舍弃；等于或大于 6 时，进位；当多余尾数的首数等于 5 时，若 5 的后面有不为 0 的数，进位；当 5 后没有数或后面的数字皆为 0 时，则舍五成双，使修约后的数据最后一位数成为双数。

例如，将下列数据修约为四位有效数字：

35.2441→35.24	19.006 37→19.01
26.0750→26.08	46.0850→46.08
13.745 000 2→13.75	52.195→52.20

数字修约的几点说明：

(1) 只允许对原测量值一次修约至所需位数，不能分次修约。例如，2.2349 修约为三位数，不能先修约成 2.235，再修约为 2.24，只能一次修约成 2.23。

(2) 在大量数据运算时，为防止误差迅速累积，对参加运算的所有数据可先多保留一位有效数字，运算后，再将结果修约成符合要求的位数。

(3) 修约相对平均偏差、相对标准偏差等时，一般取一位或两位有效数字即可，多余的尾数只要不全为 0，都要进位，降低结果的精密度。例如，某结果的相对标准偏差为 0.203%，若取一位有效数字，应修约成 0.3%。

三、运算规则

在计算分析结果时，通常是将若干个测量数据，按确定的计算公式，进行加减乘除等运算，每个测量值的误差都要传递到分析结果中去，从而影响结果的准确度。运算过程并不能改变实际测量结果的准确度，这就要求根据误差的传递规律，按照一定的规则进行有效数字的运算，这样才能正确表达分析结果。

常用的基本运算规则如下：

1. 加减运算 当几个数据相加或相减时，它们的和或差的有效数字的保留，应以绝对误差最大的那个数，即以小数点后位数最少的那个数为依据。例如，0.0121、25.64 及 1.057 82 三数相加，因 25.64 中的 4 已是可疑数字，绝对误差最大，则三者之和为

$$0.012+25.64+1.058=26.71$$

2. 乘除运算 几个数据相乘除时，积或商的有效数字的保留，应以其中相对误差最大的那个数，即有效数字位数最少的那个数据为依据。例如，求 0.0121、25.64 和 1.057 82 三数之积，第一个数是三位有效数字，其相对误差最大，应以此数据为依据，确定其他数据的位数，然后相乘，则

$$0.0121\times25.64\times1.058=0.328$$

又如求 9.56、2.5149 和 4.50782 三数之积，第一个数首数是 9，可视为四位有效数字，其相对误差最大，应以此数据为依据，结果保留四位有效数字，而不是三位。

$$9.56\times2.5149\times4.5078=108.4$$

3. 对数运算 所取对数位数应与真数有效数字位数相等。

例如，pH=12.68，即$[H^+]=2.1\times10^{-13}$mol/L。

4. 乘方、开方运算 结果的有效数字位数不变。

例如，$\sqrt{50.8}=7.13$。

第 4 节 分析数据的统计处理与分析结果的表示方法

当系统误差消除且可疑值舍弃以后，必须考察随机误差对分析结果准确度的影响程度，以便对测量值的可靠性作出科学的判断，并予以正确合理的表达。

一、随机误差的正态分布

现假定对一个分析测试对象进行了无限次的测量，得无限个测定数据(总体)，我们以测定数据出现的概率密度 y 对测量值 x 作图，得到一左右对称的钟形曲线，称为正态分布曲线(高斯分布曲线)，见图 2-2。这条曲线的方程见式(2-16)，即高斯方程，又称为正态分布概率密度函数。正态分布曲线与横坐标所夹的总面积代表所有测量值出现的概率总和，其值为 1。

不仅测量值符合正态分布，测量误差$(x-\mu)$也符合正态分布，即大小相等、方向相反的测

量误差出现的概率相等，大误差出现的概率小，小误差出现的概率大，见图 2-3。其曲线方程见式(2-17)

$$y=\frac{1}{\sigma\sqrt{2\pi}}\mathrm{e}^{\frac{-x^2}{2\sigma^2}} \tag{2-16}$$

$$y=\frac{1}{\sigma\sqrt{2\pi}}\mathrm{e}^{\frac{-(x-\mu)^2}{2\sigma^2}} \tag{2-17}$$

式(2-17)中，y 为测量误差出现的概率密度，σ 为总体标准偏差，μ 为总体平均值。

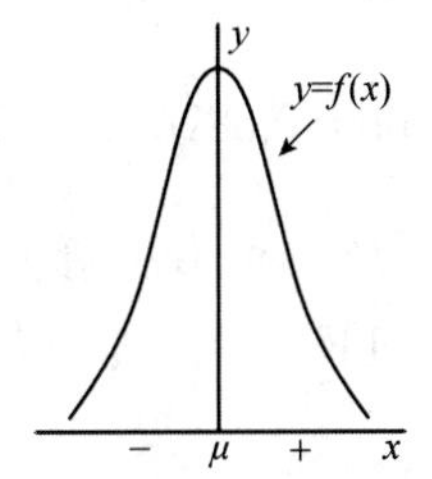

图 2-2　测量值的正态分布曲线

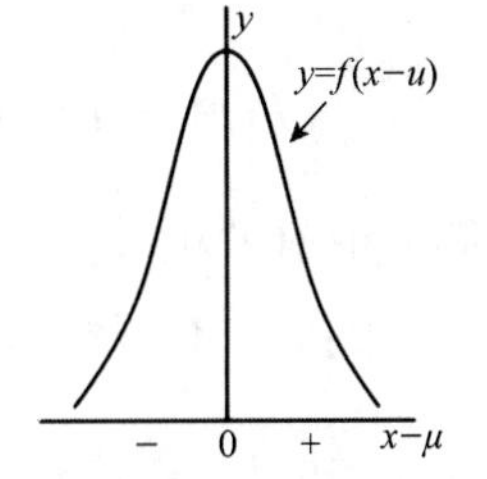

图 2-3　测量误差的正态分布曲线

在几何图形上，σ 值为曲线两拐点处之间距离的一半，决定正态分布曲线的形状，用于衡量测量数据的离散程度。σ 大，曲线矮胖，反映测量数据分散、精密度差；σ 小，曲线瘦高，反映测量数据集中，精密度好，见图 2-4。μ 对应曲线的最高点和正中间，在没有系统误差存在的前提下即为真值。μ 值决定正态分布曲线的位置，不同总体有不同的 μ 值，见图 2-5。

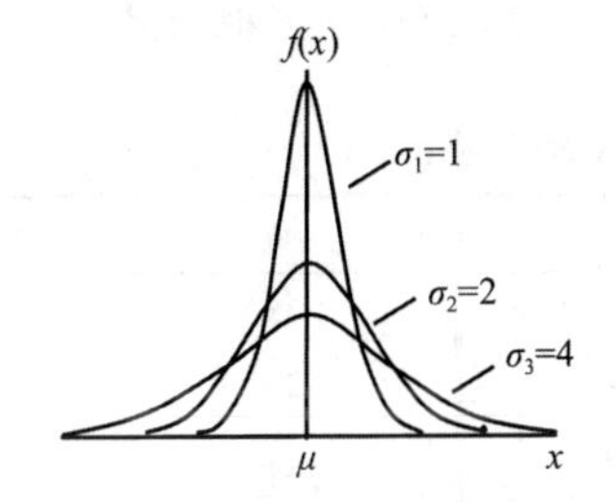

图 2-4　真值相同，精密度不同

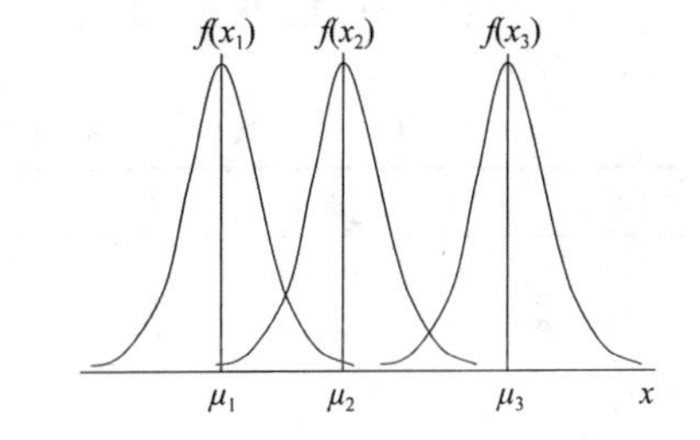

图 2-5　精密度相同，真值不同

不同总体的 μ 与 σ 各不相同，正态分布曲线的位置和形状就各不相同，有关统计数据须各自进行计算，不具通用性，应用极为不便。为解决这种困难，进行如下变量代换。

令
$$u=\frac{x-\mu}{\sigma} \tag{2-18}$$

则
$$y=f(x)=\frac{1}{\sigma\sqrt{2\pi}}\mathrm{e}^{-\frac{u^2}{2}}$$

又 $\mathrm{d}x=\sigma\cdot\mathrm{d}u$，则 $f(x)\mathrm{d}x=\frac{1}{\sqrt{2\pi}}\mathrm{e}^{-\frac{u^2}{2}}\mathrm{d}u=\varphi(u)\mathrm{d}u$

$$y=\varphi(u)=\frac{1}{\sqrt{2\pi}}\mathrm{e}^{-\frac{u^2}{2}} \tag{2-19}$$

式(2-19)称为标准正态分布函数式，u 是以总体标准偏差 σ 为单位的测量误差。以 u 为横坐标，概率密度 y 为纵坐标得到的曲线称为标准正态分布曲线(u 分布曲线)，见图 2-6。由标准正态分布函数式及其曲线得到的统计数据，适用于所有总体，具有通用性。

由于曲线与横坐标所夹面积代表测量值出现概率的总和，因此测量值在某一区间范围内出现的概率，可用某一区间范围内的曲线与横坐标所夹的面积来表示，见图 2-7。

如当 u=+1，即测量值在 $\mu+\sigma$ 区间出现的概率为(单侧)

$$P(0 \leqslant u \leqslant 1)=\frac{1}{\sqrt{2\pi}}\int_{0}^{+1} e^{-\frac{u^2}{2}} du = 0.3413$$

如当 u=±1，即测量值在 $\mu\pm\sigma$ 区间出现的概率为(双侧)

$$P(-1 \leqslant u \leqslant +1)=\frac{1}{\sqrt{2\pi}}\int_{-1}^{+1} e^{-\frac{u^2}{2}} du = 0.6826$$

按此法求出不同 u 值时的积分值，制成相应的概率积分表可供直接查用，见表 2-4。由于积分的上下限不同，表的形式有多种，使用时应注意 u 的取值区间和左右对称性。

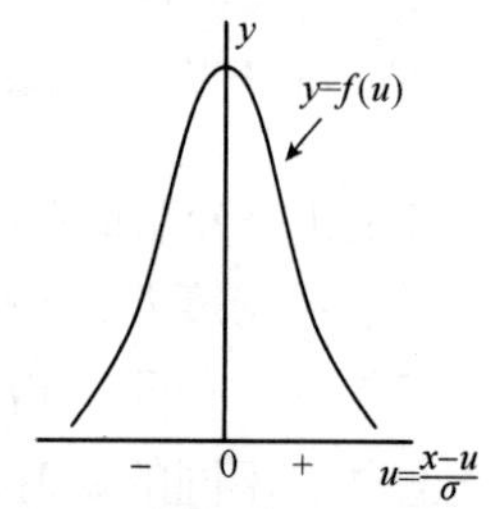

图 2-6　标准正态分布曲线

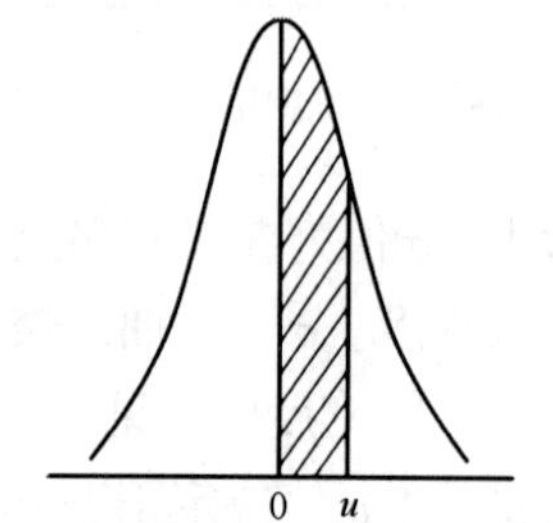

图 2-7　标准正态分布概率积分图

表 2-4　标准正态分布概率积分表(单侧)

|u|	面积	|u|	面积	|u|	面积
0.0	0.0000	1.0	0.3413	2.0	0.4773
0.1	0.0398	1.1	0.3643	2.1	0.4821
0.2	0.0793	1.2	0.3849	2.2	0.4861
0.3	0.1179	1.3	0.4032	2.3	0.4893
0.4	0.1554	1.4	0.4192	2.4	0.4918
0.5	0.1915	1.5	0.4332	2.5	0.4938
0.6	0.2258	1.6	0.4452	2.6	0.4953
0.7	0.2580	1.7	0.4554	2.7	0.4965
0.8	0.2881	1.8	0.4641	2.8	0.4974
0.9	0.3159	1.9	0.4713	3.0	0.4987

二、*t* 分布与平均值的置信区间

1. *t* 分布　标准正态分布适用于无限次数的测量数据(总体)，而实际分析实验获取的是有限的测量数据(样本)，无法得到总体平均值 μ 和总体标准偏差 σ。有限测量数据的随机误差分布服从 t 分布，应采用 t 分布进行统计处理。

t 分布函数式比较复杂，见式(2-20)，其分布曲线见图 2-8，纵坐标是概率密度 y，横坐

标是统计量 t。

$$y=f(t)=\frac{\Gamma(\frac{f+1}{2})}{\sqrt{f\pi}\Gamma(\frac{f}{2})}\left(1+\frac{t^2}{f}\right)^{-\frac{f+1}{2}} \tag{2-20}$$

式中，$f=n-1$，f 为自由度，n 为测量次数，$\Gamma(\ )$ 为伽马函数。

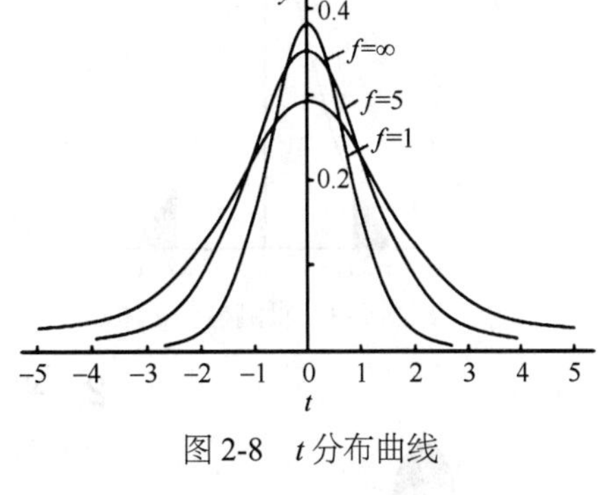

图 2-8　t 分布曲线

t 分布曲线中央部分较标准正态分布曲线低，下面两侧较标准正态分布曲线高，随自由度 f 而改变，当 $f\to\infty$ 时，t 分布就趋近标准正态分布。t 分布曲线与横坐标所夹的总面积代表所有测量值出现的概率总和，其值为 1。当自由度 f 不同时，曲线的形状也不相同，t 值在某一区间与相应曲线所包括的面积即概率也就不同。

t 的定义是

$$t=\frac{x-\mu}{S} \tag{2-21}$$

式(2-21)中，μ 为真值或总体均值，S 为样本单次测量值的标准偏差，t 是以 S 为单位表示的测量误差$(x-\mu)$。

由于通常不考虑单次测量值相对于真值 μ 的误差，而考虑的是样本的平均值相对于真值 μ 的误差，所以

$$t=\frac{\overline{x}-\mu}{S_{\overline{x}}} \tag{2-22}$$

式(2-22)中，$S_{\overline{x}}=S/\sqrt{n}$ 表示样本平均值的标准偏差。t 则是以 $S_{\overline{x}}$ 为单位表示的测量误差$(\overline{x}-\mu)$。

t 值(或对应测定值)落在某一范围内的概率称为置信度(置信水平)，用 P 表示；落在该范围之外的概率称为显著性水平，用 α 表示，$\alpha=1-P$。t 值与 α、f 有关，应加注脚标，用 $t_{\alpha,f}$ 表示。例如，$t_{0.05,4}$ 表示显著性水平为 0.05(置信度为 95%)、自由度 $f=4$ 时的 t 值。置信度、自由度相同时，单侧检验与双侧检验的 t 值是不一样的，见表 2-5 和表 2-6。

表 2-5　$t_{\alpha,f}$ 值表(双侧)

显著性水平 α	1	2	3	4	5	6	7	8	9	10	20	∞
0.10	6.314	2.920	2.353	2.132	2.015	1.943	1.895	1.860	1.833	1.812	1.725	1.645
0.05	12.706	4.303	3.182	2.776	2.571	2.447	2.365	2.306	2.262	2.228	2.086	1.960
0.01	63.657	9.925	5.841	4.604	4.032	3.707	3.499	3.355	3.250	3.169	2.845	2.576

表 2-6　$t_{\alpha,f}$ 值表(单侧)

显著性水平 α	1	2	3	4	5	6	7	8	9	10	20	∞
0.10	3.078	1.886	1.638	1.533	1.467	1.440	1.415	1.397	1.383	1.372	1.325	1.282
0.05	6.314	2.920	2.353	2.132	2.015	1.943	1.895	1.860	1.833	1.812	1.725	1.645
0.01	31.812	6.965	4.541	3.747	3.365	3.143	2.998	2.896	2.821	2.764	2.528	2.326

双侧检验 $t_{0.05,\ 4} = 2.776$，表示$-2.776<t<+2.776$ 的概率为 95%，$t<-2.776$ 或 $t>+2.776$ 的概率各为 2.5%，见图 2-9。单侧检验 $t_{0.05,\ 4} = 2.132$，表示 $t>-2.132$ 的概率为 95%，$t<-2.132$ 概率为 5%；或 $t<+2.132$ 的概率为 95%，$t>+2.132$ 概率为 5%，见图 2-10。

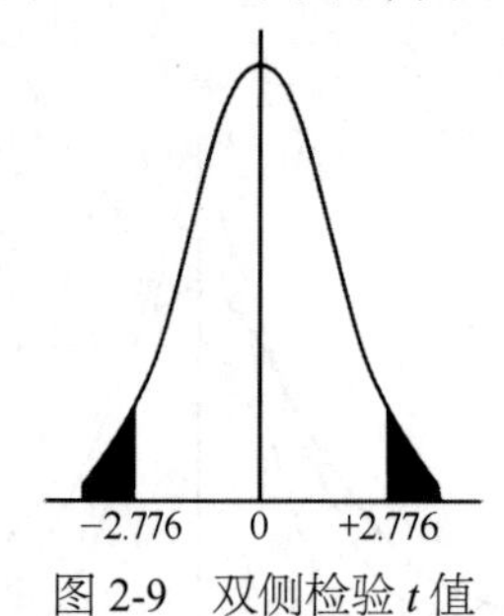

图 2-9　双侧检验 t 值

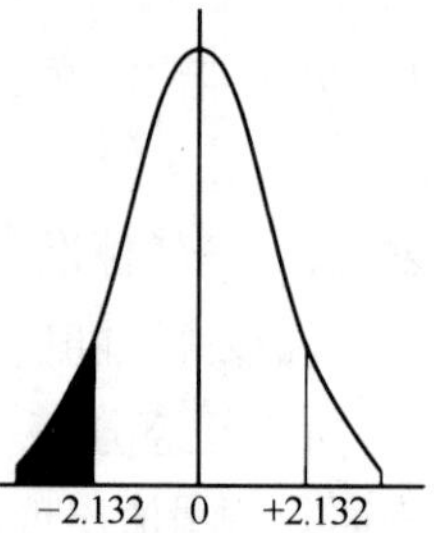

−2.132　0　+2.132

图 2-10　单侧检验 t 值

2. 平均值的置信区间　根据 t 定义式(2-18)，测量平均值 $\overline{x}$ 与对应 t 的关系见图 2-11，横轴$-t$ 到$+t$ 与曲线所包围的面积(黑色部分)即为测量平均值 $\overline{x}$ 出现在以 μ 为中心、$\mu \pm tS_{\overline{x}}$ 范围内的概率(置信度)。

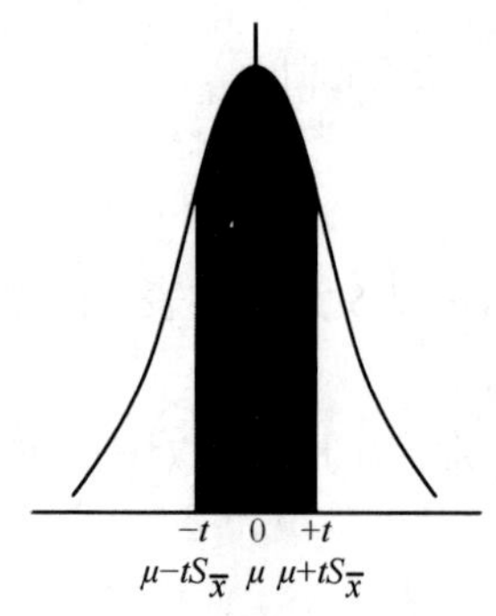

图 2-11　平均值 $\overline{x}$ 与对应 t 值

在未知样品的定量分析中，真值 μ 是不知道的，以样本的平均值估计真值(已消除系统误差)称为点估计，但未考虑随机误差对平均值波动的影响，不能估计结果的可靠性。实际工作中，我们是用统计学的方法，估计样本平均值为真值 μ，再以该平均值为中心，在一定置信度下，估计包括真值 μ 所在的范围 $\overline{x} \pm tS_{\overline{x}}$，称为平均值的置信区间。

$$\mu = \overline{x} \pm tS_{\overline{x}} = \overline{x} \pm \frac{tS}{\sqrt{n}} \tag{2-23}$$

这种区间估计是表达分析结果可靠性的较好方法。

例 2-6　用气相色谱法测定伤湿止痛膏中挥发性成分含量，9 次测定标准偏差为 0.042，平均值为 10.79%，求在 95%与 99%置信度下平均值的置信区间。

解：(1)已知置信度为 95%，$f = 9-1 = 8$，查双侧检验 t 值表 t=2.306

$$\mu = \overline{x} \pm \frac{tS}{\sqrt{n}} = (10.79 \pm 2.306 \times \frac{0.042}{\sqrt{9}})\% = (10.79 \pm 0.04)\%$$

(2)已知置信度为 99%，$f = 9-1 = 8$，查双侧检验 t 值表 t=3.355

$$\mu = \overline{x} \pm \frac{tS}{\sqrt{n}} = (10.79 \pm 3.355 \times \frac{0.042}{\sqrt{9}})\% = (10.79 \pm 0.05)\%$$

在作统计判断时，有以下几点要注意：①置信度越大且置信区间越小时，分析结果就越可靠；②置信度一定时，减小偏差、增加测量次数，可以减小置信区间；③置信度越大，置信区间就越大，反之则相反。置信度定得过高，导致置信区间过宽，实用价值不大。通常取 95%的置信度，有时也采用 90%或 99%的置信度。

三、显著性检验

在定量分析中，常常需要判断样本平均值与真值(标准值)是否有较大差别，或比较同一样品中两个样本的平均值是否有较大差别，这在统计学中称为显著性检验，也称为差别检验或假设检验。统计检验的方法很多，在定量分析中最常用 F 检验与 t 检验。

1. *F*检验　F 检验是通过比较两组数据的方差(S^2)，以确定它们的精密度是否存在显著性差异，即影响它们的随机误差是否显著不同。

F 检验法的步骤很简单，首先计算出两个样本的方差，然后计算方差比，用 F 表示。

$$F = \frac{S_1^2}{S_2^2} \qquad (S_1 > S_2) \tag{2-24}$$

计算时，规定大的方差为分子，小的为分母。将两组实验数据的标准偏差 S_1 与 S_2 的平方代入式(2-24)，求出 F 值，与方差表的单侧临界值(F_{p,f_1,f_2})比较。F_{p,f_1,f_2} 值见表 2-7。① 若 $F > F_{p,f_1,f_2}$ 说明两组数据的精密度存在着显著性差别；②若 $F < F_{p,f_1,f_2}$ 说明两组数据的精密度不存在显著性差别。`

表 2-7　95%置信度时的 *F* 值(单边)

f_2/f_1	2	3	4	5	6	7	8	9	10	∞
2	19.00	19.16	19.25	19.30	19.33	19.36	19.37	19.38	19.39	19.50
3	9.55	9.28	9.12	9.01	8.94	8.88	8.84	8.81	8.87	8.53
4	6.94	6.59	6.39	6.26	6.16	6.09	6.04	6.00	5.96	5.63
5	5.79	5.41	5.19	5.05	4.95	4.88	4.82	4.78	4.74	4.36
6	5.14	4.76	4.53	4.39	4.28	4.21	4.15	4.10	4.06	3.67
7	4.74	4.35	4.12	3.97	3.87	3.79	3.37	3.68	3.63	3.23
8	4.46	4.07	3.84	3.69	3.58	3.50	3.44	3.39	3.34	2.93
9	4.26	3.86	3.63	3.48	3.37	3.29	3.23	3.18	3.13	2.71
10	4.10	3.71	3.48	3.33	3.22	3.14	3.07	3.02	2.97	2.54
∞	3.00	2.60	2.37	2.21	2.10	2.01	1.94	1.88	1.83	1.00

例 2-7　在分光光度法分析中，用一台旧仪器测定溶液的吸光度 6 次，得标准偏差 S_1=0.055；再用一台性能稍好的新仪器测定 4 次，得标准偏差 S_2=0.022。试问新仪器的精密度是否显著地优于旧仪器的精密度(P=95%)?

解：已知新仪器的性能较好，它的精密度不会比旧仪器的差，因此这属于单边检验问题。

已知　$n_1 = 6$　　$S_1 = 0.055$

$n_2 = 4$　　$S_2 = 0.022$

$S_1^2 = 0.055^2 = 0.0030$　　$S_2^2 = 0.022^2 = 0.00048$

$$F = \frac{S_1^2}{S_2^2} = \frac{0.0030}{0.00048} = 6.25$$

查表 2-7，f_1=6-1=5，f_2=4−1=3，$F_{表}$=9.01，$F<F_{表}$。故两种仪器的精密度不存在统计学上的显著性差异，即受随机误差影响的程度相当，不能得出新仪器精密度显著地优于旧仪器的结论。

2. *t*检验　t 检验是将样本平均值与真值(标准值)进行比较，或将同一样品的两个样本的平均值进行比较，判断它们的测量数据是否准确或准确度是否存在显著性差异，即是否存在系统误差或系统误差的影响是否显著不同。

(1) 样本平均值与标准值的 t 检验：将样本平均值与真值(标准值)进行比较，判断测量数据是否准确，即是否有系统误差存在。当用标准物质做对照试验来评价新分析方法准确度时，根据标准试样的分析结果与已知的标准值，经 t 检验，即可判断新方法有无系统误差、新方法是否准确可靠。

根据公式(2-23)，平均值的置信区间 $\mu = \overline{x} \pm tS/\sqrt{n}$ ，可得 $\overline{x} - \mu = \pm tS/\sqrt{n}$ ，可理解为在一定置信度下，$\overline{x}$ 与 μ 之差是否超出 $\pm tS/\sqrt{n}$ ，即可作出 $\overline{x}$ 与 μ 之间是否存在显著性差异的结论。将式(2-23)改写为

$$t = \frac{|\overline{x} - \mu|}{S}\sqrt{n} \tag{2-25}$$

在作 t 检验时，先将所得数据 $\overline{x}$ 、μ、S 及 n 代入上式，求出 t 值，再与表 2-5 查得的相应 $t_{\alpha, f}$ 值比较。①若 $t>t_{\alpha, f}$，说明 $\overline{x}$ 与 μ 间存在显著性差异，这种差异不是随机误差引起的，而是源于系统误差；②若 $t< t_{\alpha, f}$，说明两者不存在显著性差异，由此可得出样本分析结果准确，不存在明显的系统误差，方法可靠。

例 2-8 有一标样，其标准值为 0.123%。今用一新方法测定，4 次测定数据(%)分别为：0.112，0.118，0.115，0.119，试判断新方法是否存在系统误差(置信度选 95%)。

解：

$$\overline{x} = 0.116\,\%$$

标准偏差为 $S = \sqrt{\frac{\sum_{i=1}^{n}(x_i - \overline{x})^2}{n-1}} = 3.16 \times 10^{-5}$

代入式(2-25)得 $t = \frac{|\overline{x} - \mu|}{S}\sqrt{n} = \frac{|0.116\% - 0.123\%|}{3.16 \times 10^{-5}}\sqrt{4} = 4.43$

查表 2-5 得 $t_{0.05,3} = 3.18 \qquad t > t_{0.05,3} = 3.18$

说明 $\overline{x}$ 与标准值间存在显著性差异，故新方法存在系统误差，准确度不高。

(2) 两个样本均值的 t 检验：将同一样品采用不同人员、不同分析方法或不同仪器获取的两个平均值进行比较，判断它们的准确度是否存在显著性差异，即影响它们的系统误差是否显著不同。

为消除偶然误差对检验结果的影响，应先做 F 检验，若无显著性差异，方可做 t 检验。

首先按式(2-26)或式(2-27)计算合并标准偏差 S_R

$$S_R = \sqrt{\frac{(n_1 - 1)\ S_1^2 + (n_2 - 1)\ S_2^2}{n_1 + n_2 - 2}} \tag{2-26}$$

或

$$S_R = \sqrt{\frac{\sum_{i=1}^{n_1}(x_1 - \overline{x}_1)^2 + \sum_{i=1}^{n_2}(x_2 - \overline{x}_2)^2}{(n_1 - 1) + (n_2 - 1)}} \tag{2-27}$$

式(2-26)或式(2-27)中，S_R 称为合并标准偏差或组合标准差；n_1、n_2 分别为两组数据的测定次数，n_1与n_2 可以不等，但不能相差悬殊；总自由度 $f = n_1 + n_2 - 2$ 。

再按式(2-28)计算统计量 t

$$t = \frac{|\overline{x}_1 - \overline{x}_2|}{S_R}\sqrt{\frac{n_1 \times n_2}{n_1 + n_2}} \tag{2-28}$$

求出的统计量 t 与由表 2-5 查得的 $t_{\alpha, f}$ 比较。①若 $t>t_{\alpha, f}$，则两个样本有显著性差异，说明其中至少有一个样本存在系统误差，准确度有差异；②若 $t<t_{\alpha, f}$，说明两个样本之间不存在显著性差异，即两个样本均值之间的差别是偶然误差造成的，准确度相当。

例 2-9 用硼砂和碳酸钠两种基准物质标定盐酸的浓度，所得结果分别为

用硼砂标定（mol/L）： 0.09896，0.09891，0.09901，0.09896；

用碳酸钠标定（mol/L）： 0.09911，0.09896，0.09886，0.09901，0.09906。

当置信度为 95%，用这两种基准物质标定盐酸是否存在显著性差异？

解：对于两组数的平均值之间是否存在显著性差异，要在通过 F 检验确定两组数据之间的精密度没有显著性差异的基础上，再进行 t 检验。

$\overline{x}_1 = 0.09900 \quad n_1 = 5 \quad \overline{x}_2 = 0.09896 \quad n_2 = 4$

$$S_1^2 = \frac{\sum_{i=1}^{n_1} d_{i1}^2}{n_1 - 1} = 92.5 \times 10^{-10} \qquad S_2^2 = \frac{\sum_{i=1}^{n_2} d_{i2}^2}{n_2 - 1} = 16.7 \times 10^{-10}$$

$$F = \frac{S_1^2}{S_2^2} = \frac{92.5 \times 10^{-10}}{16.7 \times 10^{-10}} = 5.54 < F_{表}(9.12)$$

故两组数据之间精密度无显著性差异。

计算合并标准偏差

$$S_R = 7.75 \times 10^{-5}$$

代入式（2-24）得 $t = 0.77$

$$f = 4 + 5 - 2 = 7$$

查表 $t_{0.95,7} = 2.36$， $t < t_{0.95,7}$

所以两组测量结果无显著性差异，准确度相当。

使用统计检验的几点注意事项：

(1) 显著性检验之前，应先对样本数据进行离群值的取舍检验，以消除应舍弃的数据可能对后续显著性检验带来的干扰。

(2) 两组数据的显著性检验顺序是先进行 F 检验而后进行 t 检验，先由 F 检验确认两组数据的精密度(或随机误差)无显著性差别后，才能进行 t 检验。只有两组数据的精密度或随机误差接近，准确度或系统误差的检验才有意义，否则会得出错误的判断。

(3) 单侧与双侧检验，检验两个分析结果是否存在着显著性差异时，用双侧检验。若检验某分析结果是否明显高于(或低于)某值，则用单侧检验。

(4) 置信水平 P 的选择，t 与 F 等的临界值随 P 的不同而不同，因此 P 的选择必须适当。

四、测量不确定度

定量分析的目的是为了得到被测量的真值，由于测量误差的存在，使得被测量的真值难以确定，其测量结果只能得到一个真值的近似估计值和一个用于表示近似程度的误差范围，导致

测量结果具有不确定性。引入测量不确定度(uncertainty of measurement)的概念，用来定量评价测量结果的质量，是误差理论发展的一个重要成果。

测量不确定度(简称不确定度)表征合理地赋予测量值的分散性，是与测量结果相关的一个参数。用参数不确定度来表征测量结果 Y，应写成下列形式：

$$Y = X \pm U$$

式中，X 为测量值(常用平均值)，U 为不确定度，U 可以是标准偏差或其倍数，或说明了置信水平的区间半宽度等。

在测量不确定度的定义下，一个完整的测量结果应包括两部分，不仅要给出测量值的大小，同时还应给出它的不确定度。定量分析的测量结果所表示的并非为一个确定的值，而是分散的无限个可能值所处于的一个区间。不确定度 U 越小，可信度越高，测量结果的质量就越高。

测量不确定度一般包括很多分量。一些分量是由实际测量得到的系列数据按统计学方法分析得出的，称为 A 类评定；另一些分量是根据经验或其他信息所认定的概率分布得出的，称为 B 类评定。A 类和 B 类评定的目的在于说明不确定度分量的两种不同来源，并非刻意表明两种方法得到的不确定度分量在本质上存在差异，两种评定方法均基于概率分布，都可用标准偏差表示。

测量不确定度有多种表达形式：当用标准偏差表示时，称为标准不确定度(u)，通常用于分量，包括 A 类和 B 类评定；如果若干标准不确定度分量(u_1，u_2，u_3，…)存在相关性，根据传递规律，对各标准不确定度分量加以综合，得到合成标准不确定度(u_c)，$u_c = f(u_1, u_2, u_3, \ldots)$；合成标准不确定度 u_c 乘以包含因子 k，得到扩展不确定度(U)，$U=ku_c$。在分析化学中，最终测量结果的不确定度多采用扩展不确定度。

测量不确定度本身为无正负的参数，表示测量值的分散性，其值不能用于修正测量结果；测量误差是有正负的量值，表示测量值的准确性，其值可用于修正测量结果。

第 5 节　相关与回归

在分析测定中，经常需要确定各变量之间的相互关系。相关与回归(correlation and regression)是研究变量间相关关系的统计学方法，包括相关分析与回归分析。回归分析是通过实验数据的统计分析，找出变量之间的内在规律，建立数学模型，确定函数关系。相关分析是评价变量之间的相关程度，即多大程度上符合确定的函数关系。本节重点介绍分析化学中应用较多的一元线性回归分析及其相关系数。

1．相关系数　相关系数 r 用来描述两个变量的相关性。设两个变量 x 和 y 的 n 次测量值为 (x_1, y_1)、(x_2, y_2)、(x_3, y_3)、…、(x_n, y_n)，可按下式计算相关系数 r 值。

$$r = \frac{\sum_{i=1}^{n}(x_i - \overline{x})\ (y_i - \overline{y})}{\sqrt{\sum_{i=1}^{n}(x_i - \overline{x})^2 \cdot \sum_{i=1}^{n}(y_i - \overline{y})^2}} \tag{2-29}$$

相关系数 r 是一个介于 0 和±1 之间的数值，即 $0 \leqslant |r| \leqslant 1$。相关系数的大小反映 x 与 y 两个变量间线性相关的密切程度。

(1) 当 $r=+1$ 或 -1 时，表示 $(x_1,\ y_1)$、$(x_2,\ y_2)$……等处于一条直线上，此时 x 与 y 完全线性相关。

(2) 当 $r=0$ 时，表示 $(x_1,\ y_1)$、$(x_2,\ y_2)$…… 呈杂乱无章分布，x 与 y 无线性关系。

(3) 当 $0<|r|<1$ 时，可根据测量的次数及置信水平与相关系数临界值(表 2-8)比较，绝对值大于临界值时，则可认为这种线性关系是有意义的，$|r|$ 越接近 1，线性相关性越好。

(4) $r>0$ 时，称为正相关；$r<0$ 为负相关。

表 2-8　相关系数的临界值表

$f=n-2$	置信度			
	90%	95%	99%	99.9%
1	0.988	0.997	0.9998	0.999999
2	0.900	0.950	0.990	0.999
3	0.805	0.878	0.959	0.991
4	0.729	0.811	0.917	0.974
5	0.669	0.755	0.875	0.951
6	0.622	0.707	0.834	0.925
7	0.582	0.666	0.798	0.898
8	0.549	0.632	0.765	0.872
9	0.521	0.602	0.735	0.847
10	0.497	0.576	0.708	0.823

决定系数(相关系数的平方 r^2)也可表示两变量间的线性相关程度，取值范围 0～1。决定系数的大小直接反映了两变量间的线性相关比例，意义比 r 更清楚，也可避免相关系数 r 对线性相关程度的夸大表示。在有关文献报道中，用 r^2 表示变量间相关性的情况越来越多。

2. 回归分析　设 x 为自变量，y 为因变量。对于不同 x 值，y 的测量值也随之发生改变，遵循一定的规律。回归分析就是要找出 y 与 x 之间的内在联系。

通过相关系数的计算，如果知道 y 与 x 之间呈线性相关关系，就可以进行线性回归。用最小二乘法解出回归系数 a(截距)与 b(斜率)。

$$a=\frac{\sum_{i=1}^{n}y_i-b\sum_{i=1}^{n}x_i}{n} \quad 及 \quad b=\frac{n\sum_{i=1}^{n}x_iy_i-\frac{1}{n}\sum_{i=1}^{n}x_i\cdot\sum_{i=1}^{n}y_i}{n\sum_{i=1}^{n}x_i^2-\frac{1}{n}\left(\sum_{i=1}^{n}x_i\right)^2} \tag{2-30}$$

将测定数据代入式(2-30)，求出回归系数 a 与 b，以确定回归方程式(2-31)，从而得到一条最接近所有实验点的直线。

$$y=a+bx \tag{2-31}$$

利用安装有 Excel 等具有线性回归功能软件的计算机或计算器，可以很方便地求出 a、b、r^2 或 r。

例 2-10　标准曲线法测定水中微量铁

(1) 标准溶液的制备：称取一定量的 $NH_4Fe(SO_4)_2\cdot 12H_2O$，制成每 1ml 含 Fe^{3+} 为 10.0μg 的水溶液。

(2) 标准溶液浓度曲线的绘制：用移液管分别精密量取标准溶液 0.0ml，2.0ml，4.0ml，6.0ml，8.0ml，10.0ml 于 50ml 容量瓶中，加入各种试剂和显色剂后，用水稀释至刻度，摇匀。在 510nm 波长下，测定各溶液的吸光度，测定数据如下

$c_{Fe^{3+}}$(μg/ml)：	0.0	0.4	0.8	1.2	1.6	2.0
吸光度 A：	0.000	0.120	0.242	0.356	0.488	0.608

(3) 水样测定：以自来水为样品，精密量取澄清水样 5ml，置 50ml 量瓶中。按上述制备标准溶液浓度曲线项下的方法，制备供试品溶液，并测定吸光度 A=0.286，根据测得的吸光度求出水中的含铁量。

解：(1) 将数据输入 Excel 表

0.0	0.4	0.8	1.2	1.6	2.0
0.000	0.120	0.242	0.356	0.488	0.608

框定该组数据，点插入，选择散点图(第一个)，显示测定的 6 个点，任选一个点，添加趋势线(默认为线性，可在趋势线选项中修改)，再选定显示公式和显示 r 平方，见下图。

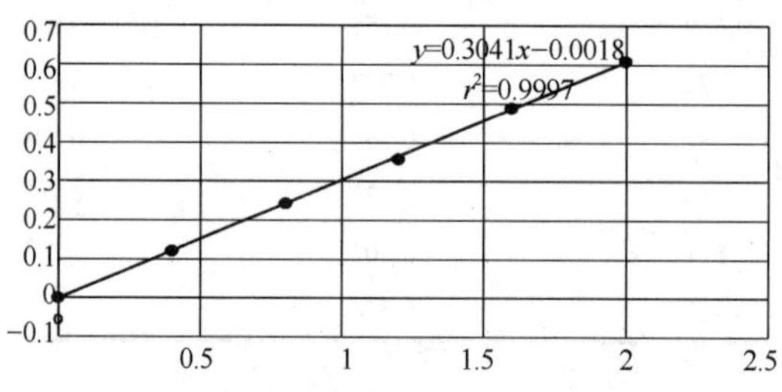

回归方程为　　　　　$y = 0.3041x - 0.0018$

决定系数 r^2=0.9997　　相关系数 r =0.9998

(2) 将测得水样的吸光度 A=0.286 代入回归方程，得

$$x = \frac{0.286 + 0.0018}{0.3041} = 0.946(\mu g/ml)$$

(3) 水样中 Fe^{3+} 的含量为 $0.946 \times 50 / 5 = 9.5(\mu g/ml)$

思考与练习

一、单选题

1. 准确度和精密度的正确关系是(　　)

A. 准确度不高，精密度一定不会高　　B. 精密度好是准确度高的前提

C. 精密度高，准确度一定高　　D. 两者没有关系

2. 滴定终点与化学计量点不一致，会产生(　　)

A. 方法误差　　B. 试剂误差　　C. 仪器误差　　D. 偶然误差

3. 下列误差中，属于偶然误差的是(　　)

A. 砝码未经校正　　B. 容量瓶和移液管不配套

C. 读取滴定管读数时，最后一位数字估计不准　　D. 重量分析中，沉淀的溶解损失

4. 对某试样进行 3 次平行测定，其平均含量为 0.3060g，若真实值为 0.3030g，则 0.3060–0.3030=0.0030g 是(　　)

A. 相对误差　　B. 相对偏差　　C. 绝对误差　　D. 绝对偏差

5. 定量分析工作要求测定结果的误差(　　)

A. 越小越好　　B. 等于零　　C. 无要求　　D. 在允许误差范围内

6. 以下关于随机误差的叙述正确的是(　　)

A. 大小误差出现的概率相等　　B. 正负误差出现的概率相等

C. 正误差出现的概率大于负误差　　D. 负误差出现的概率大于正误差

7. 对置信区间的正确理解是(　　)

A. 一定置信度下以真值为中心包括测定平均值的区间

B. 一定置信度下以测定平均值为中心包括真值的范围

C. 真值落在某一可靠区间的概率

D. 置信区间越窄，测量结果越准确

8. 下列表述中错误的是(　　)

A. 置信水平越高，测定的可靠性越高　　B. 置信水平越高，置信区间越宽

C. 置信区间的大小与测定次数的平方根成反比　　D. 置信区间的位置取决于测定的平均值

9. 以下各项措施中，可以减小随机误差的是(　　)

A. 进行仪器校正　　B. 做对照试验　　C. 增加平行测定次数　　D. 做空白试验

10. 某溶液的 pH 为 9.180，其氢离子活度为(　　)

A. 6×10^{-10}　　B. 6.6×10^{-10}　　C. 6.61×10^{-10}　　D. 6.607×10^{-10}

11. 常量分析用的滴定管每次读数误差为±0.01ml，若要求测定的相对误差小于 0.1%，消耗滴定液的体积应大于(　　)

A. 10ml　　B. 20ml　　C. 30ml　　D. 40ml

12. 按四舍六入五成双规则将下列数据修约为 0.1058 的是(　　)

A. 0.10574　　B. 0.105749　　C. 0.10585　　D. 0.105851

13. 根据置信度为 95%，某人对某项分析结果给出置信区间，合理的是(　　)

A. $(25.48\pm0.1)\%$　　B. $(25.48\pm0.13)\%$　　C. $(25.48\pm0.135)\%$　　D. $(25.48\pm0.1348)\%$

14. 如果要求分析结果达到 0.1%的准确度，使用精密度为 0.1mg 的天平称取试样时，至少应称取(　　)

A. 0.1g　　B. 0.2g　　C. 0.05g　　D. 0.5g

15. 在一元线性回归分析中，用来描述线性好坏的参数是(　　)

A. 斜率　　B. 变异系数　　C. 方差　　D. 相关系数

二、多选题

1. 以下情况产生的误差属于偶然误差的是(　　)

A. 指示剂变色点与化学计量点不一致　　B. 滴定管读数最后一位估测不准

C. 称样时砝码数值记错　　D. 称量过程中天平零点稍有变动

2. 分析测定中出现的下列情况，属于系统误差的是(　　)

A. 滴定管未经校准　　B. 砝码生锈

C. 天平的两臂不等长　　D. 滴定时有溶液溅出

3. 有一组平行测定所得的数据，要判断其中可疑值的取舍，可采用(　　)

A. t 检验　　B. G 检验　　C. F 检验　　D. Q 检验

4. 可用下列何种方法提高分析结果的准确度(　　)

A. 进行仪器校正　　B. 增加测定次数　　C. 做回收试验　　D. 做空白试验

5. 下列数据中有效数字为四位的是(　　)

A. 0.2400　　B. 0.0064　　C. 3.007　　D. 50.80

6. 以下有关系统误差的论述正确的是(　　)

A. 系统误差有单向性　　B. 系统误差有随机性

C. 系统误差是可测误差　　D. 系统误差是由一定原因造成的

7. 用 25ml 移液管移出的溶液体积，记录错误的是(　　)

A. 25ml　　B. 25.0ml　　C. 25.00ml　　D. 25.000ml

8. 关于准确度和精密度，下列叙述中正确的是(　　)

A. 精密度受偶然误差的影响　　B. 精密度差，结果不可靠

C. 精密度高，准确度一定高　　D. 准确度主要受系统误差的影响

三、填空题

1. 由蒸馏水、试剂和器皿带进杂质所造成的系统误差，一般可做________来扣除。

2. pH=3.03 是_____位有效数字；1.67×10^{-4} 是_____位有效数字；500.0 是_____位有效数字；pK=10.58 是_____位有效数字。

3. 将以下数修约为 3 位有效数字：(1)21.4505 修约为____；(2)3.645 修约为_____。

4. 正态分布曲线反映出__________误差分布的规律，曲线的形状由__________决定。

5. 少量测量数据结果的随机误差遵循____分布，当测量次数趋于无限次时，随机误差遵循___分布。

6. 在统计学上，把在一定概率下以测定值为中心，包括总体平均值在内的可靠范围，称为_______，这个概率称为______________。

7. 偶然误差影响结果的________，可采取______________方式来减少偶然误差。

8. 在弃去多余数字的修约过程中，所使用的法则称为“__________________”。

9. 在消除________的前提下，总体平均值就是________。

10. 相对平均偏差是__________与__________的比值，常用百分数表示。

四、名词解释

系统误差　偶然误差　精密度　准确度　有效数字　F 检验　t 检验

置信区间　对照试验　空白试验　回收试验　测量不确定度

五、简答题

1. 何为离群值？如何处理？

2. 准确度与精密度有何区别与联系？

3. 指出下列各种情况产生的误差是系统误差还是偶然误差？如果是系统误差，请区别方法误差、仪器和试剂误差或操作误差，并给出减免方法。

①砝码受腐蚀；②天平的两臂不等长；③容量瓶与移液管未经校准；④在重量分析中，试样的非被测组分被共沉淀；⑤试剂含被测组分；⑥滴定终点颜色判断习惯偏深；⑦化学计量点不在指示剂的变色范围内；⑧读取滴定管读数时，最后一位数字估计不准；⑨在分光光度法测定中，波长指示器所示波长与实际波长不符；⑩在 HPLC 测定中，待测组分峰与相邻杂质峰部分重叠。

4.统计检验的正确顺序是什么？

5.如何判断定量分析过程中是否存在系统误差？

六、计算题

1. 进行下述计算，并给出适当的有效数字。

(1) $\dfrac{2.520\times4.105\times15.14}{9.26}=$ (2) $\dfrac{3.1\times21.14\times5.10}{0.1120}=$

(3) $\dfrac{2.2856\times2.51+5.42-1.8904\times7.50\times10^{-3}}{3.5462}=$

(16.91，3.0×10^{2}，3.142)

2. 甲乙两人测定同一标准试样，各得一组数据如下，甲： 0.3，–0.2，–0.4，0.2，0.1，0.4，0.0，–0.3，0.2，–0.3；乙： 0.1，0.1，–0.6，0.2，–0.1，–0.2，0.5，–0.2，0.3，0.1。(1)求两组数据的平均偏差和标准偏差；(2)为什么两组数据计算出的平均偏差相等，而标准偏差不等？哪组数据的精密度较好？

($\bar{d}_{甲}=\bar{d}_{乙}$=0.24，$S_{甲}$=0.28，$S_{乙}$=0.31)

3. 分析铁矿中铁的质量分数，得到如下数据：37.45，37.20，37.50，37.30，37.25(%)。

计算此结果的平均值、平均偏差、相对平均偏差、标准偏差、相对标准偏差。

(37.34%，0.11%，0.29%，0.13%，0.35%)

4. 测定石灰中铁的质量分数(%)，4次测定结果为：1.59，1.53，1.54和1.71。用Q检验法判断1.71是否应舍弃(P=90%)。

(Q=0.67<0.76，保留)

5. 用$K_2Cr_2O_7$基准试剂标定$Na_2S_2O_3$溶液的浓度(mol/L)，4次结果为：0.1029，0.1056，0.1032和0.1034。用Grubbs法检验可疑值0.1056是否应舍弃(P=0.95)。

(G=1.64>1.48，舍弃)

6. 用巯基乙酸法进行亚铁离子的分光光度法测定。在波长605nm处测定铁标准溶液的吸光度(A)，所得数据如下

C(μg/ml)：	0	10	20	30	40	50
A：	0.009	0.035	0.061	0.083	0.109	0.133

试求：①吸光度-浓度(A-c)的回归方程；②相关系数；③试样溶液A=0.050时，试样溶液中亚铁离子的浓度。

(A=0.010+0.00247c，0.9997，16.2 μg/ml)

7. 某分析人员提出了测定氯的新方法。用此法分析某标准样品(标准值为16.62%)，4次测定的平均值为16.72%，标准差为0.08%。问此结果与标准值相比有无显著差异(置信度为95%)?

(t=2.50<3.18，无显著差异)

8. 用化学法和高效液相色谱法测定同一复方片剂中乙酰水杨酸的质量分数，测定的标示量(%)如下，HPLC法：97.2%、98.1%、99.9%、99.3%、97.2%及98.1%；化学法：97.8%、97.7%、98.1%、96.7%及97.3%。问在该项分析中HPLC法可否代替化学法?

(F=4.15<6.26，t=1.48<2.262，无显著性差异，可代替化学法)

9. 测定试样中蛋白质的质量分数(%)，5次测定结果为：34.92，35.11，35.01，35.19，34.98，计算p=0.95时的置信区间。

(μ=35.04%±0.14%)

(李　菀)

本章ppt课件

第3章 重量分析法

重量分析法简称重量法(gravimetric method)，是称取一定重量的试样，用适当的方法将试样中被测组分与其他组分分离后，转化成一定的称量形式，称重，从而求得该组分含量的方法。

重量法的优点是直接采用分析天平称量的数据来获得分析结果，在分析过程中一般不需要引入基准物质和容量器皿等数据，而且称量误差一般较小，因此分析结果准确度较高。对于常量组分的测定，相对误差一般不超过±0.1%～±0.2%。但其也存在显著的缺点，如操作繁琐、费时、灵敏度不高、不适于微量及痕量组分的测定、不适于生产的控制分析，因此目前在生产中已逐渐被其他较快速的方法取代。尽管如此，目前仍有一些药品的分析检查项目采用重量法，如某些药品的含量测定、干燥失重、炽灼残渣及中药灰分的测定等，都已载入《中华人民共和国药典》(以下简称药典)成为法定的测定方法。此外，重量法的分离理论和操作技术也经常应用于其他分析方法中，并且是建立分析方法时所必需的对照法和校正法，因此重量法仍是分析化学中必不可少的基本方法。

根据被测组分的不同性质，重量法可分为：挥发法、萃取法、沉淀法和电解法等，在中医药检验工作中常用前三种方法。

本章将阐述挥发法、萃取法、沉淀法这三种方法的基本原理和分离条件，并重点讨论沉淀法的计算。本章的难点是沉淀的溶解度及其影响因素、沉淀的纯度及其影响因素和沉淀的类型与沉淀条件。

第1节 挥 发 法

挥发法(volatilization method)是根据试样中的被测组分具有挥发性或可转化为挥发性物质，利用加热等方法使挥发性组分气化逸出或用适宜的吸收剂吸收直至恒重，称量试样减失的重量或吸收剂增加的重量来计算该组分含量的方法。

一、直接挥发法

直接挥发法是利用加热等方法使试样中挥发性组分逸出，用适宜的吸收剂将其全部吸收，称量吸收剂所增加的重量来计算该组分含量的方法。例如，将一定量带有结晶水的固体，加热至适当温度，用高氯酸镁吸收逸出的水分，则高氯酸镁增加的重量就是固体样品中结晶水的重量。又如，以碱石灰为吸收剂测定试样中 CO_2 的含量。

二、间接挥发法

间接挥发法是利用加热等方法使试样中挥发性组分逸出后，称量其残渣，由样品重量的减少来计算该挥发组分的含量。例如，测定氯化钡晶体($BaCl_2 \cdot 2H_2O$)结晶水时，可将一定量的$BaCl_2 \cdot 2H_2O$试样加热，使水分挥发掉，试样减少的重量即为结晶水的含量。

三、操作过程

直接挥发法和间接挥发法的操作过程见图 3-1。

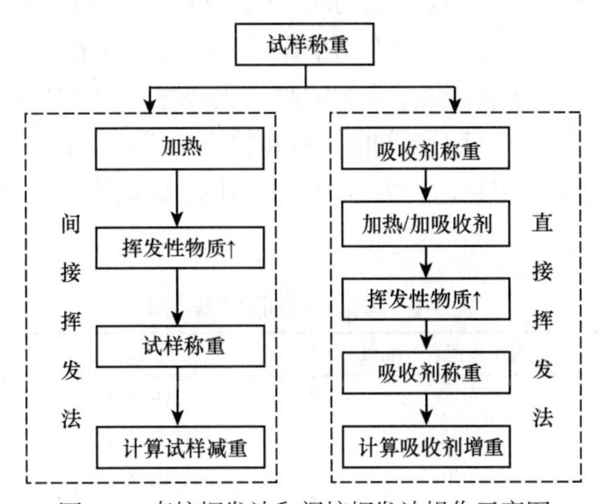

图 3-1　直接挥发法和间接挥发法操作示意图

四、应用与示例

挥发法在药物分析中的应用主要包括干燥失重、中药灰分测定等，具体如下。

1. 干燥失重　药典规定药物纯度检查项目中，对某些药物常要求检查“干燥失重”，就是利用挥发法测定药物干燥至恒重后减失的重量，这里的被测组分包括吸湿水、结晶水和在该条件下能挥发的物质。所谓“恒重”系指药物连续两次干燥或灼烧后称得的重量差在0.3mg以下。

根据被测组分的耐热性及水分挥发难易性差异，药典中规定的药物干燥方法大致有以下几种。

(1) 常压下加热干燥

1) 适用对象：对于性质稳定，受热后不易挥发、氧化、分解或变质的试样，可在常压下加热干燥。

2) 操作方法：通常将试样置于电热干燥箱中，以105～110℃加热干燥。对某些吸湿性强或水分不易挥发的试样，可适当提高温度、延长时间。

3) 备注：有些化合物虽受热不易变质，但因结晶水的存在而有较低的熔点，在加热干燥时未达干燥温度即成熔融状态，不利于水分的挥发。因此可先将样品置于低于熔融温度或用干燥剂除去一部分或大部分水分后，再提高干燥温度。例如，含2分子水的$NaH_2PO_4 \cdot 2H_2O$，应先在低于 60℃干燥至脱去 1 分子水，成为 $NaH_2PO_4 \cdot H_2O$，再升温至 105～110℃干燥至恒重。

(2) 减压加热干燥

1) 适用对象：对于在常压下受热温度高、易分解变质、水分较难挥发或熔点低的试样，可在减压下加热干燥。

2) 操作方法：置真空干燥箱(减压电热干燥箱)内，减压至 2.7×10^3Pa 以下，在较低温度(一般 60～80℃)干燥至恒重。

3) 备注：这样可缩短干燥时间，避免样品长时间受热而分解变质并获得高于常压下的加热干燥效率。

(3) 干燥剂干燥

1) 适用对象：能升华、受热易变质的物质不能加热，可在室温下用干燥剂干燥。

2) 操作方法：将试样置于盛有干燥剂的干燥器内干燥至恒重。

3) 备注：干燥剂是一些与水有强结合力的脱水化合物。若常压下干燥水分不易除去，可置减压干燥器内干燥，但均应注意干燥剂的选择及检查干燥剂是否保持有效状态。尽管如此，使用干燥剂法测定水分时仍不容易达到完全干燥的目的，故此法较少用。常用干燥剂及相对干燥效率见表 3-1。

表 3-1　常见干燥剂的干燥效率

干燥剂	空气中残留水分(ml/L)	干燥剂	空气中残留水分(ml/L)
$CaCl_2$(无水粒状)	1.5	$CaSO_4$(无水)	3×10^{-3}
NaOH	0.8	浓 H_2SO_4	3×10^{-3}
硅胶	3×10^{-2}	CaO	2×10^{-3}
KOH(熔融)	2×10^{-3}	$Mg(ClO_4)_2$(无水)	5×10^{-4}
Al_2O_3	5×10^{-3}	P_2O_5	2×10^{-5}

2. 泡腾片中 CO_2 的测定　挥发法对试样中不易挥发但能转化为挥发性物质组分的测定，可通过化学反应使其定量转化为可挥发性物质逸出，根据试样达恒重后所减失的重量计算被测组分含量。例如，测定由柠檬酸与 $NaHCO_3$ 混合而成的泡腾片产生的 CO_2 含量，是通过将精密称定的片剂试样加入定量的水中，酸碱反应发生的同时有大量气泡逸出，不断振摇使反应完全，CO_2 全部逸出后进行称量，根据水和试样减轻的重量可计算泡腾片中 CO_2 释放量；也可用恒重的碱石灰吸收 CO_2，根据碱石灰增加的重量计算 CO_2 含量。

3. 中药灰分的测定　灰分是控制中药材质量的检查项目之一，也采用挥发法进行测定，不过被测定的不是挥发性物质，而是有机物经高温灼烧挥发后剩余的不挥发性有机物。通常取供试品于恒重的坩埚中，称重后缓缓加热至完全炭化后，逐渐升温到 500～600℃，使之完全灰化至恒重。

第 2 节　萃　取　法

萃取法(extraction method)是根据被测组分在两种不相溶的溶剂中的分配比不同，采用溶剂萃取的方法使之与其他组分分离，除去萃取液中的溶剂，称量干燥后萃取物的重量，求出待测组分含量的方法。

一、基本原理

物质在水相和与水互不相溶的有机相中都有一定的溶解度，在液-液萃取分离时，被萃取物质在有机相和水相中的浓度之比称为分配比，用 D 表示，即 $D=C_{有}/C_{水}$。当两相体积相等时，若 $D>1$ 说明经萃取后物质进入有机相的量比留在水相中的量多，在实际工作中一般至少要求 $D>10$。当 D 不高，一次萃取不能满足要求时，可采用多次连续萃取以提高萃取率。

二、萃取化合物类型

根据萃取反应的类型，萃取化合物可分为螯合物、离子缔合物、三元配合物、溶剂化合物和简单分子。这些化合物分别组成不同的萃取体系。

三、操作过程

萃取法的基本操作过程见图 3-2。

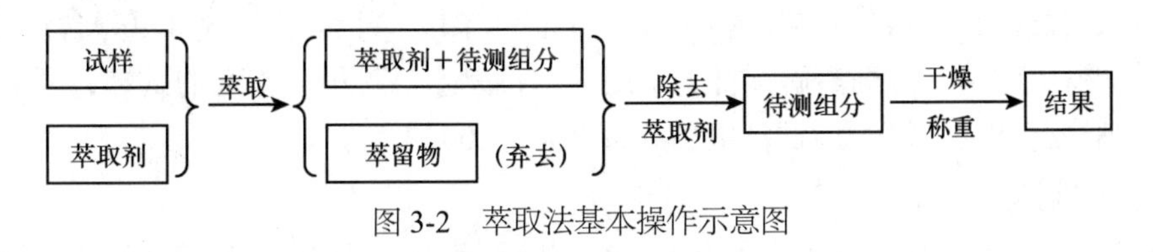

图 3-2　萃取法基本操作示意图

四、应用与示例

中药材及其制剂中的生物碱、有机酸等成分，可根据它们的盐能溶于水，而游离生物碱、有机酸溶于有机溶剂但不溶于水的性质，通过调节溶液的 pH 使其存在形式发生改变，进而采用萃取法进行总量测定。例如，中药风湿定片中总生物碱的测定：将风湿定片用甲醇-浓氨混合液提取，并用稀硫酸酸化和三氯甲烷萃取去除低极性杂质，再用氨试液使成碱性，使生物碱游离，用三氯甲烷分次萃取直至生物碱提尽为止，合并三氯甲烷液，过滤，滤液在水浴上蒸干，干燥、称重，计算，即可测出其中总生物碱的含量。

第 3 节　沉　淀　法

一、沉淀重量法操作步骤

沉淀重量法简称沉淀法，是利用沉淀反应，将被测组分转化成难溶化合物，以沉淀形式从试液中分离出来，再将析出的沉淀经过滤、洗涤、烘干或灼烧，转化为可以供最后称量的化学组成，根据该化学组成的重量，计算被测组分百分含量的方法(图 3-3)。其中该沉淀的化学组成称为沉淀形式；沉淀经处理后，供最后称量的化学组成，称为称量形式。沉淀形式与称量形式有时相同，有时则不同。

例如，用 $AgNO_3$ 作沉淀剂测定 Cl^-，灼烧前后沉淀形式与称量形式均为 AgCl，两者相同；又如，用 $(NH_4)_2C_2O_4$ 作沉淀剂测定 Ca^{2+}，沉淀形式是 $CaC_2O_4 \cdot H_2O$，灼烧后所得的称量形式是 CaO，两者不同。

试样 —称量/溶解→ 试液 —加入沉淀剂→ 沉淀形式 —过滤、洗涤/烘干、灼烧→ 称量形式 —称量/计算→ 结果

图 3-3　沉淀重量法操作示意图

1．试样的称取和溶解　在沉淀法中，试样的称取量必须适当，若称取量太多使沉淀量过大，给过滤、洗涤都带来困难；称样量太少，则称量误差及各个步骤中所产生的误差将在测定结果中占较大比重，致使分析结果准确度降低。

一般情况下，取样量可根据所得沉淀经干燥或灼烧后称量形式的重量为基础进行计算，晶体沉淀以 0.1～0.5g、非晶形沉淀则以 0.08～0.1g 为宜。由此可根据试样中被测组分的大致含量，计算出大约应称取的试样量。

对于易于吸湿或“湿”试样，水分会使各组分的百分含量随之改变。为避免上述因试样湿度改变带来的误差，应先将试样以合适的方法先干燥至恒重，再进行分析；有时亦可取湿品分析，同时另取湿品测定干燥失重再进行换算。实验结果以“干燥品”计算百分含量。

取样后，需用适当的溶剂溶解试样，常用的溶剂是水。对难溶于水的试样，可用酸、碱或氧化物等溶剂进行溶解。溶解后试液的体积以 100～200ml 为宜。

2．沉淀的制备

(1) 沉淀法对沉淀形式的要求：①沉淀的溶解度必须小，以保证被测组分沉淀完全，要求沉淀完全程度大于 99.9%。一般要求沉淀在溶液中溶解损失量小于分析天平的称量误差(±0.2mg)。②沉淀纯度要高，尽量避免杂质的沾污。③沉淀形式要易于过滤、洗涤，易于转变为称量形式。

(2) 沉淀法对称量形式的要求：①要有确定已知的组成，否则将失去定量的依据；②称量形式必须十分稳定，不受空气中水分、CO_2 和 O_2 等的影响；③摩尔质量要大，这样由少量的被测组分即可以得到较大量的称量物质，减少称量误差，提高分析的灵敏度和准确度。

例如，重量法测定 Al^{3+}，可用氨水沉淀为 $Al(OH)_3$ 后，灼烧成 Al_2O_3 称量。也可以用 8-羟基喹啉沉淀为 8-羟基喹啉铝 $(C_9H_6NO)_3Al$，干燥后称重。按这两种称量形式计算，0.1000g 铝可获得 0.1888g Al_2O_3 或 1.704g $(C_9H_6NO)_3Al$。分析天平的称量误差一般为±0.2mg。对于上述两种称量形式，称量不准确而引起的相对误差分别为：

$$Al_2O_3\% = \frac{\pm 0.0002}{0.1888} \times 100\% = \pm 0.2\% \qquad (C_9H_6NO_3)Al\% = \frac{\pm 0.0002}{1.704} \times 100\% = \pm 0.02\%$$

显然，用 8-羟基喹啉重量法测定 Al^{3+} 准确度更高。

3．沉淀的过滤、洗涤、烘干与灼烧

(1) 过滤：过滤沉淀时常使用滤纸或玻璃砂芯滤器。进行过滤时滤纸应紧贴漏斗，并在漏斗颈部能形成液柱，这样可以缩短过滤时间。近年来，由于使用有机沉淀剂而逐渐用烘干法代替灼烧沉淀的方法。若采用烘干法，一般采用玻璃砂芯滤器过滤，包括玻璃砂芯坩埚和玻璃砂芯漏斗，过滤时可采用减压抽滤。

新的玻璃滤器使用前，可用热盐酸或洗液处理并立即用水洗涤，使用后用水反复冲洗，必要时可用蒸馏水减压抽洗，以提高洗涤效率；若采用上述方法不能洗净，可根据沉淀物的性质选用化学洗涤剂洗涤。但不能用会损坏滤器的氢氟酸、热浓磷酸、热或冷的浓碱液洗涤。过滤沉淀前，玻璃滤器需在与干燥沉淀相同的温度下干燥至恒重。

如果沉淀的溶解度随温度变化较小，以趁热过滤较好。

(2) 洗涤：洗涤沉淀是为了洗去沉淀表面吸附的杂质和混杂在沉淀中的母液。选择洗涤液的原则如下。①溶解度较小又不易生成胶体的沉淀，可用蒸馏水洗涤；②溶解度较大的晶形沉淀，可用沉淀剂(干燥或灼烧可除去)稀溶液或沉淀的饱和溶液洗涤；③溶解度较小的非晶形沉淀，需用热的挥发性电解质(如 NH_4NO_3)的稀溶液进行洗涤，用热洗涤液洗涤，以防止形成胶体。

过滤和洗涤时，通常采用“倾泻法”，即让沉淀放置澄清后，将上层溶液沿玻棒先倾入滤器中，让沉淀尽可能留在容器底，然后再根据少量多次的原则洗涤沉淀。采用此法即可使滤纸或滤器不致在开始时迅速被沉淀堵塞，缩短过滤时间，同时又可使沉淀被洗涤干净。

(3) 烘干与灼烧：洗涤后的沉淀，除吸附有大量水分外，还可能有其他挥发性物质存在，需用适当的干燥方法使其转化成固定的称量形式。若沉淀只需除去其中的水分或一些挥发性物质，则经烘干处理即可，通常为 110～120℃烘干 40～60min 即可，冷却，称量至恒重，若为有机沉淀，则干燥温度还需视具体情况再低些。

若沉淀的水分不易除去(如 $BaSO_4$)或沉淀形式组成不固定[如 $Fe(OH)_3 \cdot xH_2O$]，干燥后不能称量，则需经高温灼烧后转变成组成固定的形式(如 $BaSO_4$ 或 Fe_2O_3)才能进行称量。具体操作是将滤有沉淀的定量滤纸卷好，置于已灼烧至恒重的瓷坩埚中，先于低温下使滤纸炭化，再于马弗炉中高温灼烧，然后冷却到适当温度后取出，放入干燥器中继续冷却至室温，称量，直至恒重。

二、沉淀的溶解度及影响因素

沉淀法中，影响定量准确性的第一关键要素是沉淀要完全，即要求沉淀完全程度大于99.9%。而沉淀完全与否是根据反应达平衡后沉淀的溶解度来判断。通常要求沉淀溶解度在母液及洗涤液中所引起的损失不超过分析天平的允许误差范围，但大多数沉淀不能满足这一要求，因此有必要了解各种影响沉淀溶解度的因素，以降低沉淀的溶解度，使沉淀完全。现将常见的影响沉淀溶解度的因素讨论如下。

1. 同离子效应 当沉淀反应达到平衡后，若向溶液中加入含有某一构晶离子的试剂或溶液，可降低沉淀的溶解度。在沉淀法中，一般要求沉淀反应的完全程度达 99.9%。大多数难溶化合物由于有一定的溶解度，很少能达到这一要求。因此，在制备沉淀时，常加入过量沉淀剂，或用沉淀剂(在干燥或灼烧时能除去)的稀溶液洗涤沉淀，以保证沉淀完全，减少沉淀的溶解损失，提高分析结果的准确度。

例 3-1 欲使 0.02mol/L 草酸盐中 $C_2O_4^{2-}$沉淀完全，生成 $Ag_2C_2O_4$，问需过量 Ag^+的最低浓度是多少？(忽略 Ag^+加入时体积的增加)

解： $Ag_2C_2O_4 \rightleftharpoons 2Ag^+ + C_2O_4^{2-} \qquad K_{spAg_2C_2O_4} = 3.5 \times 10^{-11}$

若 $C_2O_4^{2-}$ 沉淀的完全程度不小于 99.9%，则其在溶液中的剩余浓度应不大于 $0.02\times0.1\%=2\times10^{-5}$ mol/L，则 Ag^+ 的浓度应不低于

$$[Ag^+]=\left(\frac{K_{spAg_2C_2O_4}}{[C_2O_4^{2-}]}\right)^{\frac{1}{2}}=1.3\times10^{-3}(mol/L)$$

因此，在草酸盐溶液中，必须加入足够的 Ag^+，沉淀反应后，溶液中剩余 Ag^+ 的浓度不低于 1.3×10^{-3}mol/L，才能保证沉淀完全。

必须指出的是，在沉淀法中为了保证沉淀完全，也绝非沉淀剂加得越多越好，应有一定的限度，如果沉淀剂过量太多，有时可能引起其他副反应，反而使溶解度增大，影响沉淀的完全度。在一般情况下，沉淀剂应过量 50%～100%；如果沉淀剂不挥发，一般则以过量 20%～30%为宜。

2. 异离子效应 在难溶化合物的饱和溶液中加入易溶的强电解质，会出现难溶化合物的溶解度比同温度时在纯水中的溶解度大的现象，这称为异离子效应。例如，在强电解质 KNO_3 存在的情况下，AgCl、$BaSO_4$ 的溶解度比在纯水中大，而且溶解度随强电解质浓度的增加而增大。当溶液中 KNO_3 的浓度由 0 增大到 0.01mol/L 时，AgCl 的溶解度由 1.28×10^{-5}mol/L 增大到 1.43×10^{-5}mol/L。图 3-4 说明了这些问题。

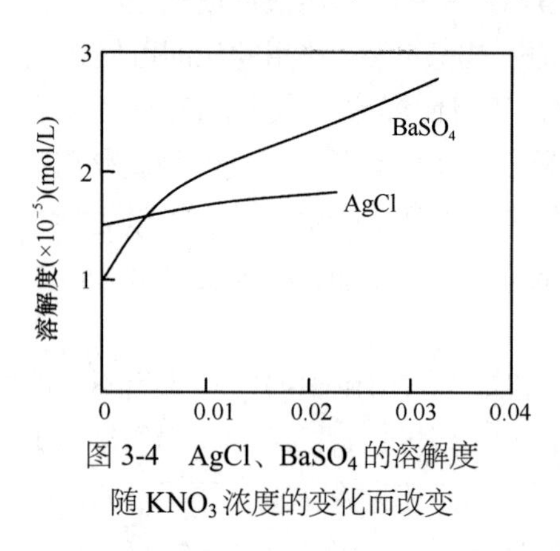

图 3-4 AgCl、$BaSO_4$ 的溶解度随 KNO_3 浓度的变化而改变

发生异离子效应的原因是由于强电解质的存在使溶液的离子强度增大，活度系数减小，导致沉淀溶解度增大。因此，构晶离子电荷越高，浓度越大，异离子效应越显著。

在沉淀法中，由于沉淀剂通常也是强电解质，所以在利用同离子效应保证沉淀完全的同时，还应考虑异离子效应的影响，过量的沉淀剂的作用是同离子效应和异离子效应的总和。当沉淀剂适当过量时，同离子效应起主导作用，沉淀的溶解度随沉淀剂用量的增加而降低。当溶液中沉淀剂达到某一浓度时，沉淀的溶解度达到最低值，若再继续加入沉淀剂，由于异离子效应增大，使得沉淀的溶解度反而增加，因此沉淀剂过量要适当。例如，测定 Pb^{2+} 时用 Na_2SO_4 为沉淀剂，由表 3-2 可以看出，随着 Na_2SO_4 浓度的增加，由于同离子效应，$PbSO_4$ 溶解度降低，当 Na_2SO_4 浓度增大到 0.04mol/L 时，$PbSO_4$ 的溶解度达到最小，说明此时同离子效应最大。当 Na_2SO_4 浓度继续增大时，由于异离子效应增强，$PbSO_4$ 的溶解度又开始增大。

应该指出：如果沉淀本身的溶解度很小，异离子效应的影响很小，可以忽略不计。只有当沉淀的溶解度比较大，且溶液的离子强度很高时，才考虑异离子效应的影响。

表 3-2 $PbSO_4$ 在 Na_2SO_4 溶液中的溶解度

Na_2SO_4(mol/L)	0	0.001	0.01	0.02	0.04	0.100	0.200
$PbSO_4$(mol/L)	0.15	0.024	0.016	0.014	0.013	0.016	0.023

3. pH 效应 溶液的 pH 影响沉淀溶解度的现象称为 pH 效应，又称酸效应。发生酸效应的原因是溶液中 H^+ 浓度对弱酸、多元酸或难溶弱酸离解平衡存在影响，从而导致弱酸盐、多元酸盐沉淀或难溶弱酸盐沉淀溶解度增大。

现以草酸钙沉淀为例说明溶液的 pH 对沉淀溶解度的影响。CaC_2O_4 沉淀在溶液中建立如

下平衡：

$$CaC_2O_4 \rightleftharpoons Ca^{2+} + C_2O_4^{2-}$$

$$C_2O_4^{2-} \xrightleftharpoons{H^+} HC_2O_4^- \xrightleftharpoons{H^+} H_2C_2O_4$$

当溶液酸度增大，使平衡向生成 $H_2C_2O_4$ 方向移动，CaC_2O_4 的溶解度增大。

酸度对沉淀溶解度的影响是比较复杂的，像 CaC_2O_4 这类弱酸盐及多元酸盐的难溶化合物，与 H^+ 作用后生成难离解的弱酸，而使溶解度增大的效应必须加以考虑，若是强酸盐的难溶化合物则影响不大。

4．配位效应 当难溶化合物的溶液中存在着能与构晶离子生成配合物的配位剂，则会使沉淀溶解度增大，甚至不产生沉淀，这种现象称为配位效应。产生配位效应主要有两种情况：一是外加配位剂；二是沉淀剂本身就是配位剂。

例如，在 AgCl 沉淀溶液中加入 $NH_3 \cdot H_2O$，则 NH_3 能与 Ag^+ 配位生成 $[Ag(NH_3)_2]^+$ 配离子，结果使 AgCl 沉淀的溶解度大于在纯水中的溶解度，若 $NH_3 \cdot H_2O$ 足够多，则可能使 AgCl 完全溶解。有关平衡如下：

$$AgCl \rightleftharpoons Ag^+ + Cl^- \qquad K_{sp} = [Ag^+][Cl^-]$$

$$Ag^+ + NH_3 \rightleftharpoons [AgNH_3]^+ \qquad K_{sp} = \frac{[AgNH_3]^+}{[Ag^+][NH_3]}$$

$$[AgNH_3]^+ + NH_3 \rightleftharpoons [Ag(NH_3)_2]^+ \qquad K_{sp} = \frac{[Ag(NH_3)_2]^+}{[AgNH_3]^+[NH_3]}$$

又如，用 Cl^- 为沉淀剂沉淀 Ag^+，最初生成 AgCl 沉淀，但若继续加入过量的 Cl^-，则 Cl^- 能与 AgCl 配位生成 $(AgCl_2)^-$、$(AgCl_3)^{2-}$ 等配离子而使 AgCl 沉淀逐渐溶解。图 3-5 中的曲线表明 AgCl 的溶解度随 Cl^- 浓度的变化情况，不难看出同离子效应与配位效应共同作用的结果。图中 $[Cl^-]$ 从左到右逐渐增加，即 pCl($-\lg[Cl^-]$)逐渐减小，当过量的 $[Cl^-]$ 由小增大到约 4×10^{-3} mol/L 时，AgCl 的溶解度显著降低，显然在这段曲线中同离子效应起主导作用；但当 $[Cl^-]$ 再继续增大，由曲线可见 AgCl 的溶解度反而增大，这时配位效应起主导作用。

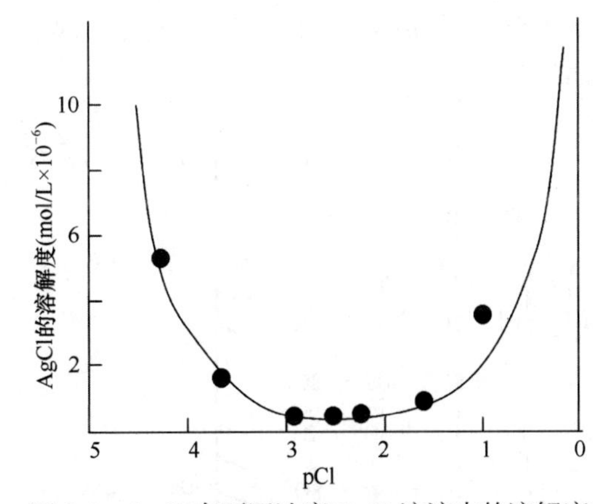

图 3-5 AgCl 在不同浓度 NaCl 溶液中的溶解度

因此用 Cl^- 沉淀 Ag^+ 时，必须严格控制过量 Cl^- 的浓度。沉淀剂本身是配体的情况也是常见的，对于这种情况，应避免加入太过量的沉淀剂。

配位效应使沉淀溶解度增大的程度与沉淀的溶度积常数 K_{sp} 和形成配合物的稳定常数 $K_{稳}$ 的相对大小有关。K_{sp} 和 $K_{稳}$ 越大，则配位效应越显著。

以上讨论了同离子效应、异离子效应、pH 效应和配位效应，其中只有同离子效应是降低沉淀溶解度，保证沉淀完全的有利因素，其他效应均是影响沉淀完全程度的不利因素。在分析工作中应根据具体情况分清主次：如对无配位效应的强酸盐沉淀，应主要考虑同离子效应和异离子效应；对弱酸盐或难溶酸沉淀，多数情况应主要考虑 pH 效应。

5. 其他因素 除上述主要因素之外，影响沉淀溶解度的因素还有温度、溶剂、沉淀颗粒的大小和沉淀析出的形态等。

三、沉淀的纯度及影响因素

沉淀法中，影响定量准确性的第二关键要素是沉淀要纯净。但当沉淀从溶液中析出时，总会或多或少地夹杂溶液中的其他组分而使沉淀沾污。因此，有必要了解影响沉淀纯度的因素，以利于得到尽可能纯净的沉淀。影响沉淀纯度的主要因素是共沉淀和后沉淀。

1. 共沉淀 共沉淀是指一种难溶化合物沉淀时，某些可溶性杂质同时沉淀下来的现象。

引起共沉淀的原因主要有以下几方面。

(1) 表面吸附：由于静电引力，表面上的离子具有吸引带相反电荷离子能力的现象，称之为表面吸附。

在沉淀的晶格中，正负离子按一定的晶格顺序排列，处在内部的离子都被带相反电荷的离子所包围，如图 3-6 所示，所以晶体内部处于静电平衡状态，而处于表面的离子至少有一个面未被包围，由于静电引力，表面上的离子具有吸引带相反电荷离子的能力，尤其是棱角上的离子更为显著。例如，用过量的 $BaCl_2$ 溶液与 Na_2SO_4 溶液作用时，生成的 $BaSO_4$ 沉淀表面首先吸附过量的 Ba^{2+}，形成第一吸附层，使晶体表面带正电荷。第一吸附层中的 Ba^{2+} 又吸附溶液中共存的阴离子 Cl^-，$BaCl_2$ 过量越多，被共沉淀的也越多。如果用 $Ba(NO_3)_2$ 代替一部分 $BaCl_2$，并使二者过量的程度相同时，共存阴离子有 Cl^- 和 NO_3^-，由于 $Ba(NO_3)_2$ 的溶解度小于 $BaCl_2$ 的溶解度，第二步吸附的是 NO_3^-，形成第二吸附层。第一、二吸附层共同组成沉淀表面的双电层，双电层里的电荷是等衡的。

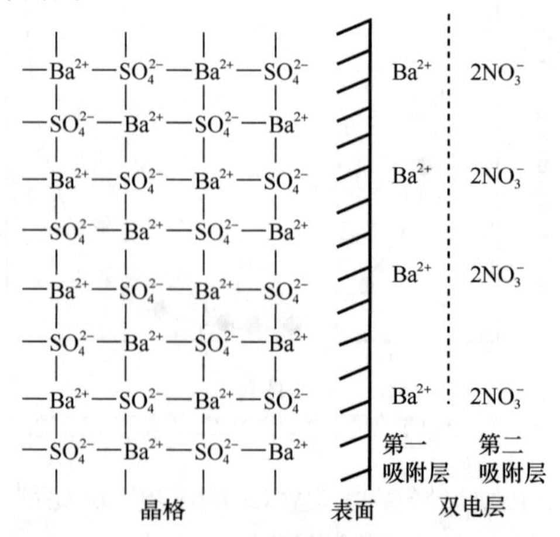

图 3-6 $BaSO_4$ 晶体表面吸附作用示意图

从静电引力的作用来说，在溶液中任何带相反电荷的离子都有被吸附的可能性，但实际上表面吸附是有选择性的。沉淀对不同杂质离子的吸附能力主要决定于沉淀和杂质离子的性质，其一般规律是：沉淀优先吸附过量的构晶离子；杂质离子的电荷越高越容易被吸附；与构晶离子生成化合物的溶解度越小、离解度越小越容易被吸附。

此外，沉淀对同一种杂质的吸附量，与下列因素有关。①沉淀颗粒越小，比表面积越大，吸附杂质量越多。因为吸附发生在沉淀表面，其吸附量与沉淀表面积密切相关。②杂质离子浓度越大，被吸附的量也越多。③溶液的温度越高，吸附杂质的量越少，由于吸附过程是一放热过程，提高温度可减少或阻止吸附。

吸附作用是一可逆过程，洗涤可使沉淀上吸附的杂质进入溶液，从而净化沉淀，所选的洗涤剂必须是灼烧或烘干时容易挥发除去的物质。

(2) 生成混晶：杂质离子可进入晶格排列中，形成与沉淀晶格相同的晶体结构，从而取代沉淀晶格中某些离子的固定位置，生成混合晶体。例如，Pb^{2+}与 Ba^{2+}的电荷相同，离子半径相近，$BaSO_4$与 $PbSO_4$的晶体结构也相同，Pb^{2+}就可能混入 $BaSO_4$的晶格中，与 $BaSO_4$形成混晶而被共沉淀下来。

混晶的生成多是由于杂质离子与沉淀的构晶离子半径相近，电荷相同，形成的晶体结构也相同，使沉淀受到沾污。由混晶引起的共沉淀纯化起来很困难，往往需经过一系列重结晶才能逐步除去，最好的办法是事先分离这类杂质离子。

(3) 吸留和包藏：吸留是指被吸附的杂质离子机械地嵌入沉淀之中；包藏是指母液机械地嵌入沉淀之中。

这类现象的发生是由于沉淀析出过快，表面吸附的杂质来不及离开沉淀表面就被随后生成的沉淀所覆盖，使杂质或母液被吸留或包藏在沉淀内部。当沉淀剂加入过快或存在局部过浓现象时，吸留和包藏就比较严重。这类共沉淀不能用洗涤的方法除去，可以借改变沉淀条件、熟化或重结晶的方法加以消除。

2. 后沉淀　当溶液中某一组分的沉淀析出后，另一本来难以析出沉淀的组分，也在沉淀表面逐渐沉积的现象，称为后沉淀。

后沉淀多出现在该组分形成的稳定的过饱和溶液中，例如，在 Mg^{2+}存在下沉淀 CaC_2O_4时，由于 MgC_2O_4能形成稳定的过饱和溶液而不立即析出，当 CaC_2O_4析出后，MgC_2O_4常能沉积在 CaC_2O_4上产生后沉淀。要消除后沉淀现象，必须缩短沉淀在溶液中的放置时间，因为沉淀在溶液中放置时间越长，后沉淀现象越显著。

3. 提高沉淀纯度的措施

(1) 选择合理的分析步骤：若沉淀中有几种含量不同的组分，欲测定少量组分的含量，应避免先沉淀主要组分，否则会引起大量沉淀的析出，使部分少量组分因共沉淀或后沉淀而混入沉淀中，从而引起测定误差。

(2) 降低易被吸附杂质离子的浓度：由于吸附作用具有选择性，降低易被吸附杂质离子的浓度，可以减少吸附共沉淀。例如，溶液中含有 Fe^{3+}时，最好预先将 Fe^{3+}还原为不易被吸附的 Fe^{2+}，可减少共沉淀。

(3) 选择合适的沉淀剂：如选用有机沉淀剂常可减少共沉淀。

(4) 选择合理的沉淀条件：主要包括沉淀剂浓度、加入速度、温度、搅拌速度及洗涤方法等，沉淀条件合理可减少共沉淀。

(5) 必要时进行再沉淀，即将沉淀过滤、洗涤、溶解后再进行第二次沉淀：由于该情况下杂质离子浓度降低较多，故可减少共沉淀或后沉淀现象。

四、沉淀的类型与沉淀条件

在沉淀法中，为了得到准确的分析结果，除对沉淀的溶解度和纯度有一定要求外，还要求沉淀尽可能具有易于过滤和洗涤的结构。按沉淀的结构，可粗略地分为晶形沉淀和非晶形沉淀(无定形沉淀)两大类。

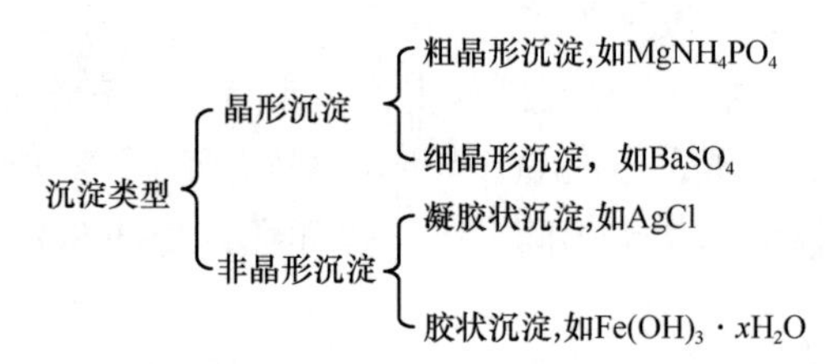

晶形沉淀颗粒大(直径0.1～1μm)，体积小，内部排列规律，结构紧密，易于过滤和洗涤；而非晶形沉淀颗粒小(直径<0.02μm)，体积庞大，结构疏松，含水量大，容易吸附杂质，难于过滤和洗涤。

1．影响沉淀形成的因素 沉淀的形成是一个复杂的过程，有关这方面的理论尚不成熟，现仅对沉淀的形成过程做定性解释，以经验公式简单描述。

(1) 聚集速度和定向速度：当向试液中加入沉淀剂时，构晶离子浓度的乘积超过该条件下沉淀的K_{sp}时，离子通过相互碰撞聚集成微小的晶核，晶核形成后溶液中的构晶离子向晶核表面扩散，并聚积在晶核上，晶核逐渐长大形成沉淀微粒。这种由离子聚集成晶核，再进一步积聚成沉淀微粒的速度称为聚集速度，又称为晶核生成速度。在聚集的同时，构晶离子在静电引力作用下又能够按一定的晶格进行排列，这种定向排列的速度称为定向速度，又称为晶核成长速度。

(2) 晶形沉淀和非晶形沉淀：若一种晶核生成速度很慢，而定向速度很快，即离子较缓慢地聚集成沉淀，有足够的时间进行晶格排列，得到的是晶形沉淀。反之若晶核生成速度很快，而定向速度很慢，即离子很快地聚集成沉淀微粒，来不及进行晶格排列，新的沉淀又已生成，这样得到的沉淀为非晶形沉淀。

(3) 影响聚集速度和定向速度的因素：聚集速度主要由沉淀条件决定，其中最重要的是溶液中生成沉淀物质的过饱和度。聚集速度与溶液的相对过饱和度成正比，可用冯•韦曼(Von Weimarn)经验公式简单表示，即

$$V = K \times \frac{(Q-S)}{S} \tag{3-1}$$

式中，V为聚集速度，K为比例常数，Q为加入沉淀剂瞬间生成沉淀物质的浓度，S为沉淀的溶解度，$Q-S$为沉淀物质的过饱和度，$(Q-S)/S$为相对过饱和度。

由式(3-1)可看出：聚集速度与相对过饱和度成正比，若想降低聚集速度，必须设法减小溶液的相对过饱和度，即要求沉淀的溶解度(S)大，加入沉淀剂瞬间生成沉淀物质的浓度(Q)小，

这样就可能获得晶形沉淀。反之，若沉淀的溶解度很小，瞬间生成沉淀物质的浓度又很大，则形成非晶形沉淀，甚至形成胶体。

定向速度主要决定于沉淀物质的本性。一般极性强、溶解度较大的盐类，如 $MgNH_4PO_4$、$BaSO_4$、CaC_2O_4 等，都具有较大的定向速度，所以形成晶形沉淀；而高价金属的氢氧化物溶解度较小，聚集速度很大，定向速度小，因此氢氧化物沉淀一般均为非晶形沉淀或胶体沉淀，如 $Fe(OH)_3$、$Al(OH)_3$ 是胶体沉淀。

不同类型的沉淀，在一定条件下可以相互转化。例如，常见的 $BaSO_4$ 晶形沉淀，若在浓溶液中沉淀，很快地加入沉淀剂，也可以生成非晶形沉淀。可见，沉淀究竟是哪一种类型，不仅决定于沉淀本质，也决定于沉淀进行时的条件。

2. 获得良好沉淀形状的条件

(1) 制备晶形沉淀的条件

1) 在适当稀的溶液中进行沉淀，以减小 Q 值。

2) 在不断搅拌下缓慢加入沉淀剂，这样可避免由于局部过浓而产生大量晶核。

3) 在热溶液中进行沉淀。通常，难溶化合物的溶解度随温度升高而增大，而沉淀对杂质的吸附量随温度升高而减小。但沉淀完全后，应冷却至室温再进行过滤和洗涤。

4) 陈化。沉淀完全后，让初生的沉淀与母液在一起共置一段时间，这个过程称为陈化(熟化)。陈化能使细晶体溶解而粗大的结晶长大。通常室温下陈化应进行数小时，若于恒温水浴中加热并不断搅拌，则仅需数分钟或 1～2h。

(2) 制备非晶形沉淀的条件

1) 在浓溶液中进行沉淀，迅速加入沉淀剂，使之生成较为紧密的沉淀。同时沉淀作用完毕后，应立刻加入大量的热水稀释并搅拌。

2) 在热溶液中进行沉淀，这样可以防止生成胶体，并减少杂质的吸附作用，使生成的沉淀更加紧密、纯净。

3) 加入适当的电解质以破坏胶体。常使用在干燥或灼烧时易挥发的电解质，如铵盐等。

4) 不必陈化，沉淀完毕后，立即趁热过滤和洗涤。

3. 均匀沉淀法 也称均相沉淀法，是为了改进沉淀结构而发展的新的沉淀方法。均匀沉淀法是利用化学反应使溶液中缓慢地逐渐产生所需的沉淀剂，从而使沉淀在整个溶液中均匀地、缓慢地析出，以克服通常在沉淀过程中难以避免的局部过浓的缺点。可使溶液中沉淀的过饱和度很小，且又较长时间维持过饱和度，这样可获得颗粒较粗、结构紧密、纯净而易于过滤的沉淀。

例如，利用在酸性条件下加热水解 CH_3CSNH_2，均匀地、逐渐地放出 H_2S，用于与金属离子生成硫化物沉淀，可避免直接使用 H_2S 时的毒性及臭味，还可以得到易于过滤和洗涤的硫化物沉淀。

$$CH_3CSNH_2 + 2H_2O \xrightleftharpoons{H^+,\ \triangle} CH_3COO^- + NH_4^+ + H_2S\uparrow$$

五、沉淀法中的计算

1. 换算因数的计算 称量形式是重量法计量的依据。

设 A 为被测组分，D 为称量形式，其计量关系一般可表示如下：

$$aA + bB \longrightarrow cC \xrightarrow{\triangle} dD$$

被测组分　沉淀剂　沉淀形式　称量形式

A 与 D 的物质的量 n_A 和 n_D 的关系为：

$$n_A = \frac{a}{d} \times n_D \tag{3-2}$$

将 $n = m/M$ 代入上式得到

$$m_A = \frac{a \times M_A}{d \times M_D} \times m_D \tag{3-3}$$

式(3-3)中，M_A 和 M_D 分别为被测组分 A 和称量形式 D 的摩尔质量；$(a \times M_A)/(d \times M_D)$为一常数，称为换算因数(conversion factor)或化学因数(chemical factor)，用 F 表示。代入式(3-3)得：

$$m_A = F \cdot m_D \tag{3-4}$$

计算换算因数时，必须注意在被测组分的摩尔质量 M_A 及称量形式的摩尔质量 M_D 上乘以适当系数，使分子分母中待测成分的原子数或分子数相等，见表 3-3。

表 3-3　换算因数实例

被测组分	沉淀形式	称量形式	换算因数
Fe	$Fe(OH)_3 \cdot xH_2O$	Fe_2O_3	$2M_{Fe}/M_{Fe_2O_3}$
MgO	$MgNH_4PO_4$	$Mg_2P_2O_7$	$2M_{MgO}/M_{Mg_2P_2O_7}$
$K_2SO_4 \cdot Al_2(SO_4)_3 \cdot 24H_2O$	$BaSO_4$	$BaSO_4$	$\frac{M_{K_2SO_4 \cdot Al_2(SO_4)_3 \cdot 24H_2O}}{4M_{BaSO_4}}$

例 3-2　为测定四草酸钾的含量，用 Ca^{2+}为沉淀剂，最后灼烧成 CaO 称量，试求 CaO 对 $KHC_2O_4 \cdot H_2C_2O_4 \cdot 2H_2O$ 的换算因数。

解：$KHC_2O_4 \cdot H_2C_2O_4 \cdot 2H_2O \longrightarrow 2CaC_2O_4 \longrightarrow 2CaO$

$$F = \frac{M_{KHC_2O_4 \cdot H_2C_2O_4 \cdot 2H_2O}}{2M_{CaO}} = \frac{254.2}{2 \times 56.08} = 2.266$$

有些换算因数，可以从分析化学手册、药典或其他药品标准等书籍中查得。例如，药典在硫酸钠的含量测定中规定，“将沉淀灼烧至恒重，精密称定 $BaSO_4$ 的重量，与 0.6086 相乘，即得样品中含 Na_2SO_4 的重量”。0.6086 即为换算因数。

故　$m_{Na_2SO_4} = m_{BaSO_4} \times 0.6086$

利用换算因数的概念，可以将被测组分、沉淀剂和称量形式的重量进行相互换算，用来估计取样量、沉淀剂的用量及结果计算。因此换算因数是重量分析法的关键，分析测定中不论经历怎样的过程，只要抓住这一关键，一切问题都迎刃而解。

2. 试样称取量的计算　根据所得沉淀的类型及被测组分的大致含量，推算出大约应称取的试样量。

例 3-3　测定含硫约 3%的煤(最后沉淀为 $BaSO_4$)时，应称取试样多少克?

解：$BaSO_4$ 为晶形沉淀，灼烧后重量取 0.4g，根据 $S \longrightarrow BaSO_4$

$$F=\frac{M_S}{M_{BaSO_4}}=\frac{32.06}{233.4}=0.1374$$

取样量=0.4×0.1374÷3%≈2g

例 3-4 某试样含 35%的 $Al_2(SO_4)_3$ 和 60%的 $KAl(SO_4)_2 \cdot 12H_2O$，若用沉淀重量法使之生成 $Al_2O_3 \cdot xH_2O$，灼烧后欲得 0.15g Al_2O_3，应取试样多少克？

解： $Al_2(SO_4)_3 \longrightarrow Al_2O_3$ $\qquad K_2SO_4 \cdot Al_2(SO_4)_3 \cdot 24H_2O \longrightarrow Al_2O_3$

设试样量为 W g

$$\left(\frac{M_{Al_2O_3}}{M_{Al_2(SO_4)_3}}\times 35\%+\frac{M_{Al_2O_3}}{M_{K_2SO_4\cdot Al_2(SO_4)_3\cdot 24H_2O}}\times 60\%\right)\times W=0.15$$

$$W=0.89(\text{g})$$

3. 沉淀剂用量计算 沉淀剂的用量如前所述，决定于沉淀剂的性质。

例 3-5 欲使 0.3g $AgNO_3$ 试样中的 Ag^+完全沉淀为 AgCl，需要 0.5mol/L 的 HCl 溶液多少毫升？

解： $AgNO_3+HCl \longrightarrow AgCl\downarrow+HNO_3$

由

$$n_{HCl}=c_{HCl}\cdot V_{HCl} \qquad n_{AgNO_3}=\frac{m_{AgNO_3}}{M_{AgNO_3}} \qquad n_{HCl}=n_{AgNO_3}$$

得

$$V_{HCl}=\frac{m_{AgNO_3}}{M_{AgNO_3}\times c_{HCl}}=\frac{0.3}{169.6\times 0.5}\approx 4\times 10^{-3}(\text{L})=4(\text{ml})$$

因为 HCl 易挥发，可过量 100%，所以需 HCl 溶液 8ml。

例 3-6 测定样品中 Na_2SO_4 含量时，称取试样 0.4g，理论上应加入 5%的 $BaCl_2$ 溶液多少克？若 $BaCl_2$ 过量 50%，在 200ml 溶液中 $BaSO_4$ 溶液损失量是多少？

解： $Na_2SO_4+BaCl_2 \longrightarrow BaSO_4\downarrow+2NaCl$

则 $m_{BaCl_2}=\dfrac{M_{BaCl_2}\times W_{Na_2SO_4}}{M_{Na_2SO_4}\times 5\%}=\dfrac{208\times 0.4}{142\times 5\%}\approx 12(\text{g})$

过量 50%，需加 5% $BaCl_2$ 溶液 18g。

加入 18g 5% $BaCl_2$ 溶液与 SO_4^{2-}反应后，尚余 6g，则在 200ml 溶液中剩余的 $BaCl_2$ 浓度应为

$$c_{BaCl_2}=\frac{6\times 5\%\times 1000}{208\times 200}=7.2\times 10^{-3}(\text{mol/L})$$

因 $BaCl_2$ 为强电解质，所以溶液中的$[Ba^{2+}]$也应为 7.2×10^{-3}mol/L，故溶液中 SO_4^{2-}的浓度应为

$$[Ba^{2+}][SO_4^{2-}]=7.2\times 10^{-3}\times[SO_4^{2-}]=K_{spBaSO_4}$$

$$[SO_4^{2-}]=\frac{1.1\times 10^{-10}}{7.2\times 10^{-3}}=1.5\times 10^{-8}(\text{mol/L})$$

因此 $BaSO_4$ 溶解损失量为

$$1.5\times10^{-8}\times233\times0.2=7.0\times10^{-7}\,(\text{g})=7.0\times10^{-4}\,(\text{mg})$$

4. 分析结果计算 分析结果常按百分含量计算。被测组分的重量 m_A 与试样量 W 的比值即为结果的百分含量，计算式如下：

$$A\%=\frac{m_A}{W}\times100\%=\frac{m_D\times F}{W}\times100\%$$

例 3-7 称取酒石酸试样 0.1200g，制得钙盐后灼烧成 $CaCO_3$，然后用过量 HCl 溶液处理，所得溶液蒸发至干，残渣中的 Cl^- 以 AgCl 形式测定，得 AgCl 0.1051g，求试样中酒石酸的含量。

解：

$$H_2C_2H_4O_6\longrightarrow CaC_4H_4O_6\longrightarrow CaCO_3\longrightarrow CaCl_2\longrightarrow 2AgCl$$

$$H_2C_4H_4O_6\longrightarrow 2AgCl$$

由式(3-4)得

$$H_2C_4H_4O_6\%=\frac{m_{AgCl}\times\dfrac{M_{H_2C_4H_4O_6}}{2M_{AgCl}}}{W_{H_2C_2H_4O_6}}\times100\%=\frac{0.1051\times\dfrac{150.1}{2\times143.3}}{0.1200}\times100\%=45.87\%$$

六、应用与示例

1. 药物含量测定 某些中药中无机化合物可用沉淀法测定。

例如，中药芒硝中 Na_2SO_4 的含量测定，芒硝的主要成分是 Na_2SO_4，以 $BaCl_2$ 为沉淀剂，$BaSO_4$ 为称量形式。

测定步骤：取试样 0.4g，精密称定，加水 200ml 溶解后，加 HCl 1ml 煮沸，不断搅拌，并缓缓加入热 $BaCl_2$ 试液至不再产生沉淀，再适当过量。置水浴上加热 30min，静置 1h，用定量滤纸过滤，沉淀用水分次洗涤至洗液不再显氯化物反应，炭化、灼烧至恒重，称量，所得沉淀的重量与 0.6086 相乘，即得芒硝中含 Na_2SO_4 的重量。

2. 药物纯度检查 在中药纯度检查中，重量法应用最多的是：用干燥失重法测定中药中水分、挥发性物质的含量；测定中药中无机杂质的含量(灰分的测定)。

例如，中药灰分测定，其操作步骤为：取中药试样 2～3g，置已炽灼至恒重的坩埚中，精密称定，先于低温下炽灼，并注意避免燃烧，至完全炭化时，逐渐升高温度，继续炽灼至暗红色，使之完全灰化、称至恒重，根据残渣的重量计算试样中灰分的百分率。并将结果与药典标准比较。

思考与练习

1. 挥发法分哪几种？各举一例说明之。
2. 沉淀形式和称量形式有何区别？试举例说明。
3. 为了使沉淀完全，必须加入过量沉淀剂，为什么不能过量太多？
4. 影响沉淀溶解度的因素有哪些?它们是怎样影响沉淀溶解度的？在分析工作中，对于复杂的情况，应如何考虑主要影响因素？
5. 共沉淀和后沉淀的区别何在？它们是怎样发生的？对重量分析有什么不良影响？
6. 什么是换算因数？运用换算因数时应注意什么问题？
7. 计算下列换算因数。

(1) 从 $Mg_2P_2O_7$ 的质量计算 $MgSO_4 \cdot 7H_2O$ 的质量。

(2.216)

(2) 从$(NH_3)_3PO_4 \cdot 12MoO_3$ 的质量计算 P 和 P_2O_5 的质量。

(0.01654，0.03789)

(3) 从 $Cu(C_2H_3O_2)_2 \cdot 3Cu(AsO_2)_2$ 的质量计算 As_2O_3 和 CuO 的质量。

(0.5846，0.3150)

(4) 从丁二酮肟镍 $Ni(C_4H_8N_2O_2)_2$ 的质量计算 Ni 的质量。

(0.2028)

(5) 从 8-羟基喹啉铝$(C_9H_6NO)_3Al$ 的质量计算 Al_2O_3 的质量。

(0.1111)

8. 以过量的 $AgNO_3$ 处理 0.7114g 的不纯 KCl 试样，得到 1.3008g AgCl，求该试样中 KCl 的质量分数。

(95.11%)

9. 有纯的 AgCl 和 AgBr 混合物 0.8076g，在 Cl_2 气流中加热，使 AgBr 转化为 AgCl，称量得原试样的质量减轻了 0.1399g，计算原试样中氯的质量分数。

(6.63%)

10. 今有纯的 CaO 和 BaO 的混合物 4.568g，转化为混合硫酸盐后其质量为 10.253g，计算原混合物中 CaO 和 BaO 的百分含量。

(CaO：79.68%，BaO：20.32%)

(单鸣秋、赵　宏)

本章 ppt 课件

第4章 滴定分析法概论

滴定分析(titrimetric analysis)，又称容量分析，是化学分析的重要方法。滴定分析法通常是将一种已知准确浓度的试剂即标准溶液(standard solution)滴加到被测物质的溶液中去(或将被测溶液加入标准溶液中去)，直到标准溶液与被测组分按化学计量关系恰好反应完全为止，然后根据标准溶液的浓度、体积及被测溶液的体积计算出被测物质的含量。在滴定分析中所使用的标准溶液称为滴定剂(titrant)。将滴定剂由滴定管加到被测溶液中去的操作过程称为滴定(titration)。当加入的滴定剂与被测物质按反应式的化学计量关系恰好反应完全时，反应即到达了化学计量点(stoichiometric point)，用 sp 表示。当反应达到化学计量点时，绝大多数反应不能直接观察到外部的特征变化，因此，必须使用一种方法指示化学计量点的到达。指示方法有仪器方法(如电位、电导、电流等方法)和化学方法，其中化学方法是在被测溶液中加入一种辅助试剂即指示剂(indicator)，利用指示剂颜色的突变来指示滴定终点的到达。在滴定过程中，指示剂的颜色或被测溶液电位、电导、电流等某种特性发生突变之点称为滴定终点(endpiont of the titration)，简称终点，用 ep 表示。在实际分析中滴定终点与理论上的化学计量点不一定恰好吻合，由此造成的分析误差称为终点误差(end point error)或滴定误差(titration error)。

第1节 滴定反应类型与滴定方式

一、滴定反应类型

根据标准溶液和被测物质发生反应的类型和介质的不同，可将滴定分析法分为下列几类。

1. 酸碱滴定法 酸碱滴定法是以质子转移反应为基础的滴定分析方法。可用来测定酸、碱及能直接或间接与酸、碱发生反应的物质的含量，酸碱滴定反应的实质可表示为

$$\underset{\text{被测酸}}{HA} + \underset{\text{滴定剂}}{OH^-} \rightleftharpoons A^- + H_2O$$

$$\underset{\text{被测碱}}{B} + \underset{\text{滴定剂}}{H^+} \rightleftharpoons BH^+$$

2. 沉淀滴定法 沉淀滴定法是以沉淀反应为基础的滴定分析方法。此类方法中，银量法应用最广泛，本法可用来测定含 Cl^-、Br^-、I^-、SCN^-或 Ag^+ 等离子的化合物，银量法的反应实质为

$$Ag^+ + X^- \rightleftharpoons AgX\downarrow (X^-\text{代表}Cl^-、Br^-、I^-、CN^-\text{及}SCN^-)$$

3. 配位滴定法(络合滴定法) 配位滴定法是以配位反应为基础的滴定分析方法。可用于测定金属离子或配位剂，配位反应的实质为

$$M + Y \rightleftharpoons MY$$

式中，M 为金属离子(略去电荷)；Y 为配位剂分子或离子(略去电荷)。目前应用最多的是 EDTA 等氨羧配位剂，可以测定多种金属离子。

4. 氧化还原滴定法 氧化还原滴定法是以氧化还原反应为基础的滴定分析方法。可用于直接测定具有氧化性或还原性的物质或间接测定某些不具有氧化性或还原性的物质，氧化还原滴定的实质为

$$Ox_1 + ne \rightleftharpoons Red_1$$

$$Red_2 - ne \rightleftharpoons Ox_2$$

$$Ox_1 + Red_2 \rightleftharpoons Red_1 + Ox_2$$

式中，Ox_1、Red_1 分别表示滴定剂的氧化型和还原型；Ox_2、Red_2 分别表示被测物的氧化型和还原型；n 表示反应中转移的电子数。根据所用滴定剂的不同，氧化还原滴定法又分为碘量法、溴量法、高锰酸钾法、重铬酸钾法、铈量法等。

上述各种方法都是在水溶液中进行的，在非水溶液中进行的滴定称为非水滴定。此法被广泛用于有机弱酸或有机弱碱的滴定和水分等的测定。

二、滴定反应条件

各种类型的化学反应虽然很多，但并非所有反应都能用于滴定分析，能够用于滴定分析的化学反应必须符合以下几个条件。

(1) 反应必须具有确定的化学计量关系，即反应按一定的反应方程式进行，这是定量计算的基础。

(2) 反应要完全，无副反应，反应程度通常要求达到 99.9%以上。

(3) 反应速度要快，滴定反应要求在瞬间完成。

(4) 有简便可靠的指示终点的方法，如适宜的指示剂或其他物理方法。

三、滴定方式

1. 直接滴定法 凡是能够满足上述要求的反应，都可以用滴定剂直接滴定待测物质，这类滴定方法称为直接滴定法(direct titration)。例如，以 NaOH 标准溶液滴定 HCl 溶液。直接滴定法是滴定分析中最常用的滴定方法。该法简便、快速，可引入误差的因素少。但当滴定反应不能完全满足上述要求时，可采用下述方法进行滴定。

2. 返滴定法 返滴定法(back titration)也称剩余滴定法。当滴定剂与待测物之间的反应速度慢或待测物是固体时，加入化学计算量的标准溶液后，反应不能瞬间完成，可采用返滴定法。返滴定法是在待测物中先加入定量过量的标准溶液，待反应完全后，再用另一滴定剂滴定剩余标准溶液的方法。例如，白矾中 Al^{3+}的测定，由于 Al^{3+}与 EDTA 配位反应速度较慢，故不能采用直接滴定法进行测定，可在 Al^{3+}溶液中先加入定量过量的 EDTA 标准溶液并加热促使反应加速完成，冷却至室温后再用 $ZnSO_4$ 滴定剂滴定剩余的 EDTA 标准溶液。又如，固体 $CaCO_3$

测定，可于 $CaCO_3$ 试样中先加入定量过量的 HCl 标准溶液，待反应完成后，再用 NaOH 标准溶液滴定剩余的 HCl 标准溶液。

3. 置换滴定法 当被测物质与标准溶液反应无确定的化学计量关系(如伴有副反应)时，不能用直接滴定法滴定待测物质，可以先用适当的试剂与待测物质发生反应，置换出一定量的能被直接滴定的物质后，再用适当的滴定剂滴定，此法称为置换滴定法(replacement titration)。例如，$Na_2S_2O_3$ 不能直接滴定 $K_2Cr_2O_7$ 及其他强氧化剂，因为在酸性溶液中，这些强氧化剂会将 $S_2O_3^{2-}$ 氧化为 $S_4O_6^{2-}$ 及 SO_4^{2-} 等混合物，使反应没有确定的化学计量关系而无法进行计算。但是 $Na_2S_2O_3$ 与 I_2 有确定的化学计量关系。若在 $K_2Cr_2O_7$ 的酸性溶液中加入过量的 KI，使二者反应置换出一定量的 I_2，即可用 $Na_2S_2O_3$ 直接滴定。反应关系式如下：

$$Cr_2O_7^{2-} + 6I^- + 14H^+ \rightleftharpoons 2Cr^{3+} + 3I_2 + 7H_2O$$

$$I_2 + 2S_2O_3^{2-} \rightleftharpoons S_4O_6^{2-} + 2I^-$$

4. 间接滴定法 不与滴定剂直接起反应的物质，可通过另一化学反应以间接的方式进行滴定，此法称为间接滴定法(indirect titration)。例如，SO_4^{2-} 的测定，可用定量过量的 Ba^{2+}将其沉淀析出，然后用 EDTA 滴定剩余的 Ba^{2+}，以计算 SO_4^{2-} 含量。又如，用氧化还原法测定 Ca^{2+} 含量，可将 Ca^{2+}沉淀为 CaC_2O_4，过滤后，将沉淀溶于 H_2SO_4 中，再用 $KMnO_4$ 标准溶液滴定与 Ca^{2+}结合的 $C_2O_4^{2-}$，从而间接测定 Ca^{2+}含量。

由于采用了返滴定、置换滴定和间接滴定等方法，对于一些不完全具备滴定反应条件的反应也能用滴定分析法进行分析，这就大大扩展了滴定分析法的应用范围。

四、滴定分析的特点

与重量分析和仪器分析相比，滴定分析具有以下特点：①操作简便，测定速度快，所需仪器设备简单。②应用范围广，大多数无机物和有机物均可用此法分析，尤其适用于常量分析。③分析结果准确度高，相对误差为 ± 0.2%。

由于具有以上特点，因此滴定分析法在生产和科研中具有重要的实用价值，是分析化学中很重要的一类方法。

第 2 节　基准物质与标准溶液

一、基准物质

1. 基准物质具备的条件 用于直接配制标准溶液或标定标准溶液的物质称为基准物质(standard substance)。不是所有的化学试剂都可以作为基准物质使用，基准物质必须具备下列条件。

(1) 纯度要高。通常是纯度在 99.95% ~ 100.05%的基准试剂或优级纯试剂。

(2) 组成与化学式完全符合。若含结晶水，如硼砂 $Na_2B_4O_7 \cdot 10H_2O$，其结晶水含量也应与化学式符合。

(3) 性质稳定。称量时不吸湿、不吸收 CO_2、加热干燥时不分解、不被空气氧化等。

(4) 最好具有较大的摩尔质量，以减少称量误差。

2. 常用的基准物质 常用的基准物质及其应用范围见表 4-1。

表 4-1 常用的基准物质及其干燥温度和应用范围

基准物	干燥条件及干燥温度(℃)	干燥后的组成	应用范围
$Na_2B_4O_7 \cdot 10H_2O$	放在装有 NaCl 和蔗糖饱和溶液的干燥器中	$Na_2B_4O_7 \cdot 10H_2O$	酸
Na_2CO_3	270 ~ 300	Na_2CO_3	酸
邻苯二甲酸氢钾	110 ~ 120	$C_6H_4(COOH)COOK$	碱或 $HClO_4$
$H_2C_2O_4 \cdot 2H_2O$	室温空气干燥	$H_2C_2O_4 \cdot 2H_2O$	碱或 $KMnO_4$
$Na_2C_2O_4$	130	$Na_2C_2O_4$	$KMnO_4$
$K_2Cr_2O_7$	140 ~ 150	$K_2Cr_2O_7$	还原剂
As_2O_3	室温(干燥器中保存)	As_2O_3	氧化剂
KIO_3	130	KIO_3	还原剂
$KBrO_3$	130	$KBrO_3$	还原剂
ZnO	800	ZnO	EDTA
$CaCO_3$	110	$CaCO_3$	EDTA
Zn	室温(干燥器中保存)	Zn	EDTA
NaCl	500 ~ 600	NaCl	$AgNO_3$
$AgNO_3$	280 ~ 290	$AgNO_3$	氯化物

二、标准溶液的配制与标定

1. 标准溶液的配制 可根据物质的性质按下列方法配制。

(1) 直接配制法：准确称取一定量的基准物质，溶解后定量转移到容量瓶中，稀释至刻度，根据称取基准物的质量和容量瓶的体积即可计算出该标准溶液的浓度。这样的标准溶液一经配成浓度便准确已知，可用于标定其他标准溶液的浓度。例如，欲配制 0.1000mol/L 的 $K_2Cr_2O_7$ 标准溶液 100ml，首先精密称取基准 $K_2Cr_2O_7$ 2.9418g，置于烧杯中，加适量水溶解后定量转移到 100ml 容量瓶中，再用水稀释至刻度即得。

直接配制法的优点是简便，一经配好即可使用，但必须用基准物质配制。

(2) 间接配制法：由于许多物质纯度达不到基准物质的要求，如 NaOH 易吸湿、HCl 易挥发、$Na_2S_2O_3$ 易风化等，其标准溶液不能采用直接法配制。这类物质标准溶液的配制只能采用间接法配制，即称取一定量物质，配成一定浓度的溶液(称为待标定溶液)，用基准物质或另一种标准溶液来标定该溶液的浓度。

2. 标准溶液的标定 利用基准物质或已知准确浓度的标准溶液来测定待标定溶液的操作过程称为标定(standardization)。

(1) 用基准物质标定：准确称取一定量的基准物质，溶解后用待标定溶液滴定，根据基准物质的质量和待标定溶液的体积，即可计算出待标定溶液的准确浓度。大多数标准溶液用基准物质来标定其准确浓度。例如，NaOH 标准溶液常用邻苯二甲酸氢钾、草酸等基准物质来标定其准确浓度。

(2) 与已知浓度的标准溶液比较标定：准确吸取一定量的待标定溶液，用已知浓度的标准溶液滴定，或准确吸取一定量标准溶液，用待标定溶液滴定，根据两种溶液的体积和标准溶液的浓度来计算待标定溶液浓度。例如，用已知浓度 HCl 标准溶液标定未知 NaOH 溶液浓度。

三、标准溶液浓度的表示方法

1．物质的量与质量的关系 物质的量 n 与质量 m 是两个概念不同的物理量，二者之间有一定的关系

$$n=\frac{m}{M} \tag{4-1}$$

式(4-1)中 M 为物质的摩尔质量，单位为 g/mol。

2．物质的量浓度 物质的量浓度(amount of substance concentration)是指单位体积溶液中所含溶质的物质的量。即

$$c=\frac{n}{V} \tag{4-2}$$

式中，V 为溶液的体积(L 或 ml)；n 为溶液中溶质的物质的量(mol 或 mmol)；c 为溶质物质的量浓度(mol/L 或 mmol/L)，简称浓度。

3．滴定度 滴定度(titer)是指每毫升滴定剂相当于待测物质的质量，用 $T_{\mathrm{T/A}}$ 表示，下标 T 是滴定剂，A 是待测物。例如，$T_{\mathrm{K_2Cr_2O_7/Fe}}$=0.005000g/ml 表示每 1ml $K_2Cr_2O_7$ 滴定剂相当于 0.005 000g Fe。使用滴定度表示，在生产企业的例行分析中比较方便，可直接用滴定度计算待测物质的质量和百分含量。

例如，用上述滴定度的 $K_2Cr_2O_7$ 滴定剂测定试样中铁的含量，如果消耗滴定剂 20.00ml，则待测溶液中铁的质量为 0.005000 × 20.00=0.1000g，若该测定中称取的固体试样重量为 0.4000g，则待测物中铁的百分含量为：(0.1000/0.4000) × 100%=25.00%。

第 3 节 滴定分析的计算

滴定分析中涉及各种计算问题，如标准溶液的配制与标定，标准溶液与待测物之间的计量关系及分析结果的计算等。

一、滴定分析的计算依据

在滴定分析中，虽然滴定反应类型不同，滴定结果的计算方法也不尽相同，但都是根据滴定剂与待测物反应完全达到化学计量点时，二者物质的量之间的关系应符合其化学反应式中所表示的化学计量关系，这是滴定分析计算的依据。

滴定剂物质的量 n_{T} 与待测物物质的量 n_{A} 之间的关系式，可依据二者的化学反应关系式得到。当用滴定剂 T 直接滴定待测物 A 的溶液时，二者之间的滴定反应可表示为

$$tT + aA \rightleftharpoons bB + cC$$

滴定剂　待测物

当上述反应达到化学计量点时，t mol T 恰好与 a mol A 反应完全，即 $n_T : n_A = t : a$

故
$$n_T = \frac{t}{a} n_A \tag{4-3}$$

例如，用 $Na_2C_2O_4$ 基准物质标定 $KMnO_4$ 溶液浓度，其化学反应式为

$$2MnO_4^- + 5C_2O_4^{2-} + 16H^+ \rightleftharpoons 2Mn^{2+} + 10CO_2\uparrow + 8H_2O$$

$$n_{C_2O_4^{2-}} : n_{MnO_4^-} = 5 : 2$$

根据式(4-2)及式(4-3)，得到滴定剂浓度与被测溶液浓度间的关系为

$$c_T \cdot V_T = \frac{t}{a} c_A \cdot V_A \tag{4-4}$$

根据式(4-1)、式(4-2)及式(4-3)，得到滴定剂浓度与被测物质的质量关系为

$$c_T \cdot V_T = \frac{t}{a} \cdot \frac{m_A}{M_A} \tag{4-5a}$$

式(4-5a)中，m_A 的单位为 g；M_A 的单位为 g/mol；V 的单位为 L；c 的单位为 mol/L。由于在滴定分析中，体积常以 ml 计量，当体积为 ml 时，式(4-5a)可写为

$$c_T \cdot V_T = \frac{t}{a} \cdot \frac{m_A}{M_A} \times 1000 \tag{4-5b}$$

式(4-1)、式(4-2)和式(4-3)是滴定分析计算的基础。

二、滴定分析的计算实例

1. 溶液浓度的计算

(1) 用液体或固体配制一定浓度的溶液

例 4-1　已知浓 H_2SO_4 的相对密度为 1.84g/ml，其中 H_2SO_4 的含量为 98%，欲配制 0.3mol/L H_2SO_4 溶液 500 ml，应取浓 H_2SO_4 多少毫升($M_{H_2SO_4} = 98.08g/mol$)?

解：根据式 4-2 得

$$n_{H_2SO_4} = c_{稀H_2SO_4} \cdot V_{稀H_2SO_4} = 0.3 \times \frac{500}{1000} = 0.15mol$$

由式 4-1 得

$$m_{H_2SO_4} = n_{H_2SO_4} \cdot M_{H_2SO_4} = 0.15 \times 98.08 = 14.712g$$

$$V_{浓H_2SO_4} = \frac{m_{H_2SO_4}}{1.84 \times 98\%} = \frac{14.712}{1.84 \times 98\%} \approx 8.2ml$$

例 4-2　配制 0.1mol/L NaOH 溶液 800ml，需称取固体 NaOH 多少克($M_{NaOH} = 40.00g/mol$)?

解：由式 4-1、式 4-2 得

$$\frac{m_{NaOH}}{M_{NaOH}} = c_{NaOH} \cdot V_{NaOH}$$

$$m_{NaOH} = 0.1 \times \frac{800}{1000} \times 40.00 = 3.2g$$

(2) 溶液稀释或增浓时浓度的计算：当溶液稀释或增浓时，溶液中溶质的物质的量未改变，只是浓度和体积发生了变化，即

$$c_1 \cdot V_1 = c_2 \cdot V_2 \tag{4-6}$$

例 4-3 浓 H_2SO_4 的浓度约为 18 mol/L，若配制 0.3mol/L 的 H_2SO_4 待标液 500ml，应取浓 H_2SO_4 多少毫升？

解：根据式 4-6 得

$$V_{浓} = \frac{c_{稀}V_{稀}}{c_{浓}} = \frac{0.3 \times 500}{18} \approx 8.3ml$$

(3)标准溶液的标定

例 4-4 精密称取 Na_2CO_3 基准物 0.1238g，用 HCl 标准溶液滴定至终点时，消耗了 HCl 标准溶液 23.53ml，计算 HCl 标准溶液的浓度($M_{Na_2CO_3} = 105.99g/mol$)。

解：
$$Na_2CO_3 + 2HCl = 2NaCl + CO_2\uparrow + H_2O$$

$$n_{HCl} : n_{Na_2CO_3} = 2:1$$

根据式(4-5b)得

$$c_{HCl} \cdot V_{HCl} = \frac{2}{1} \cdot \frac{m_{Na_2CO_3}}{M_{Na_2CO_3}} \times 1000$$

$$c_{HCl} = \frac{2 \times 0.1238 \times 1000}{105.99 \times 23.53} = 0.09928mol/L$$

例 4-5 精密量取 0.1025mol/L $Na_2S_2O_3$ 标准溶液 20.00ml，消耗 I_2 标准溶液 20.45ml，求此 I_2 标准溶液的浓度。

解：$Na_2S_2O_3$ 与 I_2 的反应式为

$$I_2 + 2S_2O_3^{2-} \rightleftharpoons 2I^- + S_4O_6^{2-}$$

$$n_{I_2} : n_{S_2O_3^{2-}} = 1:2$$

根据式(4-4)得

$$c_{Na_2S_2O_3} \cdot V_{Na_2S_2O_3} = \frac{2}{1} \cdot c_{I_2} \cdot V_{I_2}$$

$$c_{I_2} = \frac{0.1025 \times 20.00}{2 \times 20.45} = 0.05012mol/L$$

2. 估算样品的取样量 在滴定分析中，减少滴定管的读数误差，如用 25ml 滴定管，一般消耗标准溶液应在 20ml 左右，则称取样品的大约重量可预先求得。

例 4-6 若在滴定时消耗 0.2mol/L HCl 液 18ml 左右，应称取基准物 Na_2CO_3 多少克？

解：
$$Na_2CO_3 + 2HCl = 2NaCl + CO_2\uparrow + H_2O$$

根据式(4-5b)得

$$c_{HCl} \cdot V_{HCl} = \frac{2}{1} \cdot \frac{m_{Na_2CO_3}}{M_{Na_2CO_3}} \times 1000$$

当消耗 HCl 体积为 18 ml 时： $m_{Na_2CO_3}=\frac{0.2\times18\times105.99}{2\times1000}=0.19g$

3. 估算消耗标准溶液的体积 在标定或测定纯度较高物质的含量时，可以根据标准溶液的浓度和试样的准确重量，计算出大约需消耗标准溶液的体积。

例 4-7 标定 NaOH 溶液的浓度，称取 $H_2C_2O_4\cdot2H_2O$ 基准物 0.2137g，用 0.1mol/L NaOH 滴定至终点时，试计算大约消耗 NaOH 溶液的体积($M_{H_2C_2O_4\cdot2H_2O}$=126.07g/mol)。

解：

$$H_2C_2O_4+2NaOH \rightleftharpoons Na_2C_2O_4+2H_2O$$

根据式(4-5b)得

$$c_{NaOH}\cdot V_{NaOH}=\frac{2}{1}\cdot\frac{m_{H_2C_2O_4\cdot2H_2O}}{M_{H_2C_2O_4\cdot2H_2O}}\times1000$$

$$V_{NaOH}=\frac{2\times0.2137\times1000}{126.07\times0.1}=33.90ml$$

4. 被测物质含量的计算 被测组分的含量是指被测组分(m_A)占样品重量(S)的百分比。

$$A\%=\frac{m_A}{S}\times100\% \tag{4-7}$$

(1) 直接滴定法：根据式(4-5b)、(4-7)得

$$A\%=\frac{a}{t}\cdot\frac{c_T\cdot V_T\cdot M_A}{S\times1000}\times100\% \tag{4-8}$$

式(4-8)为滴定分析中计算待测物百分含量的一般通式。

例 4-8 称取 0.3127g 水杨酸样品，加中性乙醇约 25ml 溶解后，用 0.1028mol/L NaOH 液滴定至终点时消耗 NaOH 溶液 20.06ml，求样品中水杨酸百分含量($M_{水杨酸}$ =139.13 g/mol)。

解：

(邻羟基苯甲酸)-COOH, -OH + NaOH ⇌ (苯环)-COONa, -OH + H_2O

根据式(4-8)得

$$水杨酸\%=\frac{0.1028\times20.06\times139.13}{0.3127\times1000}\times100\%=91.75\%$$

例 4-9 精密称取 0.6348g 硫酸亚铁药物，用 H_2SO_4 及新煮沸冷却的蒸馏水溶解后，立即用 0.02157mol/L 的 $KMnO_4$ 标准溶液滴定，终点时消耗 $KMnO_4$ 标准溶液 20.34ml，计算药物中 $FeSO_4\cdot7H_2O$ 的含量($M_{FeSO_4\cdot7H_2O}=278.0g/mol$)。

解：

$$MnO_4^-+5Fe^{2+}+8H^+ \rightleftharpoons Mn^{2+}+5Fe^{3+}+4H_2O$$

$$n_{MnO_4^-}:n_{Fe^{2+}}=1:5$$

根据式(4-8)得

$$FeSO_4\cdot7H_2O\%=\frac{5}{1}\cdot\frac{0.02157\times20.34\times278.0}{0.6348\times1000}\times100\%=96.07\%$$

(2) 返滴定法：待测物百分含量计算公式为

$$A\%=\frac{[(cV)_{T_1}-\frac{t_1}{t_2}(cV)_{T_2}]\cdot\frac{a}{t_1}\cdot M_A}{S\times1000}\times100\% \tag{4-9}$$

例 4-10 0.2548g 不纯的 $CaCO_3$ 试样(不含干扰物质)溶解于 25.00ml 0.2588mol/L HCl 溶液中，过量的酸用 6.30ml 0.2455mol/L 的 NaOH 溶液进行返滴定，求试样中 $CaCO_3$ 的百分含量($M_{CaCO_3}=100.1g/mol$)。

解：

$$2HCl + CaCO_3 = CaCl_2 + H_2O + CO_2\uparrow$$

$$n_{HCl} : n_{CaCO_3} = 2 : 1$$

$$NaOH + HCl = NaCl + H_2O$$

$$n_{HCl} : n_{NaOH} = 1 : 1$$

根据式(4-9)得

$$CaCO_3\% = \frac{[(0.2588\times 25.00)-\frac{1}{1}\cdot(0.2455\times 6.30)]\times\frac{1}{2}\times 100.1}{0.2548\times 1000}\times 100\% = 96.71\%$$

5. 滴定度在滴定分析中的应用

(1) 滴定剂的物质的量浓度 c_T 与滴定度 $T_{T/A}$ 之间的关系：$T_{T/A}$ 是 1ml 滴定剂(T)相当于待测物(A)的质量，故 $T_{T/A}$ 等于当 V_T 为 1ml 时待测物质的质量 m_A。如用浓度为 c_T 的滴定剂滴定待测物达到化学计量点时，其关系式为(4-5b)

$$c_T\cdot V_T = \frac{t}{a}\cdot\frac{m_A}{M_A}\times 1000$$

将 $V_T=1ml$，$T_{T/A}=m_A$ 代入式(4-5b)得

$$c_T\times 1 = \frac{t}{a}\cdot\frac{T_{T/A}}{M_A}\times 1000$$

$$T_{T/A} = \frac{a}{t}\cdot\frac{c_T M_A}{1000} \quad (4-10)$$

式(4-10)为以待测物表示的滴定剂的滴定度与滴定剂的物质的量浓度之间的关系式。

例 4-11 试计算 0.1028mol/L HCl 滴定剂对 $CaCO_3$ 的滴定度($M_{CaCO_3}=100.1g/mol$)。

解：

$$2HCl + CaCO_3 = CaCl_2 + H_2O + CO_2\uparrow$$

$$n_{HCl} : n_{CaCO_3} = 2 : 1$$

根据式(4-10)得

$$T_{HCl/CaCO_3} = \frac{1}{2}\times\frac{0.1028\times 100.1}{1000} = 5.14\times 10^{-3}g/ml$$

(2) 用滴定度 $T_{T/A}$ 计算待测物的百分含量

$$A\% = \frac{T_{T/A}\cdot V_T}{S}\times 100\% \quad (4-11)$$

例 4-12 精密称取 0.3824g 阿司匹林样品，加中性乙醇约 25 ml 溶解后，用 0.1055 mol/L NaOH 液滴定至终点时消耗 NaOH 液 19.68 ml，求样品中阿司匹林($C_9H_8O_4$)的百分含量。每 1 ml NaOH 滴定液(0.1mol/L)相当于 18.02mg 的 $C_9H_8O_4$。

解：阿司匹林与 NaOH 的反应为

$$C_6H_4(COOH)(OCOCH_3) + NaOH \rightleftharpoons C_6H_4(COONa)(OCOCH_3) + H_2O$$

根据式(4-11)得

$$\text{阿司匹林}\% = \frac{18.02\times19.68\times\dfrac{0.1055}{0.1000}}{0.3824\times1000}\times100\% = 97.84\%$$

思考与练习

1. 若基准物 $H_2C_2O_4\cdot2H_2O$ 保存不当，部分风化，用它来标定 NaOH 溶液的浓度时，结果偏高还是偏低？为什么？

2. 化学计量点与滴定终点有何不同？在滴定分析中，一般用什么方法确定化学计量点的到达？

3. 作为基准物质应具备哪些条件？

4. 标准溶液的配制和标定有哪些方法？分别在何种情况下使用？

5. 下列物质的标准溶液哪些可以用直接法配制？哪些只能用间接法配制？

EDTA　$K_2Cr_2O_7$　NaOH　$Na_2S_2O_3$　I_2　$AgNO_3$　HCl　NaCl　$KMnO_4$

6. 现用一浓度为 0.2000 mol/L 的 NaOH 标准溶液滴定某一元酸样品溶液 20.00ml，消耗体积为 9.50ml。现欲使 NaOH 标准溶液消耗体积至少达到 20ml。问：①如何调整原 NaOH 标准溶液的浓度？②调整后的浓度是多少？③若剩余 0.2000 mol/L 的 NaOH 标准溶液为 500ml，至少需加多少水？

(需加水稀释原 NaOH 标准溶液，使浓度降低；0.095 mol/L；553ml)

7. 用 37%HCl 溶液(相对密度为 1.19g/ml)配制下列溶液，需此 HCl 溶液各多少毫升(M_{HCl}=36.46g/mol)?

(1) 2mol/L 的 HCl 溶液 1000ml。　(166ml)

(2) 15%的稀 HCl(相对密度为 1.07g/ml)溶液 1000ml。　(365ml)

8. 有一 NaOH 溶液，其浓度为 0.5450mol/L，问取该 NaOH 溶液 100ml，需加水多少毫升方能配成 0.4800mol/L？

(13.54ml)

9. 在 0.1715mol/L 的 HCl 溶液 500.00ml 中加入 0.7500mol/L 的 HCl 溶液 30.00ml，所得溶液的浓度为多少？

(0.2042 mol/L)

10. 要使滴定时用去 $T_{HCl/CaO}$=0.007 292g/ml 的 HCl 25.00ml，应该称取含 92.00%CaO 和其他中性物质的石灰多少克？

(0.1982g)

11. 称取含铝试样 0.5300g，溶解后定容为 100.0ml。精密吸取 20.00ml 上述溶液于锥形瓶中，准确加入 EDTA(0.05012mol/L)标准溶液 20.00ml，控制条件使 Al^{3+}与 EDTA 完全反应，然后用 $ZnSO_4$(0.05035mol/L)标准溶液滴定剩余的 EDTA，消耗 $ZnSO_4$ 标准溶液 15.20ml，计算试样中 Al_2O_3 的含量。[$M_{Al_2O_3}$=101.96]

(11.4%)

12. 有 0.0982 mol/L 的 H_2SO_4 溶液 480 ml，现欲使其浓度增至 0.1000 mol/L。问应加入 0.5000 mol/L 的 H_2SO_4 溶液多少毫升？

(2.16ml)

13. 用 0.1000 mol/L 的 HCl 标准溶液标定 NaOH 溶液，求得其浓度为 0.1018 mol/L，已知 HCl 溶液的真实浓度为 0.0999 mol/L，标定过程其他误差均较小，可以不计，求 NaOH 的真实浓度。

(0.1017 mol/L)

(夏林波)

本章 ppt 课件

| 第 5 章 | 酸碱滴定法

酸碱滴定法(acid-base titration)是以酸碱反应为基础的滴定分析方法，是滴定分析中重要的方法之一，广泛用于测定各种酸、碱及能与酸、碱直接或间接发生质子转移的物质。该方法具有操作简便、快速、准确等特点，在药品、食品质量控制中应用很普遍。

 第 1 节　水溶液中的酸碱平衡 

一、酸碱质子理论

1．基本概念　根据酸碱质子理论，酸是能给出质子的物质，碱是能接受质子的物质。

$$\underset{\text{酸}}{HA} \rightleftharpoons H^+ + \underset{\text{碱}}{A^-}$$

（酸 HA 与碱 A^- 共轭）

上述反应称为酸碱半反应。反应中或是 HA 失去一个质子生成其共轭碱 A^-；或是碱 A^- 得到一个质子转变成其共轭酸 HA 。HA 和 A^- 称为共轭酸碱对，共轭酸碱彼此只相差一个质子。

酸碱的定义是广义的，可以是中性分子，也可以是阳离子或阴离子。

例如，　　　　　　酸　　　　　碱

$$HAc \rightleftharpoons H^+ + Ac^-$$

$$NH_4^+ \rightleftharpoons H^+ + NH_3$$

$$H_2PO_4^- \rightleftharpoons H^+ + HPO_4^{2-}$$

$$H_3PO_4 \rightleftharpoons H^+ + H_2PO_4^-$$

在上述酸碱半反应中，$H_2PO_4^-$ 既可以是酸，又可以是碱，这类物质称为两性物质。

酸碱反应实质上是发生在两对共轭酸碱对之间的质子转移反应，它由两个酸碱半反应组成。

例如，在水溶液中发生的 HCl 与 NH_3 的反应为

$$\underset{\text{酸1}}{HCl} + \underset{\text{碱2}}{NH_3} \rightleftharpoons \underset{\text{酸2}}{NH_4^+} + \underset{\text{碱1}}{Cl^-}$$

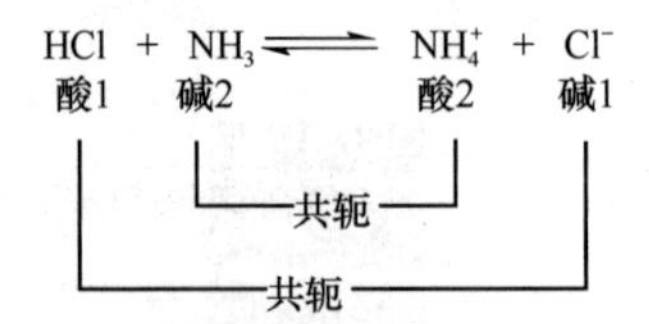

上述反应实际上包含了如下两个反应：

$$HCl + H_2O \rightleftharpoons H_3O^+ + Cl^-$$

$$NH_3 + H_3O^+ \rightleftharpoons NH_4^+ + H_2O$$

质子的转移是通过水完成的。水分子既能接受质子又能给出质子，因此它也是两性物质。一般意义上，盐的水解反应也是质子转移反应：

$$Ac^- + H_2O \rightleftharpoons HAc + OH^-$$

$$NH_4^+ + H_2O \rightleftharpoons NH_3 + H_3O^+$$

发生在溶剂水分子之间的质子转移作用称为水的质子自递反应，实质亦是酸碱反应：

$$H_2O + H_2O \rightleftharpoons H_3O^+ + OH^-$$

$$\underset{\text{酸1}}{H_2O} + \underset{\text{碱2}}{H_2O} \rightleftharpoons \underset{\text{酸2}}{H_3O^+} + \underset{\text{碱1}}{OH^-}$$

共轭（碱2—酸2）

共轭（酸1—碱1）

参与反应的两个共轭酸碱对是 H_3O^+ 与 H_2O 和 H_2O 与 OH^- 。

2. 酸碱反应的平衡常数 酸碱反应进行的程度可以用反应平衡常数的大小来衡量。例如，弱酸 HA 、弱碱 A^- 在水溶液中的离解反应，即它们与溶剂之间的酸碱反应为

$$HA + H_2O \rightleftharpoons H_3O^+ + A^-$$

$$A^- + H_2O \rightleftharpoons HA + OH^-$$

上述反应的平衡常数称为酸、碱的离解常数，分别用 K_a 或 K_b 来表示：

$$K_a = \frac{[A^-][H_3O^+]}{[HA]} \tag{5-1}$$

$$K_b = \frac{[HA][OH^-]}{[A^-]} \tag{5-2}$$

3. 共轭酸碱对的 K_a 与 K_b 及其相互关系 酸的强度取决于它将质子给予溶剂分子的能力和溶剂分子接受质子的能力；碱的强度取决于它从溶剂分子中接受质子的能力和溶剂分子给出质子的能力。即酸碱的强度与酸碱的性质和溶剂的性质有关。例如， NH_3 在水中是弱碱，而在甲酸中其碱性强得多。这是因为甲酸的酸性比水强，它比水容易将质子给予 NH_3 ，从而增强了 NH_3 的碱性。

在水溶液中，酸碱强度取决于酸将质子给予水分子或碱从水分子中接受质子的能力，通常用其在水中的离解常数 K_a 与 K_b 的大小来衡量。酸(碱)的离解常数越大，其酸(碱)性越强。

在水溶液中， $HClO_4$ 、 H_2SO_4 、 HCl 、 HNO_3 都是很强的酸，如果浓度不是太大，它们与水分子之间的质子转移反应都能进行得十分完全，因而不能显示出它们之间酸强度的差别，所以 H_3O^+ 是水溶液中实际存在的最强酸的形式。可以想象，上述酸的共轭碱 ClO_4^- 、 SO_4^{2-} 、 Cl^-和 NO_3^- 都是极弱的碱，几乎没有从 H_3O^+ 接受质子的能力。同理，OH^-也是水溶液中最强碱的存在形式。

二、酸碱溶液中各型体的分布

(一) 酸碱的分布系数

在酸碱水溶液的平衡体系中，一种溶质往往以多种型体存在于溶液中。其分析浓度是溶液中该溶质各种型体平衡浓度的总和，用符号c表示，单位为 mol/L。平衡浓度是在平衡状态时溶液中溶质各型体的浓度，用“[ ]”表示。例如，0.1mol/L 的 NaCl和 HAc溶液，它们各自的总浓度c_{NaCl}和c_{HAc}均为 0.1mol/L，且在平衡状态下，$[Cl^-]=[Na^+]=0.1$mol/L；而 HAc是弱酸，因部分离解，在溶液中有两种型体存在，平衡浓度分别为$[HAc]$和$[Ac^-]$，二者之和为分析浓度，即

$$c_{HAc} = [HAc]+[Ac^-]$$

分布系数是指溶液中某型体的平衡浓度占分析浓度的分数，又称为分布分数，以δ_i表示，其计算式为

$$\delta_i = \frac{[i]}{c} \tag{5-3}$$

式中，i表示某种型体。分布系数的大小能定量说明溶液中各型体的分布情况，由分布系数可求得溶液中各种型体的平衡浓度。

对于一元弱酸 HA，当在水溶液中达到离解平衡后，存在型体 HA 和 A^-；设其分析浓度为c (mol/L)，则 HA 分布系数表达式为

$$\delta_{HA} = \frac{[HA]}{c} = \frac{[HA]}{[HA]+[A^-]} = \frac{1}{1+\frac{K_a}{[H^+]}} = \frac{[H^+]}{[H^+]+K_a} \tag{5-4}$$

同理，可得 A^-分布系数表达式：

$$\delta_{A^-} = \frac{K_a}{[H^+]+K_a} \tag{5-5}$$

显然，$\delta_{HA}+\delta_{A^-}=1$。

根据式(5-4)或式(5-5)可知，对于指定的酸(碱)而言，分布系数是溶液中$[H^+]$的函数。

例 5-1 计算 pH =5.00 时，0.1mol/L HAc溶液中各型体的分布系数和平衡浓度。

解：已知$K_a=1.8\times10^{-5}$，$[H^+]=1.0\times10^{-5}$ mol/L，则

$$\delta_{HAc} = \frac{[H^+]}{[H^+]+K_a} = \frac{1.0\times10^{-5}}{1.0\times10^{-5}+1.8\times10^{-5}} = 0.36$$

$$\delta_{Ac^-} = 1-\delta_{HAc} = 0.64$$

$$[HAc] = \delta_{HAc}\times c_{HAc} = 0.36\times0.10 = 0.036$$

$$[Ac^-] = \delta_{Ac^-}\times c_{Ac^-} = 0.64\times0.10 = 0.064$$

对于二元弱酸，如草酸，在水溶液中以$H_2C_2O_4$、$HC_2O_4^-$、$C_2O_4^{2-}$三种型体存在。设其分析浓度为c，有

$$c=[H_2C_2O_4]+[HC_2O_4^-]+[C_2O_4^{2-}]$$

$$\delta_{H_2C_2O_4}=\frac{[H^+]^2}{[H^+]^2+[H^+]K_{a_1}+K_{a_1}K_{a_2}} \tag{5-6}$$

同理，有

$$\delta_{HC_2O_4^-}=\frac{[H^+]K_{a_1}}{[H^+]^2+[H^+]K_{a_1}+K_{a_1}K_{a_2}} \tag{5-7}$$

$$\delta_{C_2O_4^{2-}}=\frac{K_{a_1}K_{a_2}}{[H^+]^2+[H^+]K_{a_1}+K_{a_1}K_{a_2}} \tag{5-8}$$

$$\delta_{H_2C_2O_4}+\delta_{HC_2O_4^-}+\delta_{C_2O_4^{2-}}=1$$

对于三元酸，如磷酸，在水溶液中可存在四种型体：H_3PO_4、$H_2PO_4^-$、HPO_4^{2-}和PO_4^{3-}；同样可推导出各型体的分布系数计算式：

$$\delta_{H_3PO_4}=\frac{[H^+]^3}{[H^+]^3+[H^+]^2K_{a_1}+[H^+]K_{a_1}K_{a_2}+K_{a_1}K_{a_2}K_{a_3}} \tag{5-9}$$

$$\delta_{H_2PO_4^-}=\frac{[H^+]^2K_{a_1}}{[H^+]^3+[H^+]^2K_{a_1}+[H^+]K_{a_1}K_{a_2}+K_{a_1}K_{a_2}K_{a_3}} \tag{5-10}$$

$$\delta_{HPO_4^{2-}}=\frac{[H^+]K_{a_1}K_{a_2}}{[H^+]^3+[H^+]^2K_{a_1}+[H^+]K_{a_1}K_{a_2}+K_{a_1}K_{a_2}K_{a_3}} \tag{5-11}$$

$$\delta_{PO_4^{3-}}=\frac{K_{a_1}K_{a_2}K_{a_3}}{[H^+]^3+[H^+]^2K_{a_1}+[H^+]K_{a_1}K_{a_2}+K_{a_1}K_{a_2}K_{a_3}} \tag{5-12}$$

(二) 酸度对弱酸(碱)各型体分布的影响

在弱酸(碱)溶液的平衡体系中，某型体的分布系数取决于酸或碱的性质、溶液的酸度等，而与其总浓度无关。当酸度增大或减小时，各型体浓度的分布将随溶液的酸度而变化。在分析化学中常常利用这一性质，通过控制溶液的酸度来控制反应物或生成物某种型体的浓度，以便使某反应进行完全，或对某些干扰组分进行掩蔽。

1．一元弱酸溶液 以HAc为例，其δ_i-pH曲线见图5-1(a)。

由图5-1(a)可知，随着溶液pH增大，$\delta_{HAc}(\delta_0)$逐渐减小，而$\delta_{Ac^-}(\delta_1)$则逐渐增大。在两条曲线的交点处，即$\delta_{HAc}=\delta_{Ac^-}=0.50$时，溶液的$pH=pK_a=4.74$，显然此时有$[HAc]=[Ac^-]$。当$pH<pK_a$时，溶液中HAc占优势；当$pH>pK_a$时，$Ac^-$为主要存在型体。在$pH\approx(pK_a-2)$时，$\delta_{HAc}$趋近于1，$\delta_{Ac^-}$接近于零；而当$pH\approx(pK_a+2)$时，$\delta_{Ac^-}$趋近于1。因此，可以通过控制溶液的酸度得到所需要的型体。

以上讨论结果原则上亦适用于其他一元弱酸(碱)。

2．多元酸溶液 二元酸以草酸为例，其δ_i-pH曲线见图5-1(b)。

由图5-1(b)可知，草酸在pH=2.5～3.3有三种型体共存。当$pH<pK_{a_1}$时，溶液中$H_2C_2O_4$是主要型体；$pH>pK_{a_2}$时，$C_2O_4^{2-}$型体占优势；而当$pK_{a_1}<pH<pK_{a_2}$时，$HC_2O_4^-$的浓度

明显高于其他两者。pK_{a_1} 与 pK_{a_2} 的值越接近，以 $HC_2O_4^-$ 型体为主的pH范围就越窄，$\delta_{HC_2O_4^-}$ 的最大值亦将明显小于1。

对于三元酸，如磷酸，其 δ_i - pH 曲线见图5-1(c)。

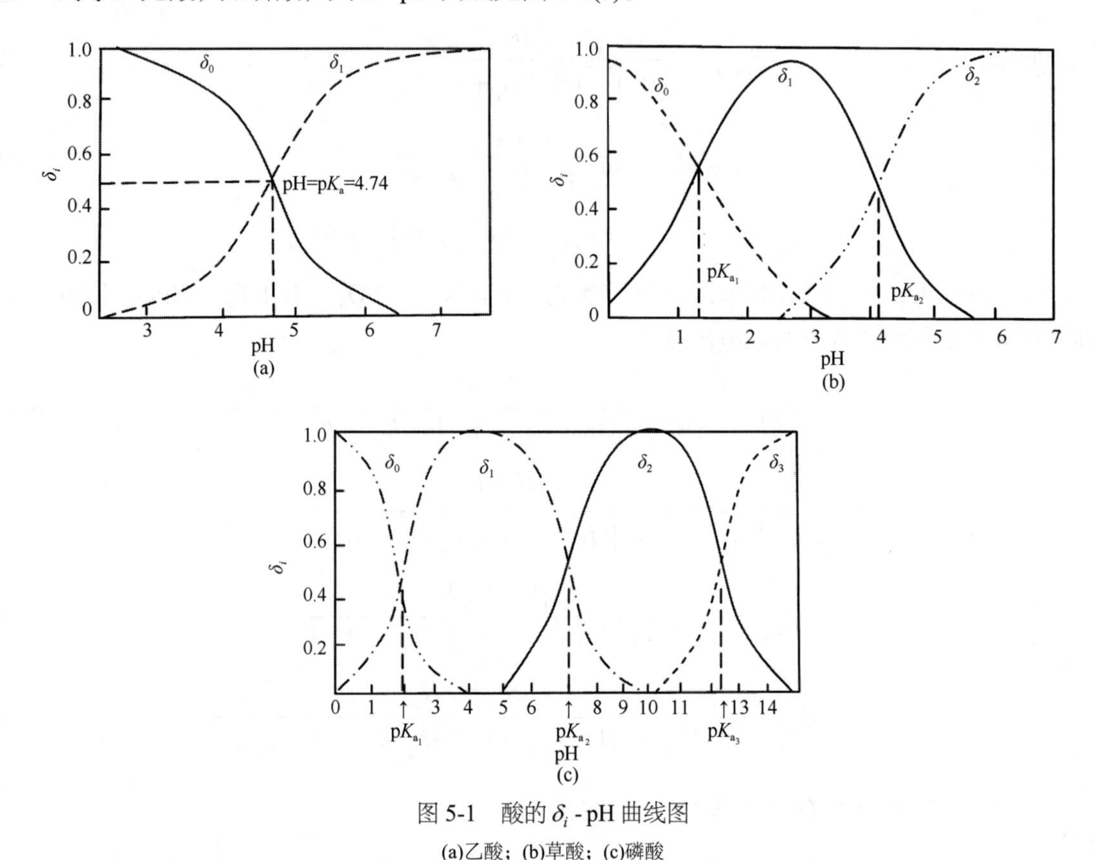

图5-1 酸的 δ_i - pH 曲线图

(a)乙酸；(b)草酸；(c)磷酸

(三) 水溶液中酸碱平衡的处理方法

1. 质量平衡 在平衡状态下某一物质的分析浓度等于该组分各种型体的平衡浓度之和，这种关系称为质量平衡(mass balance)或物料平衡(material balance)。它的数学表达式称做物料平衡方程(mass balance equation)，简写为 MBE。例如，c mol/L Na_2CO_3 溶液的质量平衡方程为

$$[H_2CO_3]+[HCO_3^-]+[CO_3^{2-}]=c$$

$$[Na^+]=2c$$

质量平衡将平衡浓度与分析浓度联系起来，是在溶液平衡计算中经常用到的关系式。

2. 电荷平衡 处于平衡状态的水溶液是电中性的，也就是溶液中荷正电质点所带正电荷的总数等于荷负电质点所带负电荷的总数，这种关系称为电荷平衡(charge balance)。其数学表达式称为电荷平衡方程(charge balance equation)。简写为 CBE。例如，c mol/L Na_2CO_3 溶液的电荷平衡方程为

$$[Na^+]+[H^+]==[OH^-]+[HCO_3^-]+2[CO_3^{2-}]$$

或

$$2c+[H^+] = [OH^-]+[HCO_3^-]+2[CO_3^{2-}]$$

应该注意的是，离子平衡浓度前的系数等于它所带电荷数的绝对值。由于 1mol CO_3^{2-} 带有 2mol 负电荷，故[CO_3^{2-}]前面的系数为 2。中性分子不包括在电荷平衡方程中。

3. 质子平衡 按照酸碱质子理论，酸碱反应的实质是质子转移。当酸碱反应达到平衡时，酸失去的质子数与碱得到的质子数相等，这种关系称为质子平衡(proton balance)，其数学表达式称为质子条件式，又称质子平衡式(proton balance equation)，简写为 PBE。

由于在平衡状态下，同一体系中质量平衡和电荷平衡的关系必然同时成立，因此可先列出该体系的 MBE 和 CBE，然后消去其中代表非质子转移反应所得产物的各项，从而得出 PBE。例如，根据 c mol/L Na_2CO_3 溶液的 MBE 和 CBE，可以得到下式：

$$2[H_2CO_3]+2[HCO_3^-]+2[CO_3^{2-}]+[H^+]=[OH^-]+[HCO_3^-]+2[CO_3^{2-}]$$

整理，可得质子条件式：

$$2[H_2CO_3]+[HCO_3^-]+[H^+]=[OH^-]$$

由酸碱反应得失质子的等衡关系可以直接写出质子条件式。这种方法的要点如下所述。

(1) 从酸碱平衡体系中选取质子参考水准(又称零水准)，它们是溶液中大量存在并参与质子转移反应的物质，通常就是起始酸碱组分和溶剂分子。

(2) 当溶液中的酸碱反应达到平衡后，根据质子参考水准判断得失质子的产物及其得失质子的物质的量，绘出得失质子示意图。

(3) 根据得失质子的量相等的原则写出质子条件式。质子条件式中应不包括质子参考水准本身，也不含有与质子转移无关的组分。

例 5-2 写出 $(NH_4)_2HPO_4$ 溶液的质子条件式。

解：由于与质子转移反应有关的起始酸碱组分为 NH_4^+ 、HPO_4^{2-} 和 H_2O ，因此它们就是质子参考水准。溶液中得失质子的可列于表 5-1。

表 5-1 仅应产物$(NH_4)_2HPO_4$溶液的得失质子表

得质子产物	参考水准	失质子产物
$H_2PO_4^-$ 、H_3PO_4、H_3O^+	NH_4^+ 、HPO_4^{2-} 、H_2O	NH_3、PO_4^{3-} 、OH^-

由表 5-1 得质子条件式为

$$[H_2PO_4^-]+2[H_3PO_4]+[H_3O^+]=[NH_3]+[PO_4^{3-}]+[OH^-]$$

在计算各类酸碱溶液中氢离子的浓度时，上述三种平衡方程都是处理溶液中酸碱平衡的依据。特别是质子条件式，反映了酸碱平衡体系中得失质子的量的关系，因而最为常用。在实际应用中为简单起见，常以 H^+ 表示 H_3O^+ 。

三、酸碱溶液中 pH 的计算

1. 一元酸、碱溶液的 pH 计算 一元酸(HA)溶液的质子条件式是

$$[H^+] = [A^-]+[OH^-] \tag{5-13}$$

设酸浓度为c_a；若HA为强酸，则[A^-]的分布系数$\delta_{A^-}=1$，[A^-]=c_a

而[OH^-]=$\frac{K_w}{[H^+]}$，代入质子条件式有

$$[H^+]=c_a+\frac{K_w}{[H^+]} \tag{5-14}$$

该式的精确解答需解一元二次方程，得

$$[H^+]=\frac{c_a+\sqrt{c_a^2+4K_w}}{2} \tag{5-15}$$

通常分析化学计算溶液pH时的允许相对误差为5%。即当$c_a \geqslant 20[OH^-]$时，式(5-13)中的[OH^-]项可忽略，则有

$$[H^+]=[A^-]=c_a$$

若HA为弱酸，根据式(5-5)得

$$A^-=c_a\delta_{A^-}=\frac{c_aK_a}{[H^+]+K_a}$$

因此，根据质子条件式

$$[H^+]=\frac{c_aK_a}{[H^+]+K_a}+\frac{K_w}{[H^+]} \tag{5-16}$$

或

$$[H^+]^3+K_a[H^+]^2-(c_aK_a+K_w)[H^+]-K_aK_w=0$$

式(5-16)是计算一元弱酸溶液[H^+]的准确式。

当$c_aK_a \geqslant 20K_w$时，水的离解影响很小，式(5-16)中含K_w项可略去，则

$$[H^+]=\frac{c_aK_a}{[H^+]+K_a}$$

$$[H^+]^2=K_a(c_a-[H^+])$$

$$[H^+]=\frac{-K_a+\sqrt{K_a^2+4K_ac_a}}{2} \tag{5-17}$$

式(5-17)是计算一元弱酸溶液[H^+]的近似式。

当$c_aK_a \geqslant 20K_w$且$c_a/K_a \geqslant 500$时，弱酸的离解对总浓度的影响也可略去，$c_a-[H^+]\approx c_a$，得到最简式：

$$[H^+]=\sqrt{c_aK_a} \tag{5-18}$$

例5-3 计算0.01mol/L NH_4Cl溶液的pH，已知$NH_3\cdot H_2O$的$K_b=1.8\times10^{-5}$。

解：NH_4^+的K_a为

$$K_a=\frac{K_w}{K_b}=\frac{1.0\times10^{-14}}{1.8\times10^{-5}}=5.6\times10^{-10}$$

由于$c_aK_a=0.01\times5.6\times10^{-10}>20K_w$，$\frac{c_a}{K_a}=\frac{0.01}{5.6\times10^{-10}}>500$，故可按最简式计算

$$[H^+]=\sqrt{c_aK_a}=\sqrt{0.01\times5.6\times10^{-10}}=2.4\times10^{-6}\text{mol/L}$$

$$pH=5.60$$

显然，采取与处理弱酸溶液相似的方法，将式(5-18)中的c_a、$[H^+]$和K_a，分别换成c_b、$[OH^-]$和K_b，就可用于计算弱碱溶液中的$[OH^-]$。

2. 多元酸、多元碱溶液的pH计算 以二元酸H_2A为例，其溶液的质子条件式为

$$[H^+]=[HA^-]+2[A^{2-}]+[OH^-]$$

设H_2A的浓度为c_a mol/L，应用计算二元酸溶液中$[HA^-]$、$[A^{2-}]$分布系数的式(5-7)和式(5-8)，可得到计算$[H^+]$的准确式为

$$[H^+]=\frac{c_aK_{a_1}[H^+]}{[H^+]^2+K_{a_1}[H^+]+K_{a_1}K_{a_2}}+\frac{2c_aK_{a_1}K_{a_2}}{[H^+]^2+K_{a_1}[H^+]+K_{a_1}K_{a_2}}+\frac{K_w}{[H^+]} \quad (5\text{-}19)$$

和一元弱酸处理的方法相似，当$c_aK_a\geqslant20K_w$时，忽略水的离解，含K_w的项可略去；通常，二元酸的二级离解也可忽略，故式(5-19)可简化成以下近似式

$$[H^+]=\frac{c_aK_{a_1}}{[H^+]+K_{a_1}}$$

则

$$[H^+]=\sqrt{(c_a-[H^+])K_{a_1}} \quad (5\text{-}20)$$

当$c_a/K_a\geqslant500$时，还可同时忽略酸的离解对总浓度的影响，即$c_a-[H^+]\approx c_a$，得到以下计算二元酸溶液中$[H^+]$的最简式

$$[H^+]=\sqrt{c_aK_{a_1}} \quad (5\text{-}21)$$

多元碱溶液的pH可参照多元酸的处理方法。

3. 两性物质溶液的pH计算 以NaHA为例，该溶液的质子条件式为

$$[H^+]+[H_2A]=[A^{2-}]+[OH^-]$$

设其浓度为c_a mol/L，而K_{a_1}、K_{a_2}分别为H_2A的一级和二级离解常数，若以计算分布系数的公式代入，得计算$[H^+]$的准确式为

$$[H^+]+\frac{c_a[H^+]^2}{[H^+]^2+K_{a_1}[H^+]+K_{a_1}K_{a_2}}=\frac{c_aK_{a_1}K_{a_2}}{[H^+]^2+K_{a_1}[H^+]+K_{a_1}K_{a_2}}+\frac{K_w}{[H^+]}$$

由于通常两性物质给出质子和接受质子的能力都比较弱，故可认为$[HA^-]\approx c_a$，将该溶液的质子条件式简化为

$$[H^+]+\frac{c_a[H^+]}{K_{a_1}}=\frac{c_aK_{a_2}}{[H^+]}+\frac{K_w}{[H^+]}$$

则

$$[H^+]=\sqrt{\frac{K_{a_2}c_a+K_w}{1+\frac{c_a}{K_{a_1}}}} \quad (5\text{-}22)$$

当$c_aK_{a_2}\geqslant20K_w$，K_w项也可略去，式(5-22)可简化为以下近似式

$$[H^+]=\sqrt{\frac{K_{a_2}c_a}{1+\frac{c_a}{K_{a_1}}}} \tag{5-23}$$

若c_a/K_{a_1}≥20，则分母中的1可略去，得以下最简式为

$$[H^+]=\sqrt{K_{a_1}K_{a_2}} \tag{5-24}$$

例 5-4 计算 0.10mol/L 氨基乙酸(H_2NCH_2COOH)溶液的pH。已知$K_{a_1}=4.5\times10^{-3}$，$K_{a_2}=2.5\times10^{-10}$。

解： 由于$c_aK_{a_2}\geqslant20K_w$，且c_a/K_{a_1}≥20，故可用最简式计算

$$[H^+]=\sqrt{K_{a_1}K_{a_2}}=\sqrt{4.5\times10^{-3}\times2.5\times10^{-10}}=1.0\times10^{-6}\ \text{mol/L}$$

$$\text{pH}=6.00$$

4. 缓冲溶液的 pH 计算 现讨论弱酸HA(浓度为c_a mol/L)与共轭碱A^-(浓度为c_b mol/L)组成的缓冲溶液的pH计算。

质子条件式：$[H^+]=[OH^-]+([A^-]-c_b)$

由质子条件式整理得

$$[A^-]=c_b+[H^+]-[OH^-]$$

由质量平衡式得

$$c_a+c_b=[HA]+[A^-]$$

合并二式得

$$[HA]=c_a-[H^+]+[OH^-]$$

由弱酸离解常数得：

$$[H^+]=K_a\frac{[HA]}{[A^-]}=K_a\frac{c_a-[H^+]+[OH^-]}{c_b+[H^+]-[OH^-]} \tag{5-25}$$

此式是计算缓冲溶液H^+的精确式。

当溶液呈酸性(pH＜6)时，$[H^+]\gg[OH^-]$，上式简化为近似式：

$$[H^+]=\frac{c_a-[H^+]}{c_b+[H^+]}K_a \tag{5-26}$$

当$c_a\geqslant20[H^+]$，$c_b\geqslant20[H^+]$时，得

$$[H^+]=\frac{c_a}{c_b}K_a \tag{5-27}$$

或

$$\text{pH}=\text{p}K_a+\lg\frac{c_b}{c_a} \tag{5-28}$$

例 5-5 计算 0.20mol/L NH_3-0.30mol/L NH_4Cl溶液的pH。已知NH_4^+的$\text{p}K_a$=9.26。

解：由于$c_{NH_3}\geqslant20[H^+]$,$c_{NH_4^+}\geqslant20[H^+]$,故可用最简式计算：

$$pH = pK_a + \lg\frac{c_{NH_3}}{c_{NH_4^+}} = 9.26 + \lg\frac{0.20}{0.30} = 9.08$$

常用的 pH 缓冲溶液见表 5-2。

表 5-2 常用 pH 缓冲溶液组成

缓冲溶液	酸	碱	p*K*a
氨基乙酸-HCl	NH_3CH_2COOH	$NH_2CH_2COO^-$	2.35
HAc-NaAc	HAc	Ac^-	4.76
NaH_2PO_4- Na_2HPO_4	$H_2PO_4^-$	HPO_4^{2-}	7.21
Tris-HCl	$^+NH_3C(CH_2OH)_3$	$NH_2C(CH_2OH)_3$	8.21
NH_3-NH_4Cl	NH_4^+	NH_3	9.25
$NaHCO_3$-Na_2CO_3	HCO_3^-	CO_3^{2-}	10.32
Na_2HPO_4-NaOH	HPO_4^{2-}	PO_4^{3-}	12.32

注：Tris——三(羟甲基)氨基甲烷

第 2 节 基 本 原 理

一、酸碱指示剂

(一) 变色原理

酸碱指示剂(acid-base indicator)一般是某些有机弱酸或弱碱，它们的共轭酸碱对具有不同结构，因而呈现不同颜色。改变溶液的 pH，指示剂失去或得到质子，结构发生变化，引起颜色改变。

例如，酚酞(phenolphthalein，PP)是一种有机弱酸，它在水溶液中有如下反应及相应的颜色变化。

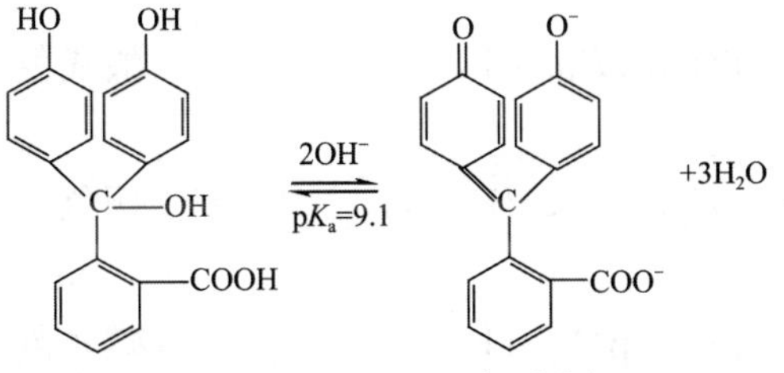

HO OH C—OH COOH $\underset{pK_a=9.1}{\overset{2OH^-}{\rightleftharpoons}}$ O O⁻ C COO⁻ $+3H_2O$

无色(酸式色) 红色(碱式色)

在酸性溶液中，酚酞主要以酸式型体存在，溶液无色；在碱性溶液中，酚酞主要以碱式型体存在，溶液显红色。类似酚酞，在酸式或碱式型体中仅有一种型体具有颜色的指示剂，称为单色指示剂。

甲基橙(methyl orange，Mo)是一种有机弱碱，它在水溶液中的离解作用和颜色变化为

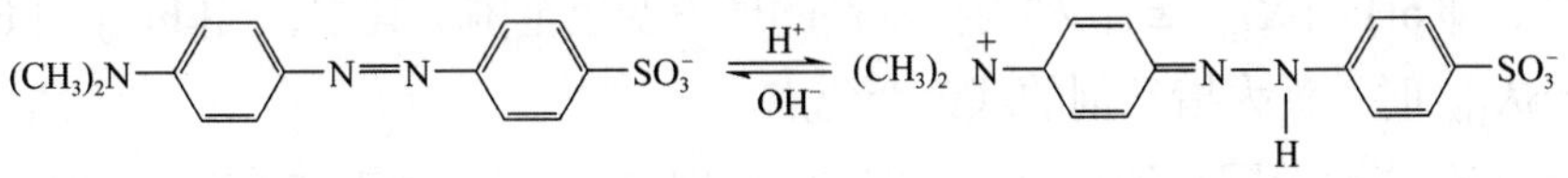

$(CH_3)_2N$—⟨苯环⟩—N=N—⟨苯环⟩—SO_3^- $\underset{OH^-}{\overset{H^+}{\rightleftharpoons}}$ $(CH_3)_2\overset{+}{N}$=⟨醌环⟩=N—N(H)—⟨苯环⟩—SO_3^-

黄色(碱式色) **红色(酸式色)**

在碱性溶液中，甲基橙主要以碱式型体存在，溶液呈黄色。当溶液酸度增强时，平衡向右移动，甲基橙主要以酸式型体存在，溶液由黄色向红色转变；反之，由红色向黄色转变。类似甲基橙，酸式和碱式型体均有颜色的指示剂称为双色指示剂。

应该注意的是，指示剂以酸式或碱式型体存在，并不表明此时溶液一定呈酸性或呈碱性。

(二) 变色范围

现以弱酸型指示剂(以 HIn 表示)为例说明指示剂的变色与溶液中 pH 之间的关系。HIn 在溶液中有如下离解平衡：

$$\underset{\text{酸式型体}}{HIn} \rightleftharpoons H^+ + \underset{\text{碱式型体}}{In^-}$$

平衡时，则得

$$K_{HIn} = \frac{[H^+][In^-]}{[HIn]}$$

K_{HIn} 为指示剂的离解平衡常数，称为指示剂常数(indicator constant)。在一定温度下，K_{HIn} 为一个常数。上式可改写为

$$\frac{[In^-]}{[HIn]} = \frac{K_{HIn}}{[H^+]}$$

上式表明在溶液中，$[In^-]$和$[HIn]$的比值决定于溶液的指示剂常数 K_{HIn} 和溶液酸度两个因素。由于在一定温度下，K_{HIn} 为一个常数，因此该比值只决定于溶液的 pH。由于指示剂的酸式体和碱式体具有不同的颜色，pH 的变化引起不同型体在总浓度中所占比例的变化，因而导致溶液颜色的改变。

不难理解，在一定酸度条件下，溶液中指示剂的颜色是两种不同颜色的混合色。由于人眼对颜色分辨有一定限度，当两种颜色的浓度之比为 10 倍或 10 倍以上时，我们只能看到浓度较大的那种颜色。

指示剂呈现的颜色与溶液中$[In^-]$和$[HIn]$的比值及 pH 三者之间的关系为

$\frac{[In^-]}{[HIn]} \leqslant \frac{1}{10}$	$pH \leqslant pK_{HIn} - 1$	酸式色
$\frac{1}{10} < \frac{[In^-]}{[HIn]} < 10$	$pK_{HIn} - 1 < pH < pK_{HIn} + 1$	颜色逐渐变化的混合色
$\frac{[In^-]}{[HIn]} \geqslant 10$	$pH \geqslant pK_{HIn} + 1$	碱式色

由以上可知，当 pH 小于 $pK_{HIn} - 1$ 或大于 $pK_{HIn} + 1$ 时，都观察不出溶液的颜色随酸度而变化的情况。只有当溶液的 pH 由 $pK_{HIn} - 1$ 变化到 $pK_{HIn} + 1$(或由 $pK_{HIn} + 1$ 变化到 $pK_{HIn} - 1$)时，才可以观察到指示剂由酸式(碱式)色经混合色变化到碱式(酸式)色这一过程。因此，这一颜色变化的 pH 范围，即 $pH = pK_{HIn} \pm 1$，称为指示剂的理论变色范围。其中，当$[In^-]/[HIn]=1$，即溶液的 $pH = pK_{HIn}$ 时，称为指示剂的理论变色点。

指示剂的实际变色范围是通过目测确定的，与理论值 $pK_{HIn} \pm 1$ 并不完全一致(具体数据见

表 5-3)，这是由于人眼对各种颜色的敏感程度有所差别，以及指示剂两种颜色的强度不同所致。例如，甲基橙的 pK_{HIn} =3.4，理论变色范围应为 pH =2.4 ~ 4.4，但实际变色范围却是 pH =3.1 ~ 4.4。产生上述差异的原因是由于人眼对于红色较对黄色更为敏感，故从红色中辨别黄色比较困难，而从黄色中辨别红色就比较容易，因此甲基橙的实际变色范围在 pH 较小的一端就窄一些。指示剂的变色范围越窄越好，这样当溶液的 pH 稍有变化时，就能引起指示剂的颜色突变，这对提高测定的准确度是有利的。

在滴定过程中，并不要求指示剂由酸式色完全转变为碱式色或者相反，而只需在指示剂的变色范围内找出能产生明显颜色改变的点，即可据此指示滴定终点。例如，甲基橙在其变色过程中，当 pH=4 时呈明显的橙色，比较容易分辨出来，通常将它称为甲基橙的实际变色点，并用来指示滴定终点。

不同的人对同一颜色的敏感程度有所不同，即使同一个人观察同一个颜色变化过程也会有所差异。一般而言，人们观察指示剂颜色的变化有 0.2 ~ 0.5 pH 单位的误差，称之为观测终点的不确定性，用 ΔpH 来表示，一般按 ΔpH = ± 0.2 来考虑，并将其作为使用指示剂目测终点的分辨极限值。常用酸碱指示剂列于表 5-3 中。

表 5-3 常用的酸碱指示剂

指示剂	变色范围 pH	颜色		pK_{HIn}	浓度	用量，(滴/10ml 试液)
		酸色	碱色			
百里酚蓝	1.2 ~ 2.8	红	黄	1.65	0.5%的氢氧化钠溶液（200ml 中含 0.05mol/L 氢氧化钠 4.3ml）	1 ~ 2
甲基黄	2.9 ~ 4.0	红	黄	3.25	0.1%的 90%乙醇溶液	1
甲基橙	3.2 ~ 4.4	红	黄	3.45	0.1%的水溶液	1
溴酚蓝	2.8 ~ 4.6	黄	蓝绿	4.1	0.5%的氢氧化钠溶液（200ml 中含 0.05mol/L 氢氧化钠 3.0ml）	1
溴甲酚绿	3.6 ~ 5.2	黄	蓝	4.9	0.5%的氢氧化钠溶液（200ml 中含 0.05mol/L 氢氧化钠 2.8ml）	1
甲基红	4.2 ~ 6.3	红	黄	5.1	0.5%的氢氧化钠溶液（200ml 中含 0.05mol/L 氢氧化钠 7.4ml）	1
溴百里酚蓝	6.0 ~ 7.6	黄	蓝	7.3	0.5%的氢氧化钠溶液（200ml 中含 0.05mol/L 氢氧化钠 3.2ml）	1
中性红	6.8 ~ 8.0	红	黄	7.4	0.5%的水溶液	1
酚红	6.7 ~ 8.4	黄	红	8.0	1%的乙醇溶液	1
酚酞	8.3 ~ 10.0	无	红	9.1	1%的乙醇溶液	1 ~ 3
百里酚酞	9.3 ~ 10.5	无	蓝	10.0	0.1%的乙醇溶液	1 ~ 2

(三) 影响指示剂变色范围的因素

1. 指示剂的用量 对于双色指示剂(如甲基橙)，溶液的颜色决定于[In^-]和[HIn]的比值，指示剂的用量理论上不会影响其变色范围，但指示剂的浓度过高或过低，会使得溶液的颜色过深或过浅，因变色不够明显而影响终点的准确判断。同时指示剂的变色也要消耗一定的滴定剂，从而引入误差，故使用时其用量要合适。对于单色指示剂，指示剂的用量对其变色范围会有一定影响。

2. 温度 温度的变化会引起指示剂离解常数和水的质子自递常数发生变化，因而指示剂的变色范围亦随之改变，其对碱型指示剂的影响较酸型指示剂更为明显。例如，在 18℃时，甲基橙的变色范围为 3.1 ~ 4.4，而在 100℃时，则为 2.5 ~ 3.7。一般酸碱滴定都在室温下进行，若有必要加热煮沸，也须在溶液冷却后再滴定。

3. 离子强度 由于中性电解质的存在增大了溶液的离子强度，指示剂的离解常数发生改变，从而影响其变色范围。此外，电解质的存在还影响指示剂对光的吸收，使其颜色的强度发生变化，因此滴定中不宜有大量中性盐存在。

4. 滴定程序 为了达到更好的观测效果，在选择指示剂时还要注意它在终点时的变色情况。例如，酚酞由酸式无色变为碱式红色，颜色变化十分明显，易于辨别，因此比较适宜在以强碱作滴定剂时使用。同理，用强酸滴定强碱时，采用甲基橙就较酚酞更为适宜。

对指示剂变色范围的影响还有溶剂等其他因素。

(四) 混合指示剂

表 5-3 中列出的都是单一指示剂，其变色范围一般都比较宽，有的在变色过程中还出现难以辨别的过渡色。在某些酸碱滴定中，为了达到一定的准确度，需要将滴定终点限制在较窄的 pH 范围内(如对弱酸或弱碱的滴定)，这时，一般的指示剂就难以满足需求。混合指示剂利用了颜色之间的互补作用，具有很窄的变色范围，且在滴定终点有敏锐的颜色变化，在上述情况中可以正确地指示滴定终点。

混合指示剂有两种配制方法：一是采用一种颜色不随溶液中 H^+ 浓度变化而改变的染料(称为惰性染料)和一种指示剂配制而成；二是选择两种(或多种) pK_a 比较接近的指示剂，按一定的比例混合使用。

例如，甲基橙(0.1%)和靛蓝二磺酸钠(0.25%)组成的混合指示剂(1∶1)，靛蓝二磺酸钠在滴定过程中不变色(蓝色)，只作为甲基橙变色的背景。该混合指示剂随溶液 pH 的改变而发生如下的颜色变化：

溶液的酸度	甲基橙	甲基橙 + 靛蓝二磺酸钠
pH ≥4.4	黄色	黄绿色
pH = 4.1	橙色	浅灰色
pH ≤3.1	红色	紫色

可见，混合指示剂由黄绿色变化为紫色或由紫色变化为黄绿色，中间呈近乎无色的浅灰色，变色敏锐，易于辨别。

又如，溴甲酚绿(0.1%乙醇溶液)和甲基红(0.2%乙醇溶液)及由它们组成的混合指示剂(3∶1)，其颜色随溶液 pH 变化的情况如下：

溶液的酸度	溴甲酚绿	甲基红	溴甲酚绿 + 甲基红
pH <4.0	黄色	红色	橙色(酒红)
pH = 5.1	绿色	橙色	灰色
pH >6.2	蓝色	黄色	绿色

pH = 5.1 时，由于绿色和橙色相互叠合，溶液呈灰色，颜色变化十分明显，使变色范围缩小至滴定终点。

二、滴定曲线

在滴定分析中，随着滴定剂加入体积的增大，反应液中待测组分浓度也随之变化，以组分浓度(或浓度负对数)为纵坐标，滴定剂加入体积(或体积的百分比)为横坐标作图，得到的曲线称为滴定曲线。

(一) 强酸(强碱)的滴定

滴定反应：$H^+ + OH^- \rightleftharpoons H_2O$

反应的平衡常数(滴定常数)K_t为

$$K_t = \frac{1}{[H^+][OH^-]} = \frac{1}{K_w} = 1.00 \times 10^{14} \quad (25℃)$$

K_t值很大，说明反应进行得十分完全。事实上，强酸强碱之间的滴定是水溶液中反应程度最完全的酸碱滴定。

1. 滴定曲线 现以0.1000mol/L NaOH溶液滴定20.00ml(V_0)等浓度的HCl溶液为例进行讨论。设滴定中加入NaOH的体积为V (ml)，整个滴定过程可按四个阶段来考虑。

(1) 滴定前(V=0)：溶液的酸度等于HCl的原始浓度。

$$[H^+] = c_{HCl} = 0.1000\text{mol/L} \quad pH = 1.00$$

(2) 滴定开始至化学计量点之前($V < V_0$)：随着滴定剂的加入，溶液中$[H^+]$取决于剩余HCl的浓度，即

$$[H^+] = \frac{V_0 - V}{V_0 + V} \times c_{HCl}$$

例如，当滴入19.98ml NaOH溶液时(–0.1%)，

$$[H^+] = \frac{(20.00 - 19.98)}{(20.00 + 19.98)} \times 0.1000 = 5.00 \times 10^{-5}\ (\text{mol/L})$$

$$pH = 4.30$$

(3) 化学计量点时($V = V_0$)：滴入20.00ml NaOH溶液时，HCl与NaOH恰好完全反应，溶液呈中性，H^+来自水的离解。

$$[H^+] = [OH^-] = 1.00 \times 10^{-7} (\text{mol/L})$$

$$pH = 7.00$$

(4) 计量点后($V > V_0$)：溶液的pH由过量的NaOH的浓度决定，即

$$[OH^-] = \frac{V - V_0}{V_0 + V} \times c_{NaOH}$$

例如，当滴入20.02ml NaOH溶液时(+0.1%)，

$$[OH^-] = \frac{(20.02 - 20.00)}{(20.00 + 20.02)} \times 0.1000 = 5.00 \times 10^{-5}\ (\text{mol/L})$$

$$pOH = 4.30$$

$$pH = 9.70$$

如此逐一计算滴定过程中各阶段溶液pH变化的情况，并将主要计算结果列入表5-4中。

表5-4　用NaOH(0.1000mol/L)滴定20.00ml HCl溶液(0.1000mol/L)的pH变化表(25℃)

加入的NaOH		剩余的HCl		$[H^+]$	pH	
体积(ml)	体积分数(%)	体积分数(%)	体积(ml)			
0.00	0	100.0	20.00	1.00×10^{-1}	1.00	
18.00	90.0	10.0	2.00	5.00×10^{-3}	2.30	
19.80	99.0	1.0	0.20	5.00×10^{-4}	3.30	
19.98	99.9	0.1	0.02	5.00×10^{-5}	4.30	突跃范围
20.00	100.0	0	0.00	1.00×10^{-7}	7.00	
		过量的NaOH		$[OH^-]$		
20.02	100.1	0.1	0.02	5.00×10^{-5}	9.70	
20.20	101.0	1.0	0.20	5.00×10^{-4}	10.70	

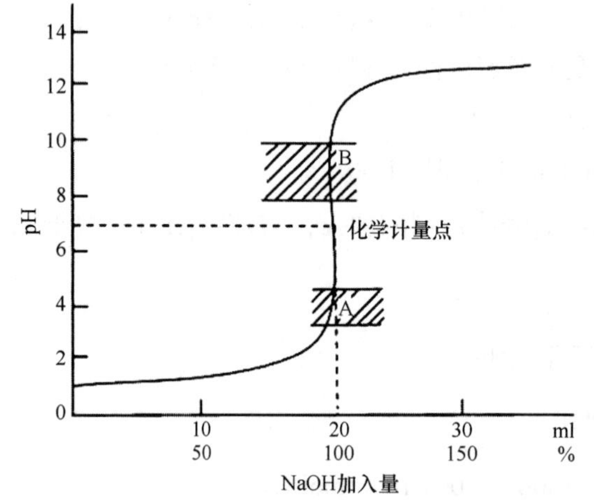

图5-2　0.1000mol/L NaOH溶液滴定20.00ml 0.1000mol/L HCl溶液的滴定曲线

A，甲基橙；B，酚酞

以NaOH加入量为横坐标，以溶液的pH为纵坐标，绘制滴定曲线(pH-V曲线)(图5-2)。

从表5-4和图5-2中可以看出，从滴定开始到加入NaOH溶液19.98ml时，HCl被滴定了99.9%，溶液的pH仅改变了3.30个pH单位，但从19.98ml到20.02ml，即在化学计量点±0.1%范围内，溶液的pH由4.30急剧增到9.70，增大了5.40个pH单位，即$[H^+]$降低了25万倍，溶液由酸性突变到碱性。这种pH的突变称为滴定突跃，突跃所在的pH范围称为滴定突跃范围。

滴定突跃范围是选择指示剂的依据。对于上述示例来说，凡在突跃范围(pH=4.30～9.70)以内能发生颜色变化的指示剂(即指示剂变色的pH范围全部或大部分落在滴定突跃范围之内)，都可以在该滴定中使用，如酚酞、甲基红等。虽然使用这些指示剂确定的终点并非计量点，但是可以保证由此差别引起的误差不超过±0.1%。

若用HCl溶液滴定NaOH溶液(条件与前相同)，其滴定曲线与上述曲线互相对称，但溶液pH变化的方向相反。滴定突跃由pH=9.70降至pH=4.30，可选择酚酞和甲基红为指示剂；若采用甲基橙，从黄色滴定至溶液显橙色(pH=4.0)，将产生±0.2%的误差。

2. 影响滴定突跃范围的因素　强碱与强酸的滴定具有较大的滴定突跃，正是这类反应具有很高完全程度的体现。但滴定突跃范围的大小还与滴定剂和被滴定物的浓度有关(图5-3)，浓度越大，滴定突跃范围亦越大。例如，用1.00mol/L的NaOH溶液滴定20.00ml 1.00mol/L的HCl溶液，突跃范围为pH=3.3～10.7。这说明强酸、强碱溶液的浓度各增大10倍，滴定突跃范围则向上下两端各延伸一个pH单位。滴定突跃范围越大，可供选用的指示剂亦越多，此时甲基橙、甲基红和酚酞均可采用。若NaOH和HCl的浓度均为 0.01mol/L，则突跃范围为pH =5.3 ~ 8.7，此时欲使终点误差不超过0.1%，采用甲基红为指示剂最适宜，酚酞略差一些，甲基橙则不可使用。

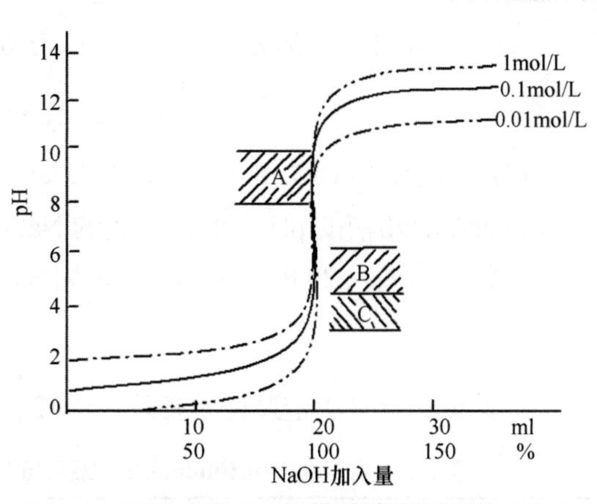

图 5-3 不同浓度 NaOH 溶液滴定不同浓度 HCl 溶液的滴定曲线

A，酚酞；B，甲基红；C，甲基橙

(二) 一元弱酸(碱)的滴定

滴定反应：$OH^- + HA \rightleftharpoons A^- + H_2O$

$$K_t = K_a / K_w$$

$$H^+ + B \rightleftharpoons HB^+$$

$$K_t = K_b / K_w$$

用强碱(酸)滴定一元弱酸(碱)反应的平衡常数小于强酸强碱滴定反应的平衡常数，同时与其离解平衡常数有关。碱(酸)性越弱，反应的完全程度越低。

1. 滴定曲线 现以 NaOH 溶液滴定 HAc 溶液为例进行讨论。设 HAc 的浓度 c_a 为 0.1000mol/L，体积为 V_a (20.00ml)， NaOH 的浓度为 c_b (0.1000mol/L)，滴定时加入的体积为 V_b (ml)。整个滴定过程仍按四个阶段来考虑。

(1) 滴定前(V_b=0)：溶液中的H^+主要来自 HAc 的离解。因为 $K_a = 1.8\times10^{-5}$，$c_aK_a > 20K_w$，$c_a / K_a > 500$，则

$$[H^+] = \sqrt{c_aK_a} = \sqrt{0.1000\times1.8\times10^{-5}} = 1.3\times10^{-3}\ (mol/L)$$

$$pH = 2.89$$

(2) 滴定开始至化学计量点之前($V_b < V_a$)：随着滴定剂的加入，溶液中存在 HAc - NaAc 缓冲体系，其值可按下式求得：

$$pH = pK_a + \lg\frac{c_{Ac^-}}{c_{HAc}}$$

例如，当滴入 19.98ml NaOH 溶液时(–0.1%)，

$$c_{Ac^-} = \frac{c_b\times V_b}{V_a + V_b} = \frac{0.1000\times19.98}{20.00+19.98} = 5.0\times10^{-2}\ (mol/L)$$

$$c_{HAc} = \frac{c_aV_a - c_bV_b}{V_a + V_b} = \frac{0.1000\times(20.00-19.98)}{20.00+19.98} = 5.0\times10^{-5}\ (mol/L)$$

$$pH = 4.76 + \lg\frac{5.0\times10^{-2}}{5.0\times10^{-5}} = 7.76$$

(3) 化学计量点时($V_b = V_a$)：滴入 20.00ml NaOH 溶液时， HAc与 NaOH 定量反应全部生成 NaAc。溶液的 pH 取决于 Ac^-接受质子的能力，由于溶液的体积增大一倍， c_b = 0.1000/2 = 0.0500(mol/L)。

因为 $c_bK_b > 20K_w$， $c_b / K_b > 500$，故可按最简式计算：

$$[OH^-]=\sqrt{c_bK_b}=\sqrt{c_b\frac{K_w}{K_a}}=\sqrt{5.00\times10^{-2}\times\frac{1.0\times10^{-14}}{1.8\times10^{-5}}}=5.4\times10^{-6}\ (mol/L)$$

$$pOH=5.28 \qquad pH=8.72$$

(4) 计量点后($V_b > V_a$)：溶液由NaAc与NaOH组成，由于NaOH过量，Ac^-接受质子的能力受到抑制，溶液的pH主要由过量的NaOH决定，计算方法与强碱滴定强酸相同。

例如，当滴入20.02mlNaOH溶液时(+0.1%)，

$$pOH=4.30$$
$$pH=9.70$$

如此逐一计算滴定过程中各阶段溶液pH变化的情况，并将主要计算结果列入表5-5中。

表5-5 用NaOH(0.1000mol/L)滴定20.00ml HAc溶液(0.1000mol/L)的pH变化表(25℃)

加入的NaOH		剩余的HAc		计算式	pH	
%	ml	%	ml			
0	0	100	20.00	$[H^+]=\sqrt{c_aK_a}$	2.88	
50	10.00	50	10.00	$[H^+]=K_a\times\frac{[HAc]}{[Ac^-]}$	4.75	
90	18.00	10	2.00		5.71	
99	19.80	1	0.20		6.75	
99.9	19.98	0.1	0.02		7.75	突跃范围
100	20.00	0	0	$[OH^-]=\sqrt{c_b\frac{K_w}{K_a}}$	8.73	
		过量的NaOH				
100.1	20.02	0.1	0.02	$[OH^-]=10^{-4.3}$　$[H^+]=10^{-9.7}$	9.70	
101	20.20	1	0.20	$[OH^-]=10^{-3.3}$　$[H^+]=10^{-10.7}$	10.70	

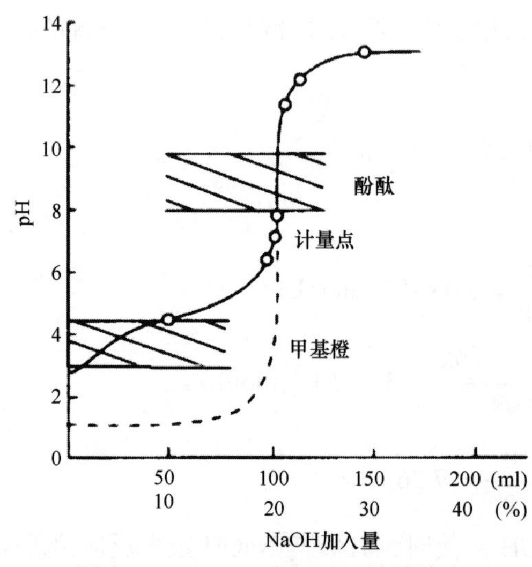

图5-4 0.1000mol/L NaOH溶液滴定HAc(0.1000mol/L)的滴定曲线

以NaOH加入量为横坐标，以溶液的pH为纵坐标，绘制pH-V滴定曲线(图5-4)。

与滴定HCl相比较，NaOH滴定HAc的滴定曲线有如下特点。

(1) 曲线的起点高：由于HAc是弱酸，部分离解，滴定曲线的起点pH为2.88，比相同浓度强酸溶液高约2个pH单位。

(2) pH的变化速率不同：滴定开始时，生成少量的Ac^-，抑制了HAc的离解，$[H^+]$降低较快，曲线斜率较大。随着滴定的继续进行，HAc浓度不断降低，Ac^-的浓度逐渐增大，HAc–Ac^-的缓冲作用使溶液pH的增加速度减慢。10%～90%的HAc被滴定，pH从3.80增加到5.70，只改变了2个pH单位，曲线斜率很小。接近化学计量点时，HAc浓度越来越低，缓冲作用减弱，溶液碱性增强，pH又增加较快，曲线斜率又迅速增大。

(3) 突跃范围小，化学计量点处于碱性区域：从表5-6和图5-4可知，滴定突跃范围为

pH=7.75～9.70，这比相同浓度强碱滴定强酸的滴定突跃范围(4.30～9.70)小得多。由于滴定产物 NaAc 为弱碱，使化学计量点处于碱性区域，显然在酸性区域变色的指示剂如甲基橙、甲基红等都不能用，而应选用在碱性区域内变色的指示剂，如酚酞或百里酚酞来指示滴定终点。

若用强酸滴定弱碱，如 HCl 滴定氨溶液(条件同前)，其滴定曲线与 NaOH 滴定 HAc 的相似，但 pH 变化的方向相反。由于反应的产物是 NH_4^+，故计量点时溶液呈酸性，且整个滴定突跃也位于酸性范围(pH =6.30～4.30)，可以选择甲基红或甲基橙为指示剂。同样，由于反应的完全程度低于强酸与强碱的反应，故滴定突跃范围较小。

2. 影响滴定突跃范围的因素

(1) 弱酸(碱)的强度：已知 $K_a(K_b)$越小，弱酸(碱)的强度越弱；滴定一元弱酸(碱)，当浓度一定时，K_a越小，结果是滴定突跃范围亦越小(图 5-5)。当弱酸的 $K_a<10^{-9}$ 时，滴定曲线上已无明显突跃，表明此时反应的完全程度很低，难以利用指示剂来确定滴定终点。

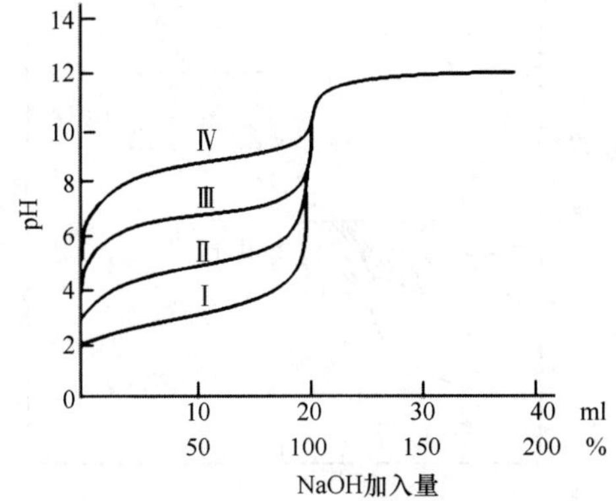

图 5-5 0.1000mol/LNaOH 溶液滴定不同强度的酸（0.1000mol/L）的滴定曲线

Ⅰ $K_a=10^{-3}$；Ⅱ $K_a=10^{-5}$；Ⅲ $K_a=10^{-7}$；Ⅳ $K_a=10^{-9}$

(2) 溶液的浓度：当被滴定的弱酸 K_a 值一定时，溶液的浓度对滴定突跃的影响与强碱滴定强酸相同。浓度 c_a 越大，滴定突跃范围也越大，终点越明显。被滴定物的浓度应不小于 10^{-3} mol/L，一般以 10^{-3}～1 mol/L 为宜。

综上所述，一元弱酸的 c_a 与 K_a 越大，其滴定突跃范围亦越大。为了保证具有一定大小的突跃范围，在酸碱滴定中，需要一元弱酸 $c_aK_a \geqslant 10^{-8}$，一元弱碱 $c_bK_b \geqslant 10^{-8}$。

(三) 多元酸(碱)的滴定

多元酸(碱)在溶液中分步离解，故在多元酸(碱)的滴定中，情况较复杂，涉及的问题有多元酸(碱)能否分步滴定、滴定到哪一级、各步滴定应选择何种指示剂等。

1. 多元酸的滴定和指示剂的选择 ①首先用 $c_aK_{a_1} \geqslant 10^{-8}$ 判断第一级离解的 H^+能否被准确滴定。②根据相邻两级离解常数的比值 K_{a_1}/K_{a_2} 判断相邻两级离解的 H^+能否分步滴定。若 $K_{a_1}/K_{a_2} \geqslant 10^4$，而 $c_{sp_1}K_{a_1} \geqslant 10^{-8}$，则第一级离解的 H^+先被滴定，形成第一个突跃。第二级离解的 H^+后被滴定，是否有第二个突跃，则取决于 $c_{sp_2}K_{a_2}$ 是否$\geqslant 10^{-8}$。

例如，用 NaOH 溶液(0.1000mol/L)滴定 0.1000mol/L H_3PO_4 溶液。

H_3PO_4 是三元酸，$K_{a_1}=6.9\times10^{-3}$，$K_{a_2}=6.2\times10^{-8}$，$K_{a_3}=4.8\times10^{-13}$。

NaOH 滴定 H_3PO_4 只有两个突跃，第三级离解的 H^+ 不能被准确滴定。滴定反应为

$$H_3PO_4 + NaOH \rightleftharpoons NaH_2PO_4 + H_2O$$

$$NaH_2PO_4 + NaOH \rightleftharpoons Na_2HPO_4 + H_2O$$

NaOH 溶液分步滴定 H_3PO_4 的化学计量点 pH 可用最简式计算：

第一化学计量点，

$$[H^+]=\sqrt{K_{a_1}K_{a_2}}$$

$$pH=\frac{1}{2}(pK_{a_1}+pK_{a_2})=\frac{1}{2}(2.16+7.21)=4.68$$

第二化学计量点，

$$[H^+]=\sqrt{K_{a_2}K_{a_3}}$$

$$pH=\frac{1}{2}(pK_{a_2}+pK_{a_3})=\frac{1}{2}(7.21+12.32)=9.76$$

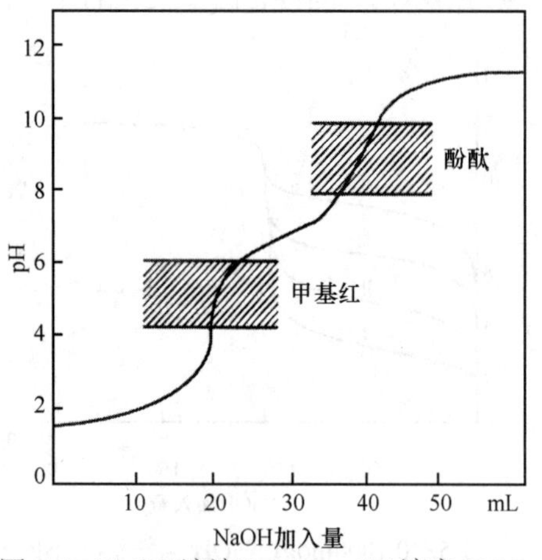

图 5-6　NaOH 溶液(0.1000mol/L)滴定 H_3PO_4 溶液(0.1000mol/L)的滴定曲线

第一计量点可选用甲基红为指示剂，也可选用甲基橙与溴甲酚绿的混合指示剂。第二计量点可选用百里酚酞(无色→浅蓝色)作指示剂，也可选用酚酞与百里酚酞的混合指示剂。

NaOH 溶液滴定 H_3PO_4 的滴定曲线见图 5-6。

2. 多元碱的滴定　例如，用 HCl (0.1000mol/L) 滴定 0.1000mol/L Na_2CO_3($K_{b_1}=K_w/K_{a_2}=2.1\times10^{-4}$，$K_{b_2}=K_w/K_{a_1}=2.2\times10^{-8}$)。因 $c_{sp_1}K_{b_1}>10^{-8}$，$c_{sp_2}K_{b_2}\approx10^{-8}$，$K_{b_1}/K_{b_2}\approx10^4$。在第一计量点，产物为 $NaHCO_3$，故按 $[OH^-]=\sqrt{K_{b_1}K_{b_2}}$ 进行计算，也可根据下式求得溶液的 pH。

$$[H^+]=\sqrt{K_{a_1}K_{a_2}}$$

$$pH=\frac{1}{2}(pK_{a_1}+pK_{a_2})=\frac{1}{2}(6.35+10.33)=8.34$$

可选用酚酞作指示剂，但终点由微红色变至无色不太明显，采用甲酚红与酚酞混合指示剂(粉红色变至紫色)，终点变色比较明显。

滴定至第二计量点时溶液是 CO_2 的饱和溶液，H_2CO_3 的浓度约为 0.040mol/L，则

$$[H^+]=\sqrt{c_{sp_2}K_{a_1}}=\sqrt{0.040\times4.5\times10^{-7}}$$
$$=1.34\times10^{-4}(mol/L)$$
$$pH=3.87$$

可用甲基橙作指示剂。为防止近计量点时形成 CO_2 的过饱和溶液使溶液的酸度稍有增大及终点过早出现，在滴定到终点附近时，应剧烈摇动或煮沸溶液，以加速 H_2CO_3 分解，除去 CO_2，使终点明显。滴定曲线见图 5-7。

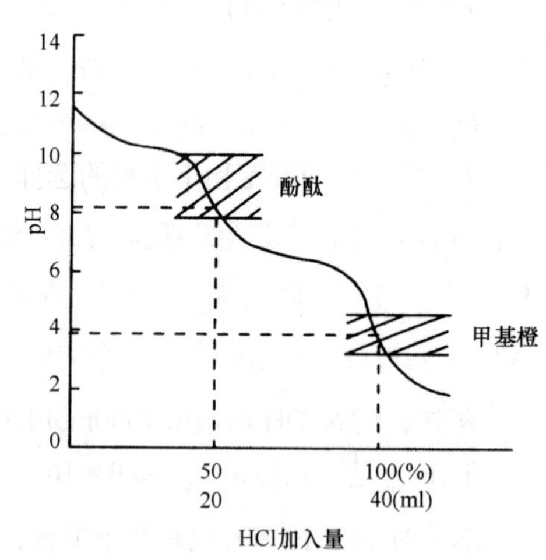

图 5-7　HCl 溶液(0.1000mol/L)滴定 Na_2CO_3 溶液(0.1000mol/L)的滴定曲线

第 3 节　滴定终点误差

滴定终点误差是由于指示剂的变色不恰好在化学计量点而使滴定终点和化学计量点不相

符合所致的相对误差，也称滴定误差(TE)，常用百分数表示。

酸碱滴定时，如果终点与化学计量点不一致，说明溶液中有剩余的酸或碱未被完全中和，或者是多滴加了酸或碱标准溶液。因此终点误差应当是用剩余的或者过量的酸或碱的物质的量除以应加入的酸或碱的物质的量。这里仅讨论滴定一元酸碱的滴定误差。

一、强酸(碱)的滴定终点误差

现以强碱(NaOH)滴定强酸(HCl)为例，滴定误差为

$$\mathrm{TE}=\frac{(c_{\mathrm{NaOH}}-c_{\mathrm{HCl}})V_{\mathrm{ep}}}{c_{\mathrm{sp}}V_{\mathrm{sp}}}\times 100\% \tag{5-29}$$

式中，c_{NaOH} 和 c_{HCl} 分别是 NaOH 和 HCl 在滴定之前的原始浓度，c_{sp}、V_{sp} 为化学计量点时被测酸的实际浓度和体积，V_{ep} 为滴定终点时溶液的体积，因 $V_{\mathrm{sp}}\approx V_{\mathrm{ep}}$，代入式(5-29)得

$$\mathrm{TE}=\frac{c_{\mathrm{NaOH}}-c_{\mathrm{HCl}}}{c_{\mathrm{sp}}}\times 100\%$$

滴定中溶液的质子条件式为

$[\mathrm{H^+}]+c_{\mathrm{NaOH}}=[\mathrm{OH^-}]+c_{\mathrm{HCl}}$　　　即　$c_{\mathrm{NaOH}}-c_{\mathrm{HCl}}=[\mathrm{OH^-}]-[\mathrm{H^+}]$

于是，滴定终点误差公式为

$$\mathrm{TE}=\frac{[\mathrm{OH^-}]_{\mathrm{ep}}-[\mathrm{H^+}]_{\mathrm{ep}}}{c_{\mathrm{sp}}}\times 100\% \tag{5-30}$$

若滴定终点在化学计量点处，$[\mathrm{OH^-}]_{\mathrm{ep}}=[\mathrm{H^+}]_{\mathrm{ep}}$，$\mathrm{TE}=0$；若指示剂在化学计量点以后变色，$[\mathrm{OH^-}]_{\mathrm{ep}}>[\mathrm{H^+}]_{\mathrm{ep}}$，TE% >0(终点误差为正值)；指示剂在化学计量点以前变色，$[\mathrm{OH^-}]_{\mathrm{ep}}<[\mathrm{H^+}]_{\mathrm{ep}}$，TE<0(终点误差为负值)。

滴定至终点时，溶液的体积增加近一倍，故 $c_{\mathrm{sp}}\approx\frac{1}{2}c_{\mathrm{a}}$。

同理，强酸滴定强碱时的终点误差可由下式计算。

$$\mathrm{TE}=\frac{[\mathrm{H^+}]_{\mathrm{ep}}-[\mathrm{OH^-}]_{\mathrm{ep}}}{c_{\mathrm{sp}}}\times 100\% \tag{5-31}$$

例 5-6　计算 NaOH 溶液(0.1000mol/L)滴定 HCl 溶液(0.1000mol/L)至 pH 4.0(甲基橙指示终点)和 pH 9.0(酚酞指示终点)的滴定终点误差。

解：(1) 甲基橙在 pH 4.0 变色，则

$$[\mathrm{H^+}]=10^{-4.0}\ \mathrm{mol/L},\ [\mathrm{OH^-}]=10^{-10.0}\ \mathrm{mol/L},\ c_{\mathrm{sp}}=\frac{0.1000}{2}=0.0500\ \mathrm{mol/L}$$

按式(5-30)计算

$$\mathrm{TE}=\frac{10^{-10.0}-10^{-4.0}}{0.0500}\times 100\%=-0.2\%$$

(2) 酚酞在 pH 9.0 变色，则

$$[H^+]=10^{-9.0}\ mol/L，[OH^-]=10^{-5.0}\ mol/L$$

$$TE=\frac{10^{-5.0}-10^{-9.0}}{0.0500}\times100\%=0.02\ \%$$

例 5-7 计算 NaOH 溶液(0.0100mol/L)滴定 HCl 溶液(0.0100mol/L)至 pH 4.0 和 pH 9.0 的滴定终点误差。

解：(1) 滴定终点 pH 4.0，则

$$[H^+]=10^{-4.0}\ mol/L，[OH^-]=10^{-10.0}\ mol/L，c_{sp}=\frac{0.0100}{2}=0.00500\ mol/L$$

按式(5-30)计算

$$TE=\frac{10^{-10.0}-10^{-4.0}}{0.00500}\times100\%=-2\ \%$$

(2) 滴定终点 pH 9.0，则

$$[H^+]=10^{-9.0}\ mol/L，[OH^-]=10^{-5.0}\ mol/L$$

$$TE=\frac{10^{-5.0}-10^{-9.0}}{0.00500}\times100\%=0.2\ \%$$

例 5-6 与例 5-7 计算表明，由于溶液稀释 10 倍，滴定到同一 pH 时的滴定终点误差增大了 10 倍；由于稀溶液的滴定突跃范围减小，若要求滴定误差不超过 ± 0.2%，甲基橙就不再适用于 0.01mol/L 的强酸(碱)滴定。

二、弱酸(碱)的滴定终点误差

现以强碱 NaOH 滴定一元弱酸 HA (离解常数为 K_a)为例，其滴定误差为

$$TE=\frac{c_{NaOH}-c_{HA}}{c_{sp}}\times100\%$$

滴定中溶液的质子条件式为

$$[H^+]+c_{NaOH}=[A^-]+[OH^-]$$

由于$[A^-]=c_{HA}-[HA]$，所以$[H^+]+c_{NaOH}=c_{HA}-[HA]+[OH^-]$

因为强碱滴定弱酸，终点附近溶液呈碱性，即$[OH^-]_{ep}>>[H^+]$，因而$[H^+]$可忽略，即

$$c_{NaOH}-c_{HA}=[OH^-]-[HA]$$

于是，有

$$TE=\frac{[OH^-]-[HA]}{c_{sp}}\times100\%$$

终点时$[HA]$可用分布系数表示，得一元弱酸的滴定误差公式为

$$TE=\left\{\frac{[OH^-]}{c_{sp}}-\delta_{HA}\right\}\times100\% \qquad (5\text{-}32)$$

式中 $$\delta_{HA}=\frac{[HA]_{ep}}{c_{sp}}=\frac{[H^+]}{[H^+]+K_a}$$

同理，一元弱碱(B)的滴定终点误差用类似方法处理得到

$$\mathrm{TE}=\left\{\frac{[\mathrm{H}^+]}{c_{\mathrm{sp}}}-\delta_{\mathrm{B}}\right\}\times 100\% \tag{5-33}$$

例 5-8 计算 NaOH 溶液(0.1000mol/L)滴定 HAc 溶液(0.1000mol/L)至 pH 9.20 和 pH 8.20 的滴定终点误差。

解：(1) 滴定终点为 pH 9.20，则

$$[\mathrm{H}^+]=6.3\times 10^{-10}\ \mathrm{mol/L}\qquad [\mathrm{OH}^-]=1.6\times 10^{-5}\ \mathrm{mol/L}$$

$$c_{\mathrm{sp}}=\frac{0.1000}{2}=0.0500\ \mathrm{mol/L}$$

$$\mathrm{TE}=\left\{\frac{1.6\times 10^{-5}}{0.0500}-\frac{6.3\times 10^{-10}}{6.3\times 10^{-10}+1.7\times 10^{-5}}\right\}\times 100\%=0.03\ \%$$

(2) 滴定终点为 pH 8.20，则

$$[\mathrm{H}^+]=6.3\times 10^{-9}\ \mathrm{mol/L}\qquad [\mathrm{OH}^-]=1.6\times 10^{-6}\ \mathrm{mol/L}$$

$$\mathrm{TE}=\left\{\frac{1.6\times 10^{-6}}{0.0500}-\frac{6.3\times 10^{-9}}{6.3\times 10^{-9}+1.7\times 10^{-5}}\right\}\times 100\%=-0.03\ \%$$

在分析化学中，化学计量点和滴定终点都是用 pH 而不用$[\mathrm{H}^+]$表示。而酸碱指示剂的变色点和变色范围也都是用 pH 和 pH 范围表示。因此滴定误差也可用 pH 按林邦(Ringbon)误差公式直接计算。

$$\mathrm{TE}=\frac{10^{\Delta \mathrm{pX}}-10^{-\Delta \mathrm{pX}}}{\sqrt{cK_{\mathrm{t}}}}\times 100\%$$

式中，pX 为滴定过程中发生变化的参数，如 pH 或 pM；ΔpX 为终点 $\mathrm{pX_{ep}}$ 与计量点 $\mathrm{pX_{sp}}$ 之差；K_{t} 为滴定反应平衡常数即滴定常数；c 与计量点时滴定产物的总浓度 c_{sp} 有关。

第 4 节　应用与示例

一、标准溶液的配制与标定

水溶液中酸碱滴定最常用的标准溶液是 HCl 和 NaOH，也可用 H_2SO_4、HNO_3、KOH 等其他强酸强碱，浓度一般在 0.01 ~ 1mol/L，最常用的浓度是 0.1mol/L。

(一) 酸标准溶液

HCl 标准溶液一般采用间接法配制，即先用浓 HCl 配制成近似浓度后再用基准物质标定。常用的基准物质是无水碳酸钠或硼砂。

无水碳酸钠(Na_2CO_3)易制得纯品，价格便宜，但吸湿性强，用前应在 270 ~ 300℃干燥至恒重，置干燥器中保存备用。

硼砂($Na_2B_4O_7\cdot 10H_2O$)有较大的摩尔质量，称量误差小，无吸湿性，也易制得纯品，其

缺点是在空气中易风化失去结晶水，因此应保存在相对湿度为60%的密闭容器中备用。

(二) 碱标准溶液

碱标准溶液一般用NaOH配制，NaOH易吸湿，也易吸收空气中的CO_2生成Na_2CO_3，因此用间接法配制。为了配制不含CO_3^{2-}的碱标准溶液，可采用浓碱法，先用NaOH配成饱和溶液，在此溶液中Na_2CO_3溶解度很小，待Na_2CO_3沉淀后，取上清液稀释成所需浓度，再加以标定。标定NaOH常用的基准物质有邻苯二甲酸氢钾($KHC_8H_4O_4$，简写为KHP)、草酸等。中国药典采用邻苯二甲酸氢钾($K_{a_2}=3.1\times10^{-6}$)，它易获得纯品，不吸湿，摩尔质量大，其标定反应如下：

$$C_6H_4(COOH)(COOK) + NaOH \rightleftharpoons C_6H_4(COONa)(COOK) + H_2O$$

该标定反应可选用酚酞作指示剂。

二、示例

(一) 直接滴定法

凡能溶于水，或其中的酸或碱的组分可用水溶解，且$c_aK_a\geqslant10^{-8}$的酸性物质和$c_bK_b\geqslant10^{-8}$的碱性物质均可用酸、碱标准溶液直接滴定。

1. 乙酰水杨酸的测定 乙酰水杨酸(阿司匹林)是常用的解热镇痛药，属芳酸酯类结构，在水溶液中可离解出H^+(pK_a=3.49)，故可用标准碱溶液直接滴定，以酚酞为指示剂，其滴定反应为

$$C_6H_4(COOH)(OCOCH_3) + NaOH \rightleftharpoons C_6H_4(COONa)(OCOCH_3) + H_2O$$

为了防止分子中的酯水解，而使结果偏高，滴定应在中性乙醇溶液中进行。

2. 药用NaOH的测定 药用NaOH在生产和贮存中因吸收空气中的CO_2而成为NaOH和Na_2CO_3的混合碱。采用酸碱滴定法可以分别测定NaOH和Na_2CO_3的含量。有下述两种方法。

(1) 氯化钡法：准确称取一定量样品，溶解定容后，精密吸取两份。一份以甲基橙作指示剂，用HCl标准溶液滴定至橙色，消耗HCl溶液的体积为V_1，此时测的是总碱。另一份加入过量的$BaCl_2$溶液，使全部碳酸盐转换为$BaCO_3$沉淀，以酚酞作指示剂，用HCl标准溶液滴定至红色消失，消耗HCl溶液的体积为V_2，此时测的是试样中的NaOH。$V_1>V_2$。滴定NaOH消耗的体积为V_2，滴定Na_2CO_3用去的体积为(V_1-V_2)。

$$Na_2CO_3\%=\frac{c_{HCl}(V_1-V_2)M_{Na_2CO_3}}{W_s\times2000}\times100\%$$

$$NaOH\%=\frac{c_{HCl}V_2M_{NaOH}}{W_s\times1000}\times100\%$$

(2) 双指示剂法：测定时，先在混合碱试液中加入酚酞，用浓度为 c 的 HCl 标准溶液滴定至终点；再加入甲基橙并继续滴定至第二终点，前后消耗 HCl 溶液的体积分别为 V_1 和 V_2。滴定过程图解见图 5-8。

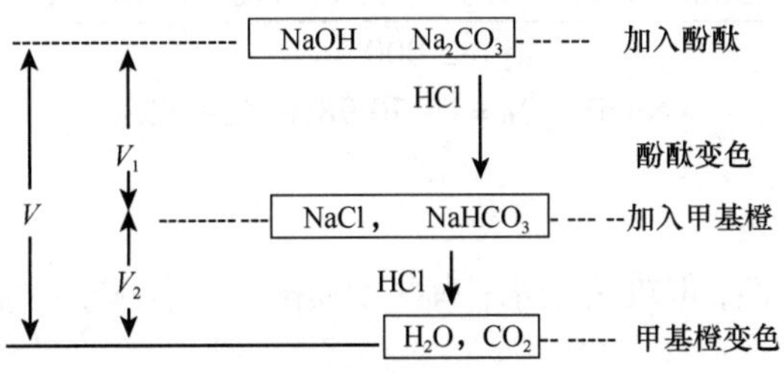

图 5-8 混合碱双指示剂滴定法示意图

由图 5-8 可知，滴定 NaOH 用去 HCl 溶液的体积为(V_1-V_2)，滴定 Na_2CO_3 用去的 HCl 体积为 $2V_2$。若混合碱试样重量为 W，则 NaOH 和 Na_2CO_3 的百分含量为

$$\text{NaOH}\% = \frac{c_{\text{HCl}}(V_1 - V_2)M_{\text{NaOH}}}{W_s \times 1000} \times 100\%$$

$$\text{Na}_2\text{CO}_3\% = \frac{c_{\text{HCl}} 2V_2 M_{\text{Na}_2\text{CO}_3}}{W_s \times 2000} \times 100\%$$

双指示剂法操作简便，但在第一计量点时酚酞的变色不易准确把握(微红→无色)。

双指示剂法不仅用于混合碱的定量分析，还用于未知碱样的定性分析(表 5-6)。若 V_1 为滴定至酚酞变色时消耗标准酸的体积，V_2 为继续滴定至甲基橙变色时消耗标准酸的体积。根据 V_1、V_2 大小可判断样品的组成。

表 5-6 双指示剂法用于未知碱样的定性分析

V_1 和 V_2 的变化	试样的组成(以活性离子表示)	V_1 和 V_2 的变化	试样的组成(以活性离子表示)
$V_1 \neq 0$，$V_2=0$	OH^-	$V_1>V_2>0$	$OH^-+CO_3^{2-}$
$V_1=0$，$V_2 \neq 0$	HCO_3^-	$V_2>V_1>0$	$HCO_3^-+CO_3^{2-}$
$V_1=V_2 \neq 0$	CO_3^{2-}		

例 5-9 已知某试样中可能含有 Na_3PO_4、Na_2HPO_4、NaH_2PO_4 或这些物质的混合物，同时还有惰性杂质。称取该试样 2.000g，用水溶解，采用甲基橙为指示剂，以 0.5000mol/L HCl 标准溶液滴定，用去 32.00ml；而用酚酞作指示剂时，同样质量试样的溶液，只需上述 HCl 溶液 12.00ml 即滴定至终点。问试样由何种成分组成？各成分的含量又是多少？

解：滴定过程可图解，如图 5-9 所示，只有图解上相邻的两种组分才可能同时存在于溶液中。

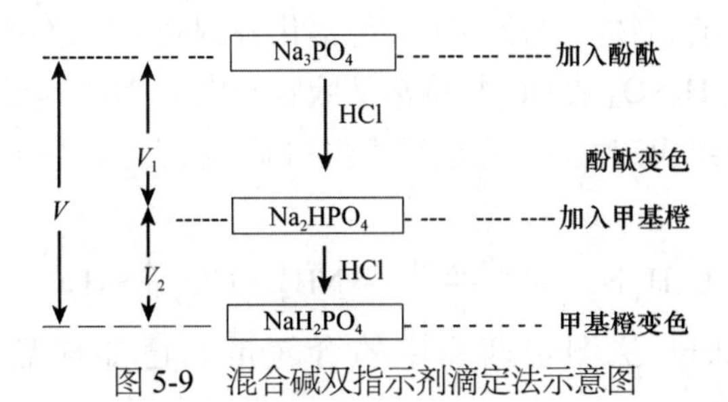

图 5-9 混合碱双指示剂滴定法示意图

本题中$V_1=12.00\text{ml}$，$V_2=32.00\text{ml}-12.00\text{ml}=20.00\text{ml}$，$V_2>V_1$，故试样中含有$Na_3PO_4$和$Na_2HPO_4$。

$$Na_2HPO_4\%=\frac{0.5000\times(32.00\times10^{-3}-12.00\times10^{-3})\times141.96}{2.000}\times100\%=70.98\%$$

$$Na_3PO_4\%=1-70.98\%=29.02\%$$

(二) 间接滴定法

有些物质虽具有酸碱性，但难溶于水；有些物质酸碱性很弱，不能用强酸、强碱直接滴定，而需用间接法测定。

1. 氮的测定 NH_4^+是弱酸(K_a=5.6×10^{-10})，如$(NH_4)_2SO_4$、NH_4Cl等，不能直接用碱滴定。通常采用的方法有以下几种。

(1) 蒸馏法：在铵盐溶液中加入过量NaOH，加热煮沸将NH_3蒸出后，用过量的H_2SO_4或HCl标准溶液吸收，过量的酸用NaOH标准溶液返滴定；也可用H_3BO_3溶液吸收，生成的$H_2BO_3^-$是较强碱，可用酸标准溶液滴定。

$$NH_4^++OH^-\rightleftharpoons NH_3\uparrow+H_2O$$

$$NH_3+H_3BO_3\rightleftharpoons NH_4^++H_2BO_3^-$$

$$H^++H_2BO_3^-\rightleftharpoons H_3BO_3$$

终点产物是H_3BO_3和NH_4^+(混合弱酸)，pH ≈5，可用甲基红作指示剂。

此法的优点是只需一种酸标准溶液。吸收剂H_3BO_3的浓度和体积无需准确。但要确保过量。蒸馏法准确，但比较繁琐费时。

$$N\%=\frac{c_{HCl}V_{HCl}M_N}{W_s\times1000}\times100\%$$

(2) 甲醛法：甲醛与铵盐生成六亚甲基四胺离子(K_a=7.1×10^{-6})，同时放出定量的酸，其反应如下：

$$4NH_4^++6HCHO\rightleftharpoons(CH_2)_6N_4H^++3H^++6H_2O$$

选酚酞为指示剂，用NaOH标准溶液滴定。若甲醛中含有游离酸，使用前应以甲基红作指示剂，用碱预先中和除去。甲醛法也可用于氨基酸的测定。将甲醛加入氨基酸溶液中，氨基与甲醛结合失去碱性，然后用标准碱溶液来滴定它的羧基。

(3) 凯氏(Kjeldahl)定氮法：对于有机含氮化合物，通常加入K_2SO_4、$CuSO_4$作催化剂，用浓硫酸煮沸分解以破坏有机物(称为消化)，试样消化分解完全后，有机物中的氮转化为NH_4^+，按上述蒸馏法，用过量的H_2SO_4或HCl标准溶液吸收蒸出的NH_3，过量的酸用NaOH标准溶液返滴定，这种方法称为凯氏定氮法。它适用于蛋白质、胺类、酰胺类及尿素等有机化合物中氮含量的测定。

$$C_xH_yN_z\xrightarrow[\triangle]{H_2SO_4,K_2SO_4}NH_4^++CO_2\uparrow+H_2O$$

例 5-10 用 Kjeldahl 法测定药品中的含氮量。已知样品W=0.05325g，c_{HCl} =

0.02140mol/L，V_{HCl}=10.00ml，c_{NaOH}=0.01980mol/L，V_{NaOH}=3.26ml，计算药品中氮的百分含量。

解：已知药品含 N 量=蒸出 NH_3 的量，该量等于其与酸反应的量，即

$$n_N = n_{NH_3} = n_{HCl} - n_{NaOH}$$

$$n_N = 0.02140 \times 10.00 - 0.01980 \times 3.26 = 0.1495\ (\text{mmol})$$

$$N\% = \frac{0.1495 \times 14.01}{0.05325 \times 1000} \times 100 = 3.93\%$$

2. 硼酸的测定　H_3BO_3 为极弱酸(K_{a_1}=5.4×10^{-10})，不能用 NaOH 滴定。但 H_3BO_3 与甘露醇或甘油等多元醇生成配合物后能增加酸的强度，如与甘油按下列反应生成的配合物 pK_{a_1} = 4.26，其可用 NaOH 标准溶液直接滴定。

$$2\ \begin{matrix} H_2C-OH \\ | \\ HC-OH \\ | \\ H_2C-OH \end{matrix} + H_3BO_3 \rightleftharpoons \left[\begin{matrix} H_2C-O & & O-CH_2 \\ | & \diagdown\ \diagup & | \\ & B & \\ | & \diagup\ \diagdown & | \\ HC-O & & O-CH \\ | & & | \\ H_2C-OH & & HO-CH_2 \end{matrix}\right]^- + H^+ + 3H_2O$$

甘油　　　　甘油硼酸

第 5 节　非水滴定法

非水滴定法(nonaqueous titration)是指在非水溶剂中进行的滴定分析方法。非水溶剂是指有机溶剂和不含水的无机溶剂。以非水溶剂为介质，不仅能增大有机化合物的溶解度，而且能使在水中进行不完全的反应进行完全，从而扩大了滴定分析的应用范围。

一、非水溶剂

(一) 非水溶剂的分类

根据酸碱质子理论，可将非水滴定中常用溶剂分为质子溶剂和无质子溶剂两大类。

1. 质子溶剂　质子溶剂是能给出质子或接受质子的溶剂。其特点是在溶剂分子间有质子转移。根据其给出和接受质子的能力大小，可分为以下三类。

(1) 酸性溶剂：是给出质子能力较强的溶剂，冰醋酸、丙酸等是常用的酸性溶剂。酸性溶剂适于作为滴定弱碱性物质的介质。

(2) 碱性溶剂：是接受质子能力较强的溶剂，乙二胺、液氨、乙醇胺等是常用的碱性溶剂。碱性溶剂适于作为滴定弱酸性物质的介质。

(3) 两性溶剂：是既易接受质子又易给出质子的溶剂，又称为中性溶剂，其酸碱性与水相似。醇类一般属于两性溶剂，如甲醇、乙醇、异丙醇、乙二醇等。两性溶剂适于作为滴定不太弱的酸、碱的介质。

2. 无质子溶剂　无质子溶剂是分子中无转移性质子的溶剂。这类溶剂可分为以下几种。

(1) 偶极亲质子溶剂：分子中无转移性质子，与水比较几乎无酸性，亦无两性特征，但却有较弱的接受质子倾向和不同程度的形成氢键的能力，如酰胺类、酮类、腈类、二甲基亚砜、吡啶等。其中二甲基甲酰胺、吡啶等碱性较明显，形成氢键的能力亦较强。这类溶剂适于作弱酸或某些混合物的滴定介质。

(2) 惰性溶剂：溶剂分子不参与酸碱反应，也无形成氢键的能力，如苯、三氯甲烷、二氧六环等。惰性溶剂常与质子溶剂混合使用，以改善试样的溶解性能，增大滴定突跃范围。

(二) 非水溶剂的性质

1. 溶剂的离解性 除惰性溶剂外，非水溶剂均有不同程度的离解，存在下列平衡：

$$SH \rightleftharpoons H^+ + S^- \qquad K_a^{SH} = \frac{[H^+][S^-]}{[SH]} \tag{5-34}$$

$$SH + H^+ \rightleftharpoons SH_2^+ \qquad K_b^{SH} = \frac{[SH_2^+]}{[H^+][SH]} \tag{5-35}$$

式中，K_a^{SH} 为溶剂的固有酸度常数，反映溶剂给出质子的能力；K_b^{SH} 为固有碱度常数，反映溶剂接受质子的能力。

溶剂自身的质子转移反应又称为质子自递反应，为

$$2SH \rightleftharpoons SH_2^+ + S^-$$

可见在离解性溶剂的质子自递反应中，其中一分子起酸的作用，另一分子起碱的作用，SH_2^+ 为溶剂合质子，S^- 为溶剂阴离子。质子自递反应平衡常数为

$$K = \frac{[SH_2^+][S^-]}{[SH]^2} = K_a^{SH} \cdot K_b^{SH}$$

由于溶剂自身离解甚微，[SH]可视为定值，故定义：

$$K_s = [SH_2^+][S] = K_a^{SH} \cdot K_b^{SH}[SH]^2 \tag{5-36}$$

式中，K_s 称为溶剂的自身离解常数或称离子积，如乙醇的质子自递反应为

$$2C_2H_5OH \rightleftharpoons C_2H_5OH_2^+ + C_2H_5O^-$$

自身离解常数 $K_s = [C_2H_5OH_2^+][C_2H_5O^-] = 7.9\times10^{-20}$

水的自身离解常数 $K_s = [H_3O^+][OH^-]$，即为水的离子积常数 $K_w = K_s = 1\times10^{-14}$。几种常见溶剂的 p$K_s$ 值列于表 5-7。

表 5-7 常用溶剂的 pK_s 及介电常数(25℃)

溶剂	pK_s	ε	溶剂	pK_s	ε
水	14.00	78.5	乙腈	28.5	36.6
甲醇	16.7	31.5	甲基异丁酮	>30	13.1
乙醇	19.1	24.0	二甲基甲酰胺	—	36.7
甲酸	6.22	58.5	吡啶	—	12.3
冰醋酸	14.45	6.13	二氧六环	—	2.21
乙酸酐	14.5	20.5	苯	—	2.3
乙二胺	15.3	14.2	三氯甲烷	—	4.81

溶剂自身离解常数K_s值的大小对滴定突跃的范围具有一定的影响。现以水和乙醇两种溶剂进行比较：在水溶液中，若以0.1mol/L NaOH标准溶液滴定同浓度的一元强酸，在本章第1节中已经计算过，当滴定到化学计量点前0.1%时，pH=4.3，化学计量点后0.1%时，pOH=4.3，此时pH=14–4.3=9.7，所以滴定突跃范围的pH为4.3～9.7，即有5.4个pH单位的变化。在乙醇中，乙醇合质子$C_2H_5OH_2^+$相当于水中的水合质子H_3O^+，而乙醇阴离子$C_2H_5O^-$则相当于OH^-，若同样以0.1mol/L C_2H_5ONa标准溶液滴定酸，当滴定到化学计量点前0.1%时，即$pH^*=4.3$，这里pH^*代表$pC_2H_5OH_2$，与水溶液的pH意义相当；而滴定到化学计量点后0.1%时，即$pOH^*=4.3$，pOH^*代表pC_2H_5O。已知乙醇的$pK_s=19.1$，即$pH^*+pOH^*=19.1$，则$pH^*=19.1–4.3=14.8$。故在乙醇介质中pH^*变化范围为4.3～14.8，有10.5个pH单位的变化，比水溶液中突跃范围大5.1个pH单位。由此可见，溶剂的自身离解常数越小，滴定突跃范围越大。因此，原来在水中不能滴定的酸碱，在乙醇中就有可能被滴定。

表5-8中的乙酸酐虽然能够离解，但并不产生溶剂合质子。离解生成的醋酐合乙酰阳离子具有比乙酸合质子还强的酸性，因此在冰醋酸中显极弱碱性的化合物在醋酐中仍可能被滴定。

2. 溶剂的酸碱性 溶剂的酸碱性对溶质的酸碱度有很大的影响。现以HA代表酸，B代表碱，根据质子理论有下列平衡存在：

$$HA \rightleftharpoons H^+ + A^- \qquad K_a^{HA} = \frac{[H^+][A^-]}{[HA]}$$

$$B + H^+ \rightleftharpoons BH^+ \qquad K_b^{B} = \frac{[BH^+]}{[H^+][B]}$$

若将酸HA溶于质子溶剂SH中，则发生下列质子转移反应：

$$HA \rightleftharpoons H^+ + A^-$$

$$SH + H^+ \rightleftharpoons SH_2^+$$

$$\text{总反应式}: HA + SH \rightleftharpoons SH_2^+ + A^-$$

反应的平衡常数，即溶质HA在溶剂SH中的表观离解常数为：

$$K_{HA} = \frac{[A^-][SH_2^+]}{[HA][SH]} = K_a^{HA} \cdot K_b^{SH} \tag{5-37}$$

上式表明，酸HA在溶剂SH的表观酸强度决定于HA的固有酸度和溶剂SH的碱度，即决定于酸给出质子的能力和溶剂接受质子的能力。

同理，碱B溶于溶剂SH中，质子转移的反应式为

$$B + SH \rightleftharpoons BH^+ + S^-$$

反应的平衡常数K_B为

$$K_B = \frac{[BH^+][S^-]}{[B][SH]} = K_b^{B} \cdot K_a^{SH}$$

因此，碱B在溶剂SH中的表观碱强度决定于B的固有碱度和溶剂SH的酸度，即决定于碱接受质子的能力和溶剂给出质子的能力。

溶剂的酸碱性对酸碱滴定有重要的影响。例如，某弱碱B在水溶液中 $cK_b < 10^{-8}$，则在水中不能被 $HClO_4$ 滴定，这是由于其质子转移反应进行得很不完全：

$$B + H_2O \rightleftharpoons BH^+ + OH^-$$

若更换溶剂为冰醋酸，由于冰醋酸给出质子的能力较强，质子转移反应向右进行得很完全：

$$B + HAc \rightleftharpoons BH^+ + Ac^-$$

$HClO_4$ 溶于HAc时，实质进行下列了反应：

$$HClO_4 + HAc \rightleftharpoons H_2Ac^+ + ClO_4^-$$

用高氯酸的冰醋酸溶液滴定溶于冰醋酸中的弱碱B时，乙酸合质子和乙酸阴离子发生以下反应：

$$H_2Ac^+ + Ac^- \rightleftharpoons 2HAc$$

反应进行很完全，因此可以进行滴定。

这里，溶剂(HAc)起到传递质子的作用，其本身未起化学变化。整个滴定反应为

$$B + HClO_4 \rightleftharpoons BH^+ + ClO_4^-$$

由此可见，酸、碱的强度不仅与酸、碱自身给出、接受质子的能力大小有关，而且还与溶剂接受、给出质子的能力大小有关。弱酸溶于碱性溶剂，可以使酸的强度提高；弱碱溶于酸性溶剂，可以使碱的强度提高。选择合适的溶剂，可以使在水溶液中不能滴定的弱酸、弱碱仍能采用滴定法进行定量分析。

3. 均化效应和区分效应 常见无机酸在水中都是强酸，它们几乎全部离解，存在下列平衡反应：

$$HClO_4 + H_2O \rightleftharpoons H_3O^+ + ClO_4^-$$

$$HCl + H_2O \rightleftharpoons H_3O^+ + Cl^-$$

$$H_2SO_4 + H_2O \rightleftharpoons H_3O^+ + HSO_4^-$$

按照酸碱质子理论，在以上反应中水为碱，水分子接受了无机酸的质子形成其共轭酸(水合质子 H_3O^+)，而酸分子给出质子成为其共轭碱(ClO_4^-、Cl^-、HSO_4^-等)。以上各种固有强度不同的酸都被均化到溶剂合质子的强度水平，使它们的酸强度都相等。这种效应称为均化效应(leveling effect)。具有均化效应的溶剂称为均化性溶剂。比 OH^- 强的碱溶解在水里，则使水分子失去质子生成 OH^-。水中能够存在的最强酸是 H_3O^+，最强碱是 OH^-。

但是以冰醋酸为溶剂时，$HClO_4$ 和 HCl 的酸碱平衡反应为

$$HClO_4 + HAc \rightleftharpoons H_2Ac^+ + ClO_4^- \qquad K = 1.3 \times 10^{-5}$$

$$HCl + HAc \rightleftharpoons H_2Ac^+ + Cl^- \qquad K = 2.8 \times 10^{-9}$$

由于乙酸碱性比 H_2O 弱，$HClO_4$ 和HCl不能被均化到相同的程度。K 值显示在冰醋酸中 $HClO_4$ 是比HCl更强的酸。这种区分酸、碱强弱的效应称为区分效应(differentiating effect)，具有区分效应的溶剂称为区分性溶剂(differentiating solvent)。冰醋酸是 $HClO_4$ 和HCl的区分性溶剂。

同样，水是盐酸和乙酸的区分性溶剂；若用比水的碱性更强的液氨作为溶剂，盐酸和乙酸也可均化到 NH_4^+ 的强度水平，所以液氨是盐酸和乙酸的均化性溶剂。

在均化性溶剂中，溶剂合质子 SH_2^+ (如 H_3O^+ 、H_2Ac^+ 、NH_4^+ 等)是溶液中能够存在的最强酸，即共存酸都被均化到溶剂合质子的强度水平。同理，共存碱在酸性溶剂中都被均化到溶剂阴离子的强度水平，溶剂阴离子 S^-（如 OH^- 、NH_2^- 、Ac^- 等）是溶液中的最强碱。

一般说来，酸性溶剂是碱的均化性溶剂，是酸的区分性溶剂；碱性溶剂是碱的区分性溶剂，是酸的均化性溶剂。因此往往利用均化效应测定酸(碱)的含量，利用区分效应测定混合酸(碱)中各组分的含量。

惰性溶剂没有质子转移，是一种很好的区分性溶剂。图 5-10 显示了 5 种不同强度的酸在甲基异丁酮中用四丁基氢氧化铵滴定所得的滴定曲线。从图中可以观察到 $HClO_4$ 是比 HCl 更强的酸。5 种酸的混合物，包括最强的高氯酸和极弱的苯酚($K_a = 1.1\times10^{-10}$)都明显地被区分滴定。

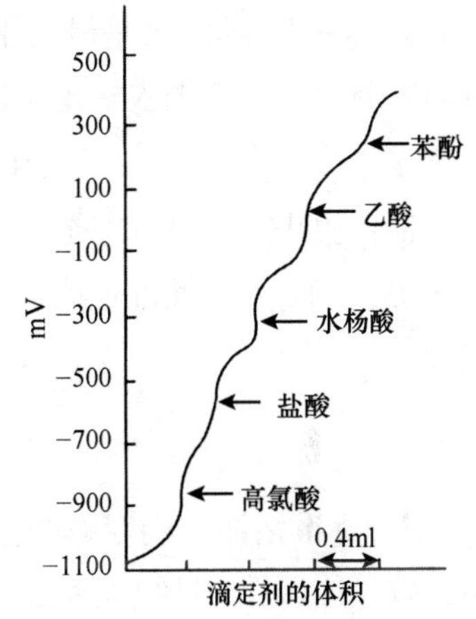

图 5-10　5 种混合酸的区分滴定曲线

(三)非水溶剂的选择

在非水酸碱溶剂的选择中，首先要考虑的是溶剂的酸碱性，因为它对滴定反应能否进行完全起决定作用。

例如，滴定一种弱酸(HA)，通常用溶剂阴离子(S^-)进行滴定，其反应如下：

$$HA + S^- \rightleftharpoons SH + A^-$$

滴定反应的完全程度，可由滴定反应的平衡常数(K_t)得出：

$$K_t = \frac{[SH][A^-]}{[HA][S^-]} = \frac{[H^+][A^-]}{[HA]} \times \frac{[SH]}{[H^+][S^-]} = \frac{K_a^{HA}}{K_a^{SH}} \tag{5-38}$$

从上式可见，HA 的固有酸度(K_a^{HA})越大，溶剂的固有酸度(K_a^{SH})越小，则 K_t 越大，即滴定反应越完全。因此对于酸的滴定，通常用碱性溶剂或偶极亲质子溶剂。

同理，对于弱碱 B 的滴定，通常用溶剂合质子(SH_2^+)进行滴定，其反应如下：

$$B + SH_2^+ \rightleftharpoons HB^+ + SH$$

滴定反应的平衡常数为：

$$K_t = \frac{[HB^+][SH]}{[B][SH_2^+]} = \frac{[HB^+]}{[B][H^+]} \times \frac{[SH][H^+]}{[SH_2^+]} = \frac{K_b^B}{K_b^{SH}} \tag{5-39}$$

故所选用的溶剂碱性越弱，滴定反应完全的程度越高，通常选用的都是酸性溶剂或惰性溶剂。

此外，选择溶剂时，还应考虑以下要求。

(1) 溶剂应有一定的纯度，黏度小，挥发性低，易于精制、回收，价廉，安全。

(2) 溶剂应能溶解试样及滴定反应的产物，一种溶剂不能溶解时，可采用混合溶剂。

(3) 常用的混合溶剂一般由惰性溶剂与质子溶剂结合而成：混合溶剂能改善试样溶解性，

并且能增大滴定突跃，使终点时指示剂变色敏锐。常用的混合溶剂如冰醋酸-醋酐、冰醋酸-苯，冰醋酸-三氯甲烷及冰醋酸-四氯化碳等，适于弱碱性物质的滴定；苯-甲醇、苯-异丙醇、甲醇-丙酮、二甲基甲酰胺-三氯甲烷等，适于弱酸性物质的滴定。

(4) 溶剂应不引起副反应，存在于溶剂中的水分会严重干扰滴定终点，应采用精制的方法或加入能和水作用的试剂将其除去。

二、碱的滴定

1．溶剂 冰醋酸是最常用的酸性试剂。市售冰醋酸含有少量水分，为避免水分存在对滴定的影响，一般需加入一定量的乙酸酐，使其与水反应转变成乙酸：

$$(CH_3CO)_2O + H_2O \longrightarrow 2CH_3COOH$$

根据以上反应式可计算所需加入的乙酸酐的量。若一级冰醋酸含水为 0.20%，相对密度为 1.05，则除去 1000ml 冰醋酸中的水应加相对密度 1.08、含量为 97.8%的醋酐的体积按下式计算：

$$V = \frac{0.20\% \times 1.05 \times 1000 \times 102.1}{97.8\% \times 1.08 \times 18.02} = 11(\text{ml})$$

2．标准溶液 滴定碱的标准溶液常采用高氯酸的冰醋酸溶液。这是因为高氯酸在冰醋酸中有较强的酸性，且绝大多数有机碱的高氯酸盐易溶于有机溶剂，对滴定反应有利。市售高氯酸为含 70.0% ~ 72.0% $HClO_4$ 的水溶液，故需加入酸酐除去水分，如果配制高氯酸(0.1mol/L)溶液 1000ml，需要相对密度为 1.75、含量 70.0%的 $HClO_4$ 8.5ml，则除去高氯酸中的水分应加入相对密度 1.08、含量 97.8%的醋酐的体积为：

$$V = \frac{30\% \times 1.75 \times 8.5 \times 102.1}{97.8\% \times 1.08 \times 18.02} = 24(\text{ml})$$

高氯酸与有机物接触、遇热极易引起爆炸，和醋酐混合时易发生剧烈反应放出大量热。因此在配制时应先用冰醋酸将高氯酸稀释后再在不断搅拌下缓缓滴加适量醋酐。测定一般样品时醋酐的量可多于计算量，不影响测定结果。但是在测定易乙酰化的样品如芳香伯胺或仲胺时所加醋酐不宜过量，否则过量的醋酐将与胺发生酰化反应，使测定结果偏低。

由于冰醋酸在低于 16℃时会结冰而影响使用，因此可采用冰醋酸-酸酐(9∶1)的混合试剂配制高氯酸标准溶液，不仅能防止结冰，且吸湿性小。有时也可在冰醋酸中加入 10% ~ 15%的丙酸防冻。

标定高氯酸标准溶液的浓度常用邻苯二甲酸氢钾为基准物质，结晶紫为指示剂，其滴定反应如下：

$$C_6H_4(COOH)(COOK) + HClO_4 \rightleftharpoons C_6H_4(COOH)_2 + KClO_4$$

水的体膨胀系数较小(0.21×10^{-3} / ℃)，以水为溶剂的酸碱标准溶液的浓度受室温改变的影响不大。而多数有机溶剂膨胀系数较大，如冰醋酸的体膨胀系数为1.1×10^{-3} / ℃，是水的 5 倍，即温度改变 1℃，体积就有 0.11%的变化。所以用高氯酸的冰醋酸标准溶液滴定样品时，若温度和标定时有显著差别，应重新标定或按下式加以校正：

$$c_1 = \frac{c_0}{1 + 0.0011(T_1 - T_0)}$$

式中，0.0011 为冰醋酸的体膨胀系数；T_0 为标定时的温度；T_1 为测定时的温度；c_0 为标定时的浓度；c_1 为测定时的浓度。

3. 指示剂

(1) 结晶紫：是以冰醋酸作滴定介质，高氯酸作滴定剂滴定碱的最常用的指示剂。结晶紫分子中的氮原子能结合多个质子而表现为多元碱性，在滴定中，随着溶液酸度的增加，结晶紫由紫色(碱式色)依次变至蓝紫、蓝、蓝绿、黄绿、最后转变为黄色(酸式色)。

在滴定不同强度的碱时，终点的颜色不同。滴定较强碱时应以蓝色或蓝绿色为终点，滴定极弱碱则应以蓝绿色或绿色为终点。

(2) α-萘酚苯甲酸：适合在冰醋酸-四氯化碳、酸酐等溶剂中使用，常用其 0.5%冰醋酸溶液，酸式色为绿色，碱式色为黄色。

(3) 喹哪啶红：适用于在冰醋酸中滴定大多数胺类化合物，常用其 0.1%甲醇溶液，酸式色为无色，碱式色为红色。

4. 应用与实例 具有碱性基团的化合物，如胺类、氨基酸类、含氮杂环化合物、某些有机碱的盐及弱酸盐等，大都可用高氯酸标准溶液进行滴定。各国药典中应用高氯酸-冰醋酸非水滴定法测定的药物包括有机弱碱、有机酸的碱金属盐、有机碱的氢卤酸盐及有机碱的有机酸盐等。

(1) 有机弱碱：例如，黄杨科植物小叶黄杨中生物碱环维黄杨星 D($C_{26}H_{46}N_2O$)的含量测定。以结晶紫为指示剂，用 $HClO_4$ - HAc (0.1mol/L)为滴定液滴定至溶液显纯蓝色，并将滴定的结果用空白试验校正。每 1ml 高氯酸滴定液(0.1mol/L)相当于 20.12mg 的环维黄杨星 D($C_{26}H_{46}N_2O$)。本品按干燥品计算，含环维黄杨星 D($C_{26}H_{46}N_2O$)不得少于 99.0%(2020 年版《中国药典》一部)。

(2) 有机酸的碱金属盐：例如，乳酸钠溶液中乳酸钠($C_3H_5NaO_3$)的含量测定：以结晶紫为指示剂，用 $HClO_4$ - HAc (0.1mol/L)为滴定液滴定至溶液显蓝绿色，并将滴定的结果用空白试验校正。每 1ml 高氯酸滴定液(0.1mol/L)相当于 11.21mg 的 $C_3H_5NaO_3$ (2020 年版《中国药典》二部)。

(3) 有机碱的氢卤酸盐：大多数有机碱均难溶于水，且不太稳定，故常用有机碱与酸成盐后作为药用，其中多数为氢卤酸盐，如盐酸麻黄碱、氢溴酸东莨菪碱等，其通式为 $B \cdot HX$ 。由于氢卤酸的酸性较强，当用高氯酸滴定时多采用加入过量乙酸汞的冰醋酸溶液，使之形成难电离的卤化汞，将氢卤酸盐转化成可测定的乙酸盐，然后用高氯酸滴定，用结晶紫指示终点。反应式如下。

$$2B \cdot HX + Hg(Ac)_2 \rightleftharpoons 2B \cdot HAc + HgX_2$$

$$B \cdot HAc + HClO_4 \rightleftharpoons B \cdot HClO_4 + HAc$$

(4)有机碱的有机酸盐：氯苯那敏、重酒石酸去甲肾上腺素、枸橼酸喷托维林等常见药物都属于有机碱的有机酸盐，其通式为 $B \cdot HA$ 。冰醋酸或冰醋酸-酸酐的混合溶剂能增强有机碱的有机酸盐的碱性，因此可以结晶紫为指示剂，用高氯酸的冰醋酸溶液滴定，反应式如下。

$$B \cdot HA + HClO_4 \rightleftharpoons B \cdot HClO_4 + HA$$

三、酸的滴定

1．溶剂 可用醇类、乙二胺或偶极亲质子溶剂如二甲基甲酰胺作溶剂，混合酸的区分滴定以甲基异丁酮为区分性溶剂，也常常使用混合溶剂如甲醇-苯、甲醇-丙酮等。

2．标准溶液 常用的滴定剂为甲醇钠的苯-甲醇溶液。

0.1mol/L 甲醇钠溶液的配制：取无水甲醇(含水量少于 0.2%)150ml，置于冷水冷却的容器中，分次少量加入新切的金属钠 2.5g，完全溶解后加适量的无水苯(含水量少于 0.2%)，使成 1000ml，即得。

标定碱标准溶液常用的基准物质为苯甲酸。其反应式为

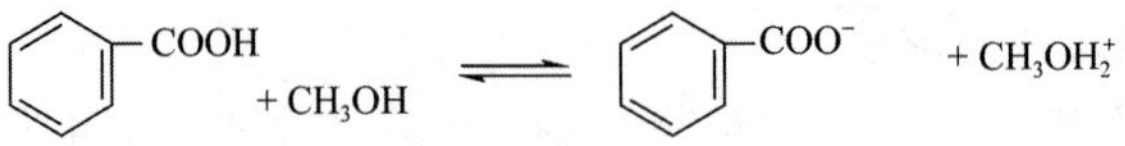

$$C_6H_5COOH + CH_3OH \rightleftharpoons C_6H_5COO^- + CH_3OH_2^+$$

$$CH_3ONa \rightleftharpoons CH_3O^- + Na^+$$

$$CH_3O^- + CH_3OH_2^+ \rightleftharpoons 2\ CH_3OH$$

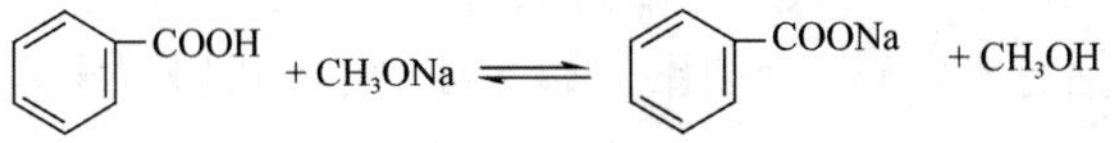

$$C_6H_5COOH + CH_3ONa \rightleftharpoons C_6H_5COONa + CH_3OH$$

3．指示剂

(1)百里酚蓝：适宜于在苯、丁胺、二甲基甲酰胺、吡啶、叔丁醇溶剂中滴定羧酸和中等强度酸时作指示剂，变色敏锐，终点清楚，其碱式色为蓝色，酸式色为黄色。

(2)偶氮紫：适用于在碱性溶剂或偶极亲质子溶剂中滴定较弱的酸，其碱式色为蓝色，酸式色为红色。

(3)溴酚蓝：适用于在甲醇、苯、氯仿等溶剂中滴定羧酸、磺胺类、巴比妥类等，其碱式色为蓝色，酸式色为红色。

4．应用与实例 酚类、磺酰胺类、巴比妥酸、氨基酸、某些铵盐及烯醇类化合物等也可在碱性溶剂中用标准酸溶液滴定。

羧酸可在醇中以酚酞作指示剂，用氢氧化钾滴定，一些高级羧酸在水中 pK_a 为 5～6，但由于滴定时产生泡沫，使终点模糊，在水中无法滴定，可在苯-甲醇混合溶剂中用甲醇钠滴定。反应如下。

试样 $RCOOH + CH_3OH \rightleftharpoons CH_3OH_2^+ + RCOO^-$

标准碱液 $CH_3ONa \rightleftharpoons CH_3O^- + Na^+$

滴定反应 $CH_3OH_2^+ + CH_3O^- \rightleftharpoons 2CH_3OH$

总反应式 $RCOOH + CH_3ONa \rightleftharpoons CH_3OH + RCOONa$

更弱的羧酸可以二甲基甲酰胺为溶剂，以百里酚蓝为指示剂，用甲醇钠标准溶液滴定。

思考与练习

1. 写出下列各酸的共轭碱。

H_2O、$HC_2O_4^-$、HPO_4^{2-}、H_2CO_3、C_6H_5OH、$C_6H_5NH_3^+$、HS^-、HNO_3。

2. 写出下列酸碱组分在水溶液中的质子条件式。

$(NH_4)_2HPO_4$、Na_3PO_4、H_2CO_3、NH_4Ac、H_3PO_4。

3. 简述酸碱指示剂的变色原理。选择酸碱指示剂的依据和原理是什么?

4. 如何获得下列物质的标准溶液?

(1) HCl；(2) NaOH；(3) $H_2C_2O_4 \cdot 2H_2O$。

5. 若要对苯酚、乙酸、水杨酸、盐酸、高氯酸进行区分滴定，应选择什么溶剂和滴定剂?

6. 下列各物质(浓度均为 0.1mol/L)，能否用同浓度的强碱或强酸标准溶液滴定? 如能滴定，有几个滴定终点? 应采用什么指示剂?

(1) 甲酸(HCOOH)，$K_a=1.8\times10^{-4}$；

(2) 硼酸(H_3BO_3)，$K_{a_2}=5.4\times10^{-10}$；

(3) 琥珀酸($H_2C_4H_4O_4$)，$K_{a_1}=6.9\times10^{-5}$，$K_{a_2}=2.5\times10^{-6}$；

(4) 邻苯二甲酸，$K_{a_1}=1.3\times10^{-3}$，$K_{a_2}=3.1\times10^{-6}$；

(5) 草酸($H_2C_2O_4$)，$K_{a_1}=5.6\times10^{-2}$，$K_{a_2}=5.4\times10^{-5}$。

7. 计算下列溶液的 pH。

(1) 0.10mol/L H_3PO_4；(2)0.1mol/L $NaHCO_3$；

(3) 0.10mol/L KHC_2O_4；(4)0.1 mol/L Na_2HPO_4；

(5) 0.10mol/L H_2S；(6)0.10mol/L NH_4Ac。

8. 用硼砂($Na_2B_4O_7\cdot10H_2O$)标定 HCl 溶液浓度。精密称取硼砂 0.5722g，溶于水后加入甲基橙指示剂，用 HCl 溶液滴定至终点，消耗 HCl 25.30ml，计算 HCl 溶液浓度。

($M_{Na_2B_4O_7\cdot10H_2O}=381.4$)

(0.1186 mol/L)

9. 称取某一元弱酸 HA (纯物质)1.250g，用 50ml 水溶解后，可用 0.0900mol/L NaOH 溶液 41.20ml 滴定至计量点。当加入 8.24ml NaOH 时，溶液的 pH = 4.30。求：(1)HA 的摩尔质量；(2)计算 HA 的 K_a 值；(3)计算计量点时溶液的 pH；(4)选择哪种指示剂?

(337.1g/mol，1.25×10^{-5}，8.76，酚酞)

10. 称取某磷酸盐样品(成分为 Na_3PO_4、Na_2HPO_4)2.2000g，用水溶解后，用甲基橙作指示剂，用标准溶液 HCl(0.5000mol/L)滴定至终点时用去 40.00ml，同样质量的试样，以酚酞为指示剂，用去同浓度的 HCl 液 12.00ml，试分析试样的组成，并计算各组分的含量。

($M_{Na_3PO_4}=163.9; M_{Na_2HPO_4}=142.0$)

(Na_3PO_4，44.70%；Na_2HPO_4，51.64%)

11. 有一含 NaOH 和 Na_2CO_3 的试样 0.3720g，用标准溶液 HCl (0.1000mol/L)40.00ml 滴定至酚酞终点，问还需再加多少毫升 HCl 才能滴定至甲基橙终点?

(32.12ml)

12. 某 0.1028mol/L NaOH 标准溶液，因暴露于空气中吸收了 CO_2。移取该溶液 20.00ml，需用 0.1046mol/L HCl 标准溶液 19.50ml 滴定至酚酞终点。求：(1)每升 NaOH 溶液吸收了多少克 CO_2? (2)用该碱溶液滴定某一元弱酸，若浓度仍按 0.1028mol/L 计算，将引起多少误差?

(0.03586；0.80%)

13. 用 0.1000mol/L NaOH 溶液滴定 0.1000mol/L HCl 溶液，计算用水为溶剂和用乙醇为溶剂时突跃范围的 pH 分别是多少？（$K_s^{H_2O}=1.0\times10^{-14}$，$K_s^{C_2H_5OH}=1.0\times10^{-19.1}$）

(4.3 ~ 9.7；4.3 ~ 14.8)

14. 配制高氯酸的冰醋酸溶液(0.050 00mol/L)1000ml，需用 70%的 $HClO_4$ 4.2ml，所用的冰醋酸含量为 99.8%，相对密度 1.05。求应加含量为 98%、相对密度 1.087 的醋酐多少毫升，才能完全除去其中的水分？

(22.30 ml)

15. 药物中总氮测定，称取试样 0.2000g，将其中的氮全部转化为 NH_3，并用 25.00ml 0.1000mol/L HCl 溶液吸收，过量的 HCl 用 0.1200mol/LNaOH 返滴定，消耗 8.10ml。计算该药物中氮的百分含量。

(10.70%)

16. 枸橼酸钠注射液含枸橼酸钠($Na_3C_6H_5O_7\cdot2H_2O$)应为 2.35% ~ 2.65%，精密量取某批号注射液 3ml，置于水浴上蒸干后，加冰醋酸 5ml、醋酐 10ml、结晶紫指示剂 1 滴，用 0.1000 mol/L $HClO_4$ 溶液滴定，用去 7.32ml，空白试验用去 0.03ml，已知每 1ml $HClO_4$ 相当于 8.602mg $Na_3C_6H_5O_7\cdot2H_2O$，试计算注射液的含量(以 $Na_3C_6H_5O_7\cdot2H_2O$ 计)。

(2.06%)

(薛　璇)

本章 ppt 课件

| 第 6 章 |　沉淀滴定法

沉淀滴定法(precipitation titration)是以沉淀反应为基础的滴定分析法。沉淀反应很多，但能用于滴定分析的沉淀反应却很少。能用于沉淀滴定的沉淀反应必须具备以下几个条件：

(1) 反应能定量完成。反应生成的沉淀溶解度要小(小于 10^{-6}g/ml)。很多沉淀溶解度较大，在化学计量点并未反应完全。

(2) 形成的沉淀要有确定的组成，这样反应就有确定的计量关系，这是定量计算的依据。

(3) 反应能迅速完成。沉淀过程应不形成过饱和溶液，达到平衡时间短。

(4) 有适当的方法指示反应的滴定终点。很多沉淀反应缺少合适的指示终点的方法。

(5) 沉淀纯度要高，由于共沉淀(如吸附)和后沉淀影响，沉淀中常有杂质，使结果的误差较大。

目前应用较多的沉淀滴定法主要是银量法。反应式如下：

$$Ag^{+}+X^{-} \longrightarrow AgX\downarrow \quad (X^{-}代表\ Cl^{-}、Br^{-}、I^{-}、CN^{-}及\ SCN^{-})。$$

这种利用生成难溶性银盐的滴定法称为银量法(argentometric titration)。本法可用来测定含 Cl^-、Br^-、I^-、CN^-、SCN^-及 Ag^+等离子的化合物。有些有机物经处理后能定量产生这些离子，则也可用银量法测定。除银量法外，还有利用其他沉淀反应的滴定法，如 Ba^{2+}、Pb^{2+}与 SO_4^{2-}以及 Hg^{2+}与 S^{2-}的沉淀反应，都能用于沉淀滴定。本章主要讨论应用最多的银量法。

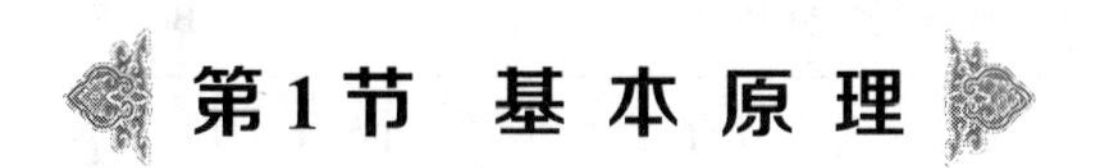

第 1 节　基 本 原 理

一、滴定曲线

1. 滴定曲线　在沉淀滴定法滴定过程中，随着滴定剂的加入，被测离子的浓度不断变化。其变化情况与酸碱滴定法一样，可用滴定曲线表示。以 0.1000mol/L $AgNO_3$ 溶液滴定 20.00ml 0.1000mol/L NaCl 溶液为例，讨论滴定过程中 pCl 或 pAg 的变化，并绘制滴定曲线。

滴定反应为　　$Ag^{+}+Cl^{-} \longrightarrow AgCl\downarrow$ (白色)

(1) 滴定开始前：溶液中 Cl^-浓度为 NaCl 溶液的初始浓度

$$[Cl^{-}]= c_{NaCl} = 0.1000mol/L \qquad pCl= -lg[Cl^{-}]= -lg0.1000=1.00$$

(2) 滴定至化学计量点前：随着 $AgNO_3$溶液的不断滴入，溶液中的一部分 Cl^-与 Ag^+反应生成了 AgCl 而从溶液中析出。溶液中的$[Cl^-]$，取决于剩余的 NaCl 的量。

$$[Cl^{-}] = \frac{c_{NaCl}V_{NaCl} - c_{AgNO_3}V_{AgNO_3}}{V_{NaCl}+V_{AgNO_3}}$$

当加入 $AgNO_3$ 溶液 19.98ml 时，此时相对误差为−0.1%，溶液中$[Cl^-]$为

$$[Cl^-]=\frac{0.1000\times 20.00-0.1000\times 19.98}{20.00+19.98}=5.0\times 10^{-5}(mol/L)$$

$$pCl=-lg[Cl^-]=-lg5.0\times 10^{-5}=4.30$$

$$pAg=pK_{sp(AgCl)}-pCl=9.74-4.30=5.44$$

(3) 化学计量点时：溶液是 AgCl 的饱和溶液

$$[Ag^+]=[Cl^-]=\sqrt{K_{sp\,(AgCl)}}=\sqrt{1.80\times 10^{-10}}=1.34\times 10^{-5}(mol/L)$$

$$pAg=pCl=-lg[Cl^-]=4.87$$

(4) 化学计量点后：当所有的 NaCl 都与 $AgNO_3$ 反应完全后，再继续滴入 $AgNO_3$ 溶液，此时 Ag^+过量，溶液的$[Ag^+]$由过量 $AgNO_3$ 的量决定。

$$[Ag^+]=\frac{C_{AgNO_3}V_{AgNO_3}-C_{NaCl}V_{NaCl}}{V_{NaCl}+V_{AgNO_3}}$$

当滴入 $AgNO_3$ 溶液 20.02ml 时，此时相对误差为+0.1%，则溶液中$[Ag^+]$为

$$[Ag^+]=\frac{0.1000\times 20.02-0.1000\times 20.00}{20.02+20.00}=5.0\times 10^{-5}(mol/L)$$

$$pAg=-lg[Ag^+]=-lg5.0\times 10^{-5}=4.30$$

$$pCl=pK_{sp(AgCl)}-pAg=9.74-4.30=5.44$$

利用上述方法可求得滴定过程中的一系列 pAg 和 pX 的数据(表 6-1)。根据表中数据，以滴入 $AgNO_3$ 溶液的体积或滴定百分数为横坐标，以相应的 pX 为纵坐标，绘制滴定曲线(图 6-1 和图 6-2)。

表 6-1　以 0.1000mol/L $AgNO_3$溶液滴定 20.00ml 0.1000mol/L Cl^-、Br^-和 I^-溶液

加入 $AgNO_3$ 溶液的量		滴定 Cl^-		滴定 Br^-		滴定 I^-	
体积(ml)	体积分数(%)	pCl	pAg	pBr	pAg	pI	pAg
0.00	0.0	1.00	–	1.00	–	1.00	–
18.00	90.0	2.28	7.46	2.28	10.02	2.28	13.80
19.80	99.0	3.30	6.44	3.30	9.00	3.30	12.78
19.98	99.9	4.30	5.44	4.30	8.00	4.30	11.78
20.00	100.0	4.87	4.87	6.15	6.15	8.04	8.04
20.02	100.1	5.44	4.30	8.00	4.30	11.78	4.30
20.20	101.0	6.44	3.30	9.00	3.30	12.78	3.30
22.00	110.0	7.42	2.32	9.98	2.32	13.76	2.32
40.00	200.0	8.26	1.48	10.82	1.48	14.60	1.48

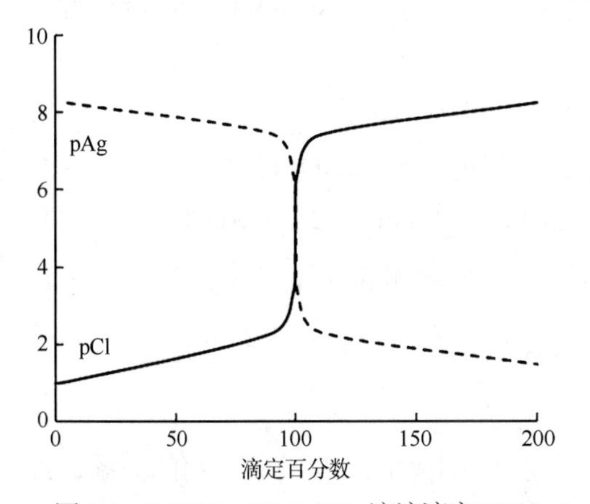

图 6-1 0.1000mol/L$AgNO_3$溶液滴定 20.00ml 0.1000mol/L NaCl 溶液的滴定曲线

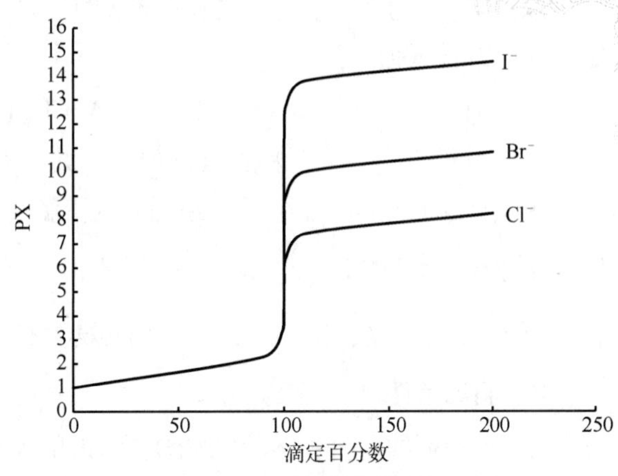

图 6-2 0.1000mol/L$AgNO_3$溶液滴定 20.00ml0.1000mol/L NaBr、NaCl 和 NaI 溶液的滴定曲线

由图可知以下几点：

(1) 滴定开始时滴入 Ag^+所引起 Cl^-浓度变化不大，曲线较平坦；近化学计量点时，溶液中 Cl^-很少，再滴入少量的 Ag^+即可引起 Cl^-浓度发生很大的变化而形成滴定突跃。

(2) pCl 与 pAg 两条曲线以化学计量点为中心对称。这表示随着滴定的进行，溶液中 Ag^+浓度增加时，Cl^-以相同的比例减小；而两条曲线在化学计量点相交，即此时两种离子浓度相等。

(3) 突跃范围的大小，既与溶液浓度有关，也与沉淀的溶度积常数 K_{sp} 有关。当溶液浓度一定时，K_{sp} 越小，突跃范围越大。例如，$K_{sp(AgBr)} < K_{sp(AgCl)}$，所以相同浓度的 Br^-、Cl^-与 Ag^+的滴定曲线，Br^-比 Cl^-的突跃范围大。当沉淀的 K_{sp} 一定时，溶液的浓度越低，则突跃范围越小。

2．分步滴定 如果溶液中同时含有 Cl^-、Br^-和 I^-，且浓度相差不大时，由于 AgI、AgBr、AgCl 的溶度积差别较大，可利用分步滴定的原理，用 $AgNO_3$ 标准溶液连续滴定。这样可以测定每种组分的含量。AgI 沉淀的溶度积最小，沉淀 I^-所需的 Ag^+浓度最小，因此 I^-被最先滴定；AgCl 沉淀的溶度积最大，沉淀 Cl^-所需的 Ag^+浓度最大，因此 Cl^-被最后滴定。这样在滴定曲线上显示出三个突跃。但由于卤化银沉淀的吸附和生成混晶的作用，常会引起误差。因此，实际的滴定结果往往并不理想。

二、指示终点的方法

根据确定终点所用指示剂的不同，银量法可分为以下三种：铬酸钾指示剂法(莫尔法，Mohr 法)，铁铵矾指示剂法(佛尔哈德法，Volhard 法)，吸附指示剂法(法扬斯法，Fajans 法)。

(一) 铬酸钾指示剂法

铬酸钾指示剂法是以 K_2CrO_4 为指示剂的银量法。

1．指示终点的原理 在中性或弱碱性溶液中，以 K_2CrO_4 为指示剂，用 $AgNO_3$ 标准溶液滴定 Cl^-或 Br^-，利用稍过量的 Ag^+与 CrO_4^{2-}生成砖红色的 Ag_2CrO_4 沉淀以指示终点。

以滴定 Cl^-为例，在含有 Cl^-的溶液中，以 K_2CrO_4 为指示剂，用 $AgNO_3$ 标准溶液进行滴定，反应方程式为

终点前　　　　　$Ag^+ + Cl^- \longrightarrow AgCl\downarrow$(白色)　$K_{sp}=1.8\times10^{-10}$

终点时　　　　　$2Ag^+ + CrO_4^{2-} \longrightarrow Ag_2CrO_4\downarrow$(砖红色)　$K_{sp}=2.0\times10^{-12}$

由于 AgCl 的溶解度小于 Ag_2CrO_4 的溶解度，滴定时 Ag^+首先和 Cl^-生成 AgCl 沉淀，而此时 $[Ag^+]^2[CrO_4^{2-}] < K_{sp(Ag_2CrO_4)}$，所以不能形成沉淀。$Cl^-$被定量沉淀后，$Ag^+$稍过量时，$[Ag^+]^2[CrO_4^{2-}] > K_{sp(Ag_2CrO_4)}$，于是出现砖红色沉淀($Ag_2CrO_4$)，指示滴定终点的到达。

2．滴定条件

(1) 指示剂的用量：溶液中 CrO_4^{2-} 浓度的大小和滴定终点出现的迟早有着密切的关系，直接影响分析结果。若指示剂的用量过多，Cl^-尚未沉淀完全，即有砖红色的铬酸银沉淀生成，使终点提前，造成负误差，且 CrO_4^{2-} 本身的黄色还会影响终点的观察；若指示剂的用量过少，滴定至化学计量点后，稍加入过量 $AgNO_3$ 仍不能形成铬酸银沉淀，使终点推迟，造成正误差。

为了使滴定终点尽可能接近化学计量点，要求指示剂 K_2CrO_4 溶液应有合适的浓度。如果化学计量点时恰好能生成 Ag_2CrO_4 沉淀，则化学计量点时

$$[Ag^+]_{sp} = [Cl^-]_{sp} = \sqrt{K_{sp}} = \sqrt{1.8\times10^{-10}} = 1.3\times10^{-5}(mol/L)$$

$$[CrO_4^{2-}] = \frac{K_{sp(Ag_2CrO_4)}}{[Ag^+]^2} = \frac{1.2\times10^{-12}}{(1.3\times10^{-5})^2} = 7.1\times10^{-3}(mol/L)$$

实际加入 5%(g/ml)铬酸钾指示剂 1～2ml 即可。此时的浓度为 2.6×10^{-3}～5.2×10^{-3} mol/L，终点稍推迟，但误差不超过+0.05%。

(2) 溶液的酸度：滴定应在中性或弱碱性溶液中进行。若溶液为酸性，CrO_4^{2-} 与 H^+结合，使 CrO_4^{2-} 浓度降低过多，致使 Ag_2CrO_4 沉淀出现推迟甚至不出现沉淀，产生正误差。

$$2CrO_4^{2-} + 2H^+ \longrightarrow 2HCrO_4^- \longrightarrow Cr_2O_7^{2-} + H_2O$$

如果碱性太强，则有 Ag_2O 黑色沉淀析出。

$$Ag^+ + OH \longrightarrow AgOH$$

$$2AgOH \longrightarrow Ag_2O\downarrow + H_2O$$

这样使 $AgNO_3$ 标准溶液用量增大，产生正误差。由于黑色的 Ag_2O 沉淀生成，使滴定终点的观察变得困难。

因此，铬酸钾指示剂法应在 pH 6.5～10.5 滴定。若不在此范围的，可以加入酸性或碱性物质调节 pH。

当试样溶液中有铵盐存在时，溶液的 pH 应控制在 6.5～7.2。若 pH 高于 7.2，铵盐会转化为氨气释放出来，与 AgCl 和 Ag_2CrO_4 沉淀反应形成$[Ag(NH_3)]^+$、$[Ag(NH_3)_2]^+$配离子而溶解，影响滴定的定量进行。若 NH_4^+的浓度大于 0.15mol/L，仅仅控制溶液酸度已不能消除其影响，必须在滴定前除去铵盐。

(3) 滴定时应充分振摇：因 AgCl 沉淀能吸附 Cl^-，AgBr 沉淀能吸附 Br^-，而且吸附力较强，使吸附的 Cl^-和 Br^-不易和 Ag^+作用。这使得在计量点前溶液中的 Cl^-或 Br^-还没有作用完全时，

Ag^+和CrO_4^{2-}已经产生Ag_2CrO_4沉淀。这样会使滴定终点过早出现，使结果偏低。因此在滴定过程中必须充分振摇，使被吸附的Cl^-或Br^-释放出来。由于I^-和SCN^-被相应的银盐牢固吸附，即使充分振摇也不能释放出来，所以此法不能用于滴定I^-和SCN^-。

(4) 预先分离干扰离子：干扰离子包括能与CrO_4^{2-}生成沉淀的阳离子，如Ba^{2+}、Pb^{2+}、Bi^{3+}等；与Ag^+生成沉淀的阴离子，如PO_4^{3-}、S^{2-}、CO_3^{2-}、AsO_4^{3-}、SO_3^{2-}及$C_2O_4^{2-}$等；大量有色离子，如Cu^{2+}、Co^{2+}、Ni^{2+}等，它们会影响终点的观察；在中性或微碱性溶液中易发生水解的离子，如Fe^{3+}、Al^{3+}、Bi^{3+}、Sn^{4+}等。如含上述离子，应预先分离或掩蔽干扰离子。

值得注意的是在滴定过程中，不可避免地存在终点判断等误差。为此，必要时可利用指示剂空白消耗值用于校正。校正方法是将1ml指示剂加至50ml蒸馏水中，或加到50ml无Cl^-且含少许$CaCO_3$的混悬液中，然后用$AgNO_3$滴定至空白溶液的颜色与被滴定样品溶液的颜色相同。这一空白消耗值再从试样所消耗的硝酸银标准溶液的体积中扣除。

3. 应用范围 本法主要用于直接测定Cl^-和Br^-，在弱碱性溶液中也可测定CN^-。如果用此法测定试样中的Ag^+，不能用NaCl标准溶液直接滴定Ag^+，因为Ag_2CrO_4沉淀转化为AgCl的速度很慢，致使终点不灵敏。这时应采用剩余滴定法，在试液中加入定量过量的NaCl标准溶液，然后用$AgNO_3$标准溶液滴定剩余的Cl^-。

(二) 铁铵矾指示剂法

1. 指示终点的原理 在酸性溶液中以铁铵矾［$NH_4Fe(SO_4)_2 \cdot 12H_2O$］为指示剂的银量法，指示剂中$Fe^{3+}$是正三价，它与$SCN^-$作用生成红色配合物指示终点。可分为直接滴定法和返滴定法。

(1) 直接滴定法：在酸性溶液中，以铁铵矾作指示剂，NH_4SCN或KSCN为标准溶液滴定Ag^+。滴定反应为

终点前 $Ag^+ + SCN^- \longrightarrow AgSCN\downarrow$(白色) $K_{sp}=1.0\times10^{-12}$

终点时 $Fe^{3+} + SCN^- \longrightarrow Fe(SCN)^{2+}$(红色) $K=138$

在滴定过程中SCN^-首先与Ag^+生成AgSCN沉淀，滴定至终点时，由于Ag^+浓度很小，滴入少量的SCN^-与铁铵矾中的Fe^{3+}反应，生成$[Fe(SCN)]^{2+}$配离子使溶液呈红色，以此指示滴定终点的到达。

(2) 返滴定法：此法用于测定卤素离子。先向样品溶液中加入定量过量的$AgNO_3$标准溶液，使卤素离子生成银盐沉淀，然后再加入铁铵矾作指示剂，用NH_4SCN或KSCN标准溶液返滴定剩余的$AgNO_3$，滴定反应如下

滴定前 Ag^+(定量、过量)$+ X^- \longrightarrow AgX\downarrow$

终点前 Ag^+(剩余)$+ SCN^- = AgSCN\downarrow$(白色)

终点时 $Fe^{3+} + SCN^- \longrightarrow [Fe(SCN)]^{2+}$(红色)

用返滴定法测定Cl^-时，必须注意：终点前若用力振摇，将使已生成的$[Fe(SCN)]^{2+}$配位离子的红色消失。原因在于AgSCN的溶解度小于AgCl的溶解度，当剩余的Ag^+被滴完后，过量的SCN^-与AgCl沉淀发生沉淀转化。

$$SCN^- + AgCl\downarrow \longrightarrow AgSCN\downarrow + Cl^-$$

沉淀转化多消耗了 NH_4SCN 标准溶液而造成很大误差。

为了避免上述沉淀转化而造成的误差，可以采取下列措施之一。

方法一：生成 AgCl 沉淀后，煮沸溶液使 AgCl 凝聚，减少 AgCl 沉淀对 Ag^+的吸附。滤去 AgCl 沉淀，并用稀 HNO_3 充分洗涤沉淀，再用 NH_4SCN 标准溶液滴定滤液中剩余的 Ag^+。但这一方法需要过滤、洗涤等操作，过程较繁琐，且如操作不当，将造成较大误差。

方法二：回滴之前，于待测 Cl^-溶液中加入 1～3ml 硝基苯或 1，2-二氯乙烷，用力振摇，使有机溶剂包裹在 AgCl 的表面上，避免 AgCl 沉淀与 SCN^-滴定剂的接触，防止沉淀转化。

用返滴定法测定 Br^-和 I^-时，因为 AgBr 和 AgI 溶解度都比 AgSCN 的溶解度小，所以不会发生沉淀转化现象。

2．滴定条件

(1) 应在酸性(HNO_3)溶液中进行滴定(pH 0～1)。在酸性溶液中进行滴定可防止 Fe^{3+}水解，也可防止许多弱酸根离子如 PO_4^{3-}、AsO_4^{3-}、CO_3^{2-}与 Ag^+生成沉淀，因而选择性较高，这是本法的最大优点。不用 HCl 和 H_2SO_4 调节酸度，因为它们可与 Ag^+生成沉淀。

(2) 测定不宜在较高温度下进行，否则红色配合物褪色，不能指示终点。

(3) 终点时 Fe^{3+}浓度一般控制在 0.015mol/L，这样既可维持配位平衡，又可避免 Fe^{3+}本身的黄色对终点观察的干扰。

(4) 预先去除干扰：强氧化剂、氮的低价氧化物、铜盐、汞盐等都能与 SCN^-作用，因而干扰测定，必须预先除去。

(5) 用直接法测定 Ag^+时要充分振摇：目的是使被 AgCl 沉淀吸附的 Ag^+释放出来，防止终点提前。用返滴定法测定时，也要用力振摇，防止吸附 Cl^-、Br^-、I^-、SCN^-。

(6) 保护措施与试剂加入顺序：测定 Cl^-时，为避免沉淀转化，应采取上述保护措施，以减少滴定误差。在测定 I^-时应先加入过量的 $AgNO_3$ 标准溶液后，再加入铁铵矾指示剂，以防止 Fe^{3+}氧化 I^-影响分析结果。

$$2Fe^{3+} + 2I^- \longrightarrow 2Fe^{2+} + I_2$$

3．应用范围　本法由于干扰较少，故应用范围比较广。采用直接滴定法可测定 Ag^+等，采用返滴定或间接滴定法可测定 Cl^-、Br^-、I^-、SCN^-等离子。

(三) 吸附指示剂法

吸附指示剂法是以吸附指示剂指示终点的银量法。

1．指示终点的原理　吸附指示剂(adsorption indicator)是一类有机染料，在溶液中电离出的离子呈现某种颜色，它容易被带有正电荷或负电荷的胶体沉淀表面所吸附。吸附后指示剂结构发生变化，从而颜色也随之变化，这样就可以指示滴定终点。

例如，用硝酸银标准溶液滴定 Cl^-时，用荧光黄为指示剂。荧光黄是一种有机弱酸，可用 HFIn 表示。它在水溶液中的离解平衡如下：

$$HFIn \longrightarrow H^+ + FIn^-(\text{黄绿色}) \quad pK_a=7.0$$

在化学计量点前，溶液中 Cl^-有剩余，此时 AgCl 胶粒沉淀优先吸附 Cl^-，而使胶粒带上负电荷($AgCl\cdot Cl^-$)。由于同种电荷相斥，荧光黄指示剂电离出的阴离子(FIn^-)不能被胶粒吸附，使溶液呈荧光黄阴离子的黄绿色。当滴定至化学计量点后，溶液中就有过量的 Ag^+，这时 AgCl 沉淀优先吸附 Ag^+，使沉淀胶粒带上正电荷($AgCl·Ag^+$)，带正电荷的胶粒立即吸附荧光黄的阴离子 FIn^-，引起荧光黄结构变形，生成淡红色吸附化合物。此时溶液由黄绿色转变为淡红色而指示终点。其反应为

终点前　　　$AgCl·Cl^- + FIn^-$(黄绿色)

终点时　　　$AgCl·Ag^+ + FIn^-$(黄绿色)$\longrightarrow AgCl·Ag^+·FIn^-$(淡红色)

也可用 NaCl 滴定 Ag^+，其颜色变化刚好相反。由上可见，终点时不是溶液颜色发生变化，而是沉淀表面颜色发生变化，这是吸附指示剂的特点。

2. 滴定条件

(1) 因吸附指示剂的颜色变化发生在沉淀的表面，为使终点的颜色变化明显，应尽量增大沉淀的比表面积，即沉淀颗粒要小一些。为此，在滴定前应将溶液稀释并加入糊精、淀粉等亲水性高分子化合物以保护胶体。同时应避免大量中性盐存在，以免胶体凝聚。

(2) 胶体颗粒对指示剂的吸附力，应略小于对被测离子的吸附力，否则指示剂将在化学计量点前变色。但对指示剂离子的吸附力也不能太小，否则终点将推迟。滴定卤化物时，卤化银对卤离子和几种常用吸附指示剂吸附力的顺序如下

I^-＞二甲基二碘荧光黄＞SCN^-＞Br^-＞曙红＞Cl^-＞荧光黄

因此在测定 Cl^-时应选用荧光黄为指示剂，不能选用曙红；在测定 Br^-和 SCN^-时，选用曙红作指示剂。

(3) 溶液的 pH 要适当，常用吸附指示剂多为有机弱酸，而起指示剂作用的是其阴离子。因此，溶液的 pH 应有利于吸附指示剂阴离子的存在。例如，荧光黄的 K_a 为 10^{-7}，可在 pH 为 7～10 的中性或弱碱性条件下使用；曙红的 K_a 为 10^{-2}，则可用在 pH 为 2～10 的溶液中。强碱性溶液虽然有利于指示剂的电离，但会生成氧化银沉淀，故滴定不能在强碱性溶液中进行。

(4) 滴定应避免在强光照射下进行，因为卤化银会感光分解析出金属银，使沉淀变灰黑色，影响终点观察。

(5) 溶液的浓度不能太稀，否则沉淀太少，终点观察困难。

吸附指示剂的种类很多，现将常用的列于表 6-2 中。

表 6-2　常用的吸附指示剂

指示剂名称	待测离子	滴定剂	适用的 pH 范围
荧光黄	Cl^-	Ag^+	7～10
二氯荧光黄	Cl^-	Ag^+	4～6
曙红	Br^-、SCN^-	Ag^+	2～10
甲基紫	SO_4^{2-}，Ag^+	Ba^{2+}、Cl^-	1.5～3.5
二甲基二碘荧光黄	I^-	Ag^+	中性

3. 应用范围　本法可用于测定 Cl^-、Br^-、I^-、SCN^-和 Ag^+等。能与 Ag^+生成微溶性化合物或配合物的阴离子或配体均可干扰测定。如 S^{2-}、PO_4^{3-}、AsO_4^{3-}、SO_4^{2-}、$C_2O_4^{2-}$、CO_3^{2-} 和 NH_3。

第2节　应用与示例

一、标准溶液的配制与标定

1．基准物质　银量法常用的基准物质是硝酸银和氯化钠。

(1) 硝酸银：有市售的一级纯试剂，可作为基准物质。纯度不够的试剂也可在稀硝酸中重结晶纯化。

(2) 氯化钠：有基准物质规格的试剂出售，亦可用一般试剂级规格的氯化钠精制。氯化钠极易吸湿，应置于干燥器中保存。

2．标准溶液　$AgNO_3$ 标准溶液可用基准物质精密称量、溶解定容直接配制而成。无 $AgNO_3$ 基准试剂时可用分析纯的 $AgNO_3$ 配成近似浓度的溶液，再用基准物质氯化钠标定。标定 $AgNO_3$ 标准溶液，可采用银量法三种确定终点方法中的任何一种。为了消除方法误差，标定方法最好与测定方法一致。$AgNO_3$ 溶液见光易分解，应置于棕色瓶中避光保存。滴定液存放一段时间后，使用前还应重新标定。

硫氰酸铵标准溶液由于含有杂质且易潮解，需要用间接法配制。配制成近似浓度的溶液后，用 $AgNO_3$ 标准溶液和铁铵矾指示剂法直接滴定，求得准确浓度。

二、示例

1．在中药中的应用　沉淀滴定法在中药中主要用于矿物药中的金属离子或某些阴离子的测定，复方中若含有汞，多数采用此法测定。

例如，九一散的处方组成为石膏和红粉，对其含量测定的操作步骤为：取本品约 2g，精密称定，加稀硝酸 25ml，待红粉溶解后，过滤，滤渣用约 80ml 水分次洗涤，合并洗液与滤液，加硫酸铁铵指示液 2ml，用硫氰酸铵滴定液滴定至溶液出现红色即为终点。

滴定反应　　$Hg^{2+} + SCN^- \longrightarrow Hg(SCN)_2\downarrow$(白色)

指示终点反应　　$Fe^{3+} + SCN^- \longrightarrow Fe(SCN)^{2+}$(红色)

又如，小儿金丹片是以朱砂为君药的复方药，对其含量测定的操作步骤为：取本品，研细，取细粉约 0.5g，精密称定，置锥形瓶中，加浓硫酸 25ml，硝酸钾 2g，加热使成乳白色，放冷，加水 50ml，滴加 1%高锰酸钾溶液至显粉红色，再滴加 2%硫酸亚铁溶液至红色消失，加硫酸铁铵指示液 2ml，用硫氰酸铵滴定液滴定至溶液显红色即为终点。

2．在化学药中的应用

(1) 无机卤化物和有机氢卤酸盐的测定：例如，氯化钠注射液的测定，精密量取本品 10ml，加水 40ml，2%糊精溶液 5ml 与荧光黄指示液 5～8 滴，用硝酸银滴定液滴定至沉淀表面呈淡红色即为终点。

又如，碘解磷定($C_7H_9IN_2O$)的测定，碘解磷定为 1-甲基-2-吡啶甲醛肟的碘化物，其含量测定的方法为吸附指示剂法。操作步骤：取本品约 0.5g，精密称定，加水 50ml 溶解后，加稀乙酸 10ml 与曙红钠指示液 10 滴，用硝酸银滴定液滴定至溶液由玫瑰红色转变为紫红色即达终点。

(2) 有机卤化物的测定：多数有机卤化物必须经过前处理过程，才能采用银量法进行测定。使有机卤素转变成无机卤素离子常用的方法有碱性还原法、氧瓶燃烧法等。

1) 碱性还原法：由于卤素碘与母核结合较牢，化学键不易断裂，需在碱性溶液中加还原剂(如锌粉)回流，使被测物质的碳-碘键断裂，形成无机碘化物后，再利用银量法测定含量。

下列药物可采用碱性还原后再用银量法进行测定。

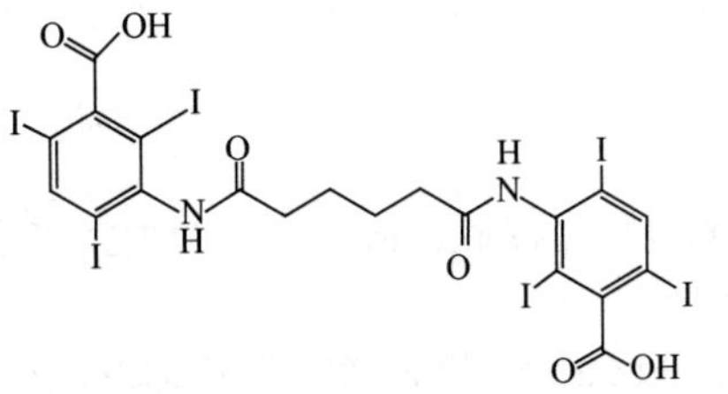

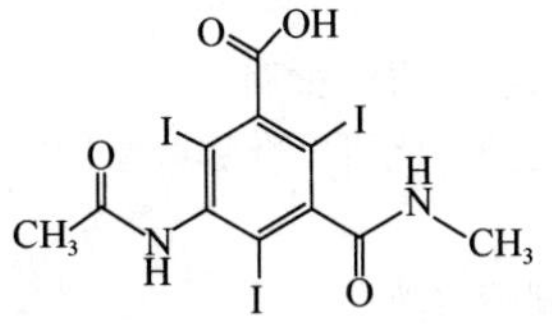

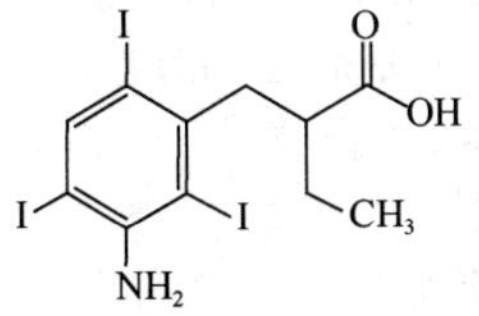

例如，胆影酸($C_{20}H_{14}I_6N_2O_6$)中碘的测定可用本法，取本品约 0.3g，精密称定，加氢氧化钠试液 30ml 与锌粉 1.0g，加热回流 30min，放冷，冷凝管用少量水洗涤，滤过，烧瓶与滤器用水洗涤 3 次，每次 15ml，洗液与滤液合并，加冰醋酸 5ml 与曙红钠指示液 5 滴，用硝酸银滴定液滴定至溶液显紫红色即达终点。

2) 氧瓶燃烧法：将有机药物放入充满氧气的密闭的燃烧瓶中进行燃烧，并将燃烧所产生的被测物质吸收于适当的吸收液中，根据被测物质的性质，采用适宜的分析方法测定含卤素有机物的含量。

例如，磺溴酞钠($C_{20}H_8Br_4Na_2O_{10}S_2$)中溴含量的测定可用本法，先按照氧瓶燃烧法进行有机物破坏，使磺溴酸钠中的溴转化为 Br^-，加入过量 $AgNO_3$ 滴定液后，以硫酸铁铵为指示剂，用硫氰酸铵滴定液滴定，并将滴定结果用空白试验校正后即可计算出结果。

思考与练习

一、单选题

1. 用铬酸钾指示剂法时，滴定应控制酸度为(　　)

A. 6.5～10.5　　B. 3.4～6.5　　C. 大于 10.5　　D. 小于 2

2. 用吸附指示剂法测定 Cl^-时，应选用的指示剂是(　　)

A. 二甲基二碘荧光黄　　B. 荧光黄　　C. 甲基紫　　D. 曙红

3. 下列测定将产生正误差的是(　　)

A. 法扬斯法测定 Cl^-时加入糊精

B. 在硝酸介质中用佛尔哈德法测定 Ag^+

C. 测定 Br^-时选用荧光黄作指示剂

D. 在弱碱性溶液中用莫尔法测定 Cl^-

二、多选题

用沉淀滴定法测定 Ag^+，可以选用的方法有(　　)

A. 莫尔法直接测定　　B. 莫尔法返滴定　　C. 佛尔哈德法直接测定
D. 佛尔哈德法返滴定　　E. 法扬斯法直接测定

三、填空题

1. 以荧光黄为指示剂，用 NaCl 滴定 Ag^+，其颜色从________变为________。

2. 沉淀滴定法的突跃范围大小，既与________有关，也与________有关。

3. 沉淀滴定法的三种指示终点的方法中，不能测定 I^- 的方法是________。

四、名词解释

1. 吸附指示剂

2. 佛尔哈德法

五、简答题

1. 用银量法测定 Cl^- 有三种指示终点的方法，请写出它们的主要反应式，并说明选用的指示剂和酸度条件。

2. 用银量法测定下列试样，选用什么指示剂指示滴定终点比较合适？

(1) $BaCl_2$；(2) KC1；(3) NH_4Cl；(4) KI。

3. 铬酸钾指示剂法中，指示剂的用量过多或过少对滴定有何影响？

4. 用铁铵矾指示剂法测定氯化物时，为了防止沉淀的转化可采取哪些措施？测定碘化物时，指示剂何时加入？为什么？

5. 用吸附指示剂法测定卤化物时，为什么需加入糊精溶液？

6. 在下列情况下，测定结果是偏高、偏低，还是无影响？为什么？

(1) 在 pH=4 的条件下，用莫尔法测定 Cl^-；

(2) 用铁铵矾指示剂法测定 Cl^- 或 Br^-，既没有将银盐沉淀过滤除去，又没有加入有机溶剂；

(3) 以曙红为指示剂测定 Cl^-。

六、计算题

1. 如果将 $AgNO_3$ 溶液 15.00ml 作用于 NaCl 0.1200g，过量的 $AgNO_3$ 需用 NH_4SCN 溶液 1.60ml 滴定至终点，已知滴定 $AgNO_3$ 溶液 15.00ml 需用 NH_4SCN 溶液 17.50ml，计算：①$AgNO_3$ 溶液物质的量浓度；②该 $AgNO_3$ 溶液对 Cl^- 的滴定度；③NH_4SCN 溶液的物质的量浓度。

(c_{AgNO_3}=0.1505mol/L，T_{AgNO_3/Cl^-}=0.008804g/ml，c_{NH_4SCN}=0.1290mol/L)

2. 取尿样 15.00ml，加入 0.1102mol/L $AgNO_3$ 溶液 30.00ml，过量的 $AgNO_3$ 用 0.1050mol/L NH_4SCN 溶液滴定，用去 6.00ml，计算 15ml 尿液中含有 NaCl 多少克？

(0.1564g)

3. KCN 溶液 20.00ml 置于 100ml 容量瓶中，加入 0.1025mol/L 的 $AgNO_3$ 溶液 25.00ml，稀释至刻度。取此溶液(滤出)50.00ml，加硫酸铁铵溶液 2ml 及 1mol/L 硝酸 2ml 后，用 0.1013mol/L 的 NH_4SCN 溶液滴定，消耗 5.00ml。这是采用哪种方法指示终点？并求出 KCN 溶液的物质的量浓度。

(0.07748mol/L)

4. 称取含有 NaCl 和 NaBr 的样品 0.6000g，用重量法测定，得到二者的银盐沉淀为 0.4482g；另取同样重量的样品，用沉淀滴定法测定，需用 24.48ml 0.1084mol/L $AgNO_3$ 溶液，求 NaCl 和 NaBr 的质量分数。

(w_{NaCl}=0.1099，w_{NaBr}=0.2617)

(黄文瑜)

本章 ppt 课件

第 7 章 配位滴定法

配位滴定法(complexmetry titrations)是以配位反应为基础的滴定分析法，又可称为络合滴定法(complex titration)。

在自然界中，大多数金属离子都以配位离子的形式存在于溶液中，只要有适当的配位剂存在，都可进行配位反应，如人体血液和肌肉中的血红素由吡咯环和亚铁离子配位组成。然而，并不是所有的配位反应都可用于滴定分析，能用于配位滴定的配位反应必须具备前述滴定反应的相关条件。

配位剂主要分为无机配位剂和有机配位剂(螯合剂)。无机配位剂的分子或离子通常只有一个配位原子与金属离子发生配位反应，该类配位剂称为单齿配位体，它们与金属离子的配位反应是逐级进行的，结构比较简单，各级稳定常数比较接近，而且各级配位反应都进行得不够完全，所以生成的配位化合物多数稳定性不高。例如，NH_3 与 Cu^{2+}的配位反应分以下四步进行：

$$Cu^{2+}+NH_3 \rightleftharpoons [Cu(NH_3)]^{2+} \qquad K_1=1.3\times10^4$$

$$[Cu(NH_3)]^{2+}+NH_3 \rightleftharpoons [Cu(NH_3)_2]^{2+} \qquad K_2=3.2\times10^3$$

$$[Cu(NH_3)_2]^{2+}+NH_3 \rightleftharpoons [Cu(NH_3)_3]^{2+} \qquad K_3=8.0\times10^2$$

$$[Cu(NH_3)_3]^{2+}+NH_3 \rightleftharpoons [Cu(NH_3)_4]^{2+} \qquad K_4=1.3\times10^2$$

可见，上述各级配位反应中，各级配位化合物的常数彼此相差不大，如果用 NH_3 液滴定 Cu^{2+}，容易得到配位比不同的一系列配位化合物，其产物没有固定的组成，从而难以确定反应的计量关系和滴定终点。因此，除了少数例外，如以 CN^-为配位剂滴定 Ag^+和以 Cl^-为配位剂滴定 Hg^{2+}等配位反应，大多数无机配位剂常用作掩蔽剂、显色剂和指示剂，较少用于滴定分析。

自 20 世纪 40 年代以来，随着众多有机配位剂应用于配位滴定，配位滴定方法得到了迅猛发展，现已成为应用最广泛的常规滴定分析方法之一。有机配位剂分子中常含有两个或两个以上的配位原子，称为多齿配位体。目前最常用的是氨羧配位剂，以乙二胺四乙酸(ethylene diamine tetraacetic acid，EDTA)为代表：

$$\begin{matrix}COOHCH_2 \\ COOHCH_2\end{matrix}\!\!>\!N-H_2C-CH_2-N\!<\!\!\begin{matrix}CH_2COOH \\ CH_2COOH\end{matrix}$$

EDTA 是一类含有氨基二乙酸[—N($CH_2COOH)_2$]基团的有机化合物，1 个 EDTA 分子含有 2 个氨基氮和 4 个羧基氧，共 6 个配位原子。其中氨基氮配位原子易与 Co^{2+}、Ni^{2+}、Zn^{2+}、Cu^{2+}、Hg^{2+}等金属离子配位，羧基氧配位原子几乎能与所有高价金属离子配位。EDTA 作为常用的配位剂具有以下几个特点。

(1) 配位性能广泛，几乎能与所有金属离子络合。

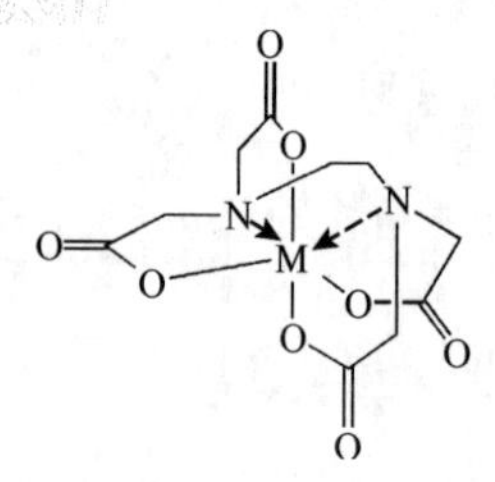

图 7-1　EDTA 与金属配合物的立体结构

(2) 稳定性好，生成具有 5 个五元环状结构的高稳定性配合物(EDTA 配合物的立体构型如图 7-1 所示)，配位反应的完全程度高。

(3) 配位比简单，一般情况下金属离子M与 EDTA(Y)形成 1∶1 的配合物 MY。

(4) 生成的配合物水溶性好。EDTA 与金属离子形成的配合物大多带电荷，因此易溶于水，使滴定能在水溶液中进行。

(5) 多数配位反应迅速。

(6) 配位剂大都无色，与有色金属离子能形成更深颜色的配合物，便于终点确定。

第 1 节　配 位 平 衡

一、配合物的稳定常数和累积稳定常数

(一) 配合物的稳定常数

EDTA 为多齿配位体，它与金属离子生成 1∶1 型配位化合物，其反应通式为

$$M+Y \rightleftharpoons MY \text{ (为简化省去电荷)}$$

这一反应平衡常数为反应产物与反应物的活度之比。由于实际工作中，配位滴定剂的浓度较低(0.01mol/L)，活度系数近似为 1，故通常采用浓度常数，其表达式为

$$K_{MY} = \frac{[MY]}{[M][Y]} \tag{7-1}$$

式中，[M]为平衡时游离金属离子的浓度；[Y]为平衡时游离配位剂的浓度；[MY]为生成的配合物浓度；K_{MY} 为一定温度时配合物 MY 的稳定常数，此值越大，配合物越稳定。表 7-1 列出部分 M-EDTA 配合物稳定常数的 $\lg K_{MY}$。

表 7-1　常见 EDTA 配合物稳定常数的对数值 $\lg K_{MY}$

金属离子	$\lg K_{MY}$	金属离子	$\lg K_{MY}$	金属离子	$\lg K_{MY}$
Na^+	1.66	Fe^{2+}	14.32	Cu^{2+}	18.70
Li^+	2.79	Ce^{3+}	15.98	Hg^{2+}	21.80
Ag^+	7.32	Al^{3+}	16.30	Cr^{3+}	23.0
Ba^{2+}	7.86	Co^{2+}	16.31	Fe^{3+}	24.23
Sr^{2+}	8.73	Cd^{2+}	16.40	Bi^{3+}	27.8
Mg^{2+}	8.79	Zn^{2+}	16.50	Zr^{4+}	29.5
Ca^{2+}	10.69	Pb^{2+}	18.30	Co^{3+}	41.4
Mn^{2+}	13.87	Ni^{2+}	18.56		

从表 7-1 中可见，高价金属离子与 EDTA 配合物的稳定性一般高于低价金属离子与 EDTA

配合物的稳定性。碱金属离子与 EDTA 形成的配合物稳定性最差；碱土金属离子与 EDTA 形成配合物的 $\lg K_{MY}$ 为 8～11；三价、四价金属离子和 EDTA 配合物的 $\lg K_{MY}$＞20。

(二) 累积稳定常数

金属离子能与单齿配位体 L 形成 ML_n 型配合物。这种配合物是逐级形成的，在溶液中存在着逐级配位平衡，每级平衡都有相应的稳定常数，其表达式为

$$M+L \rightleftharpoons ML \quad 第一级稳定常数为 \quad K_1=\frac{[ML]}{[M][L]}$$

$$ML+L \rightleftharpoons ML_2 \quad 第二级稳定常数为 \quad K_2=\frac{[ML_2]}{[ML][L]}$$

$$\vdots$$

$$ML_{n-1}+L \rightleftharpoons ML_n \quad 第 n 级稳定常数为 \quad K_n=\frac{[ML_n]}{[ML_{n-1}][L]}$$

在实际工作中，常需根据游离金属离子浓度[M]和游离配位剂浓度[L]，计算反应体系中各级配合物的浓度。用上述稳定常数来计算各级配合物的浓度较为复杂，故引入累积稳定常数，累积稳定常数等于逐级稳定常数依次相乘，用 β_n 表示。

$$\beta_1=K_1=\frac{[ML]}{[M][L]}$$

$$\beta_2=K_1K_2=\frac{[ML_2]}{[M][L]^2}$$

$$\vdots$$

$$\beta_n=K_1K_2\cdots K_n=\frac{[ML_n]}{[M][L]^n}$$

累积稳定常数将各级配合物的浓度[ML]、$[ML_2]$、…、$[ML_n]$直接与游离金属离子浓度[M]和游离配位剂浓度[L]联系起来，可方便地计算出各级配合物的浓度。

$$[ML]=\beta_1[M][L]$$

$$[ML_2]=\beta_2[M][L]^2$$

$$\vdots$$

$$[ML_n]=\beta_n[M][L]^n$$

二、配位反应的副反应及副反应系数

在配位滴定体系中，化学平衡比较复杂，不仅存在被测金属离子和滴定剂，还存在许多其他金属离子、缓冲剂、掩蔽剂等。因此，除了金属离子 M 与滴定剂 Y 的主反应外，还存在许多副反应，副反应能影响主反应中的反应物和生成物的平衡浓度，整个反应体系的平衡关系可用下式表示。

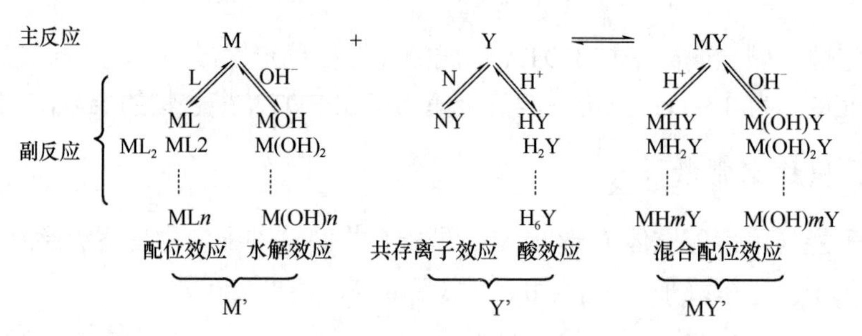

在这些副反应中，羟基配位效应、酸效应和混合配位效应主要受体系酸碱性的影响；配位效应与体系中除滴定剂 Y 以外的所有辅助配位体 L 有关；共存离子效应主要与体系中除待测离子 M 以外的其他金属离子 N 有关。由反应平衡式可知，配位效应、羟基配位效应、酸效应和共存离子效应不利于主反应的进行，而混合配位效应有利于主反应的进行。为了定量表达副反应对主反应的影响程度，引入副反应系数 α。下面对各种副反应的影响分别进行讨论。

1．配位剂Y的副反应系数 配位剂的副反应系数是未参加主反应的EDTA各种型体的总浓度[Y′]与游离 EDTA(Y^{4-})浓度[Y]的比值，用 α_Y 来表示。α_Y 越大表明直接参与主反应的游离 EDTA(Y^{4-})浓度越小，副反应越大。其表达式为

$$\alpha_Y = \frac{[Y']}{[Y]} \tag{7-2}$$

(1) 酸效应系数 $\alpha_{Y(H)}$：EDTA 在水溶液中以双偶极离子结构存在，可视为六元酸，由于 H^+的存在，其有六级离解常数。

$$\begin{matrix} HOOCCH_2 \diagdown & & & & & \diagup CH_2COOH \\ & \overset{+}{N}H & -H_2C- & CH_2 & -\overset{+}{N}H & \\ HOOCCH_2 \diagup & & & & & \diagdown CH_2COOH \end{matrix}$$

$H_6Y^{2+} \rightleftharpoons H^+ + H_5Y^+$ $\qquad K_{a_1} = \dfrac{[H^+][H_5Y^+]}{[H_6Y^{2+}]}$ $\qquad pK_{a_1} = 0.90$

$H_5Y^+ \rightleftharpoons H^+ + H_4Y$ $\qquad K_{a_2} = \dfrac{[H^+][H_4Y]}{[H_5Y^+]}$ $\qquad pK_{a_2} = 1.60$

$H_4Y \rightleftharpoons H^+ + H_3Y^-$ $\qquad K_{a_3} = \dfrac{[H^+][H_3Y^-]}{[H_4Y]}$ $\qquad pK_{a_3} = 2.00$

$H_3Y^- \rightleftharpoons H^+ + H_2Y^{2-}$ $\qquad K_{a_4} = \dfrac{[H^+][H_2Y^{2-}]}{[H_3Y^-]}$ $\qquad pK_{a_4} = 2.67$

$H_2Y^{2-} \rightleftharpoons H^+ + HY^{3-}$ $\qquad K_{a_5} = \dfrac{[H^+][HY^{3-}]}{[H_2Y^{2-}]}$ $\qquad pK_{a_5} = 6.16$

$HY^{3-} \rightleftharpoons H^+ + Y^{4-}$ $\qquad K_{a_6} = \dfrac{[H^+][Y^{4-}]}{[HY^{3-}]}$ $\qquad pK_{a_6} = 10.26$

在水溶液中，未参加主反应的 EDTA 总是以 H_6Y^{2+}、H_5Y^+、H_4Y、H_3Y^-、H_2Y^{2-}、HY^{3-}和 Y^{4-} 7 种形式存在。在这 7 种形式中，真正能与金属离子生成稳定配合物的仅有 Y^{4-}。所以，

$$\alpha_{Y(H)}=\frac{[Y']}{[Y]}=\frac{[Y^{4-}]+[HY^{3-}]+[H_2Y^{2-}]+[H_3Y^-]+[H_4Y]+[H_5Y^+]+[H_6Y^{2+}]}{[Y^{4-}]}$$

$$=1+\frac{[H^+]}{K_{a_6}}+\frac{[H^+]^2}{K_{a_6}K_{a_5}}+\frac{[H^+]^3}{K_{a_6}K_{a_5}K_{a_4}}+\frac{[H^+]^4}{K_{a_6}K_{a_5}K_{a_4}K_{a_3}}+\frac{[H^+]^5}{K_{a_6}K_{a_5}K_{a_4}K_{a_3}K_{a_2}}+\frac{[H^+]^6}{K_{a_6}K_{a_5}K_{a_4}K_{a_3}K_{a_2}K_{a_1}} \quad (7\text{-}3)$$

$\alpha_{Y(H)}$是$[H^+]$的函数，酸度越大，$\alpha_{Y(H)}$也越大。当 $\alpha_{Y(H)}=1$ 时，表示 EDTA 未发生酸效应，这时$[Y']=[Y]$。EDTA 在不同 pH 时的酸效应系数见表 7-2。

表 7-2　EDTA 在不同 pH 时的酸效应系数

pH	$\lg\alpha_{Y(H)}$	pH	$\lg\alpha_{Y(H)}$	pH	$\lg\alpha_{Y(H)}$	pH	$\lg\alpha_{Y(H)}$
0.7	19.62	2.5	11.11	5.5	5.51	9.0	1.29
0.8	19.08	3.0	10.63	6.0	4.65	9.5	0.83
1.0	17.13	3.4	9.71	6.4	4.06	10.0	0.45
1.3	16.49	3.5	9.48	6.5	3.92	10.5	0.20
1.5	15.55	4.0	8.44	7.0	3.32	11.0	0.07
1.8	14.27	4.5	7.50	7.5	2.78	11.5	0.02
2.0	13.79	5.0	6.45	8.0	2.26	12.0	0.01
2.3	12.50	5.4	5.69	8.5	1.77	13.0	0.0008

例 7-1　计算 pH=4.0 时 EDTA 的酸效应系数。

解： pH=4.0 时，$[H^+]=10^{-4}$ mol/L

$$\alpha_{Y(H)}=1+\frac{10^{-4}}{10^{-10.26}}+\frac{10^{-8}}{10^{-16.42}}+\frac{10^{-12}}{10^{-19.09}}+\frac{10^{-16}}{10^{21.09}}+\frac{10^{-20}}{10^{-22.69}}+\frac{10^{-24}}{10^{-23.59}}=10^{8.44}$$

$$\lg\alpha_{Y(H)}=8.44$$

(2) 共存离子效应系数 $\alpha_{Y(N)}$：由于 EDTA 几乎与所有的金属离子都能生成配位化合物，当滴定体系中同时存在另一种或几种金属离子 N 时，Y 与 N 也将形成 1∶1 配合物。因 N 的存在使 Y 参加主反应的能力降低，这种现象称为共存离子效应。其对主反应的影响程度用共存离子效应系数 $\alpha_{Y(N)}$表示。

主反应　　$M + Y \rightleftharpoons MY$　　$K_{MY}=\frac{[MY]}{[M][Y]}$

$Y \overset{N}{\rightleftharpoons} NY$

Y 与 N 的副反应　　$K_{NY}=\frac{[NY]}{[N][Y]}$

副反应系数　　$$\alpha_{Y(N)}=\frac{[Y]+[NY]}{[Y]}=1+\frac{[N][Y]K_{NY}}{[Y]}=1+[N]K_{NY} \quad (7\text{-}4)$$

由此可见，共存离子副反应系数 $\alpha_{Y(N)}$取决于 EDTA 与干扰离子的稳定常数及干扰离子 N 的浓度。如果滴定体系中同时发生酸效应和共存离子效应，则 EDTA 总的副反应系数 α_Y 可用下式计算(略去电荷)：

$$\alpha_Y=\frac{[Y']}{[Y]}=\frac{[Y]+[HY]+[H_2Y]+\cdots+[H_6Y]+[NY]}{[Y]}$$

$$=\frac{[Y]+[HY]+[H_2Y]+\cdots+[H_6Y]+[Y]+[NY]-[Y]}{[Y]} \tag{7-5}$$

$$=\alpha_{Y(H)}+\alpha_{Y(NY)}-1$$

2. 金属离子 M 的副反应系数 在配位滴定的反应体系中，为了维持溶液的 pH，需要加入缓冲剂，被测定的样品因来源不同也可能存在不同类型的具有配位作用的无机阴离子。所以，被测定的金属离子 M 所处的环境并不纯净，并不是全部金属离子 M 都与 EDTA 进行配位反应，其也会与体系中存在的其他杂质配位剂 L 生成 ML_n 型配合物。此时，M 与 L 的反应即可视为副反应，副反应系数用 $\alpha_{M(L)}$表示，L 代表各种不同的配位剂。若以[M′]表示未与 EDTA 形成配合物的金属离子总浓度，[M]表示游离金属离子浓度，则副反应系数为

$$\alpha_{M(L)}=\frac{[M']}{[M]}=\frac{[M]+[ML]+[ML_2]+\cdots+[ML_n]}{[M]}=1+\beta_1[L]+\beta_2[L]^2+\cdots+\beta_n[L]^n \tag{7-6}$$

实际上，金属离子往往同时发生多种副反应。例如，溶液中有缓冲液(NH_3)、OH^-、掩蔽剂 F^-时，金属离子会同时与以上 3 个配位剂发生副反应。若有 i 个配位剂与金属离子发生副反应，则金属离子 M 的总副反应系数为

$$\alpha_M=\alpha_{M(L_1)}+\alpha_{M(L_2)}+\cdots+\alpha_{M(L_i)}-(i-1) \tag{7-7}$$

例 7-2 计算 pH=11，$[NH_3]$=0.1mol/L 时，Ni^{2+}的副反应系数 α_{Ni}。

解： pH=11 时，$\lg\alpha_{Ni(OH)}=0.7$，

$Ni(NH_3)_6$的 $\lg\beta_1$～$\lg\beta_6$分别是 2.75、4.95、6.64、7.79、8.50、8.49，

$$\alpha_{Ni(NH_3)}=1+\beta_1[NH_3]+\beta_2[NH_3]^2+\beta_3[NH_3]^3+\beta_4[NH_3]^4+\beta_5[NH_3]^5+\beta_6[NH_3]^6$$

$$=1+10^{2.75-1}+10^{4.95-2}+10^{6.64-3}+10^{7.79-4}+10^{8.50-5}+10^{8.49-6}=10^{4.17}$$

故 $\alpha_{Ni}=\alpha_{Ni(NH_3)}+\alpha_{Ni(OH)}-1=10^{4.17}+10^{0.7}-1=10^{4.17}$

3. 配合物 MY 的副反应系数 在酸度较高(pH＜3)的情况下，H^+与 MY 发生副反应形成酸式配合物 MHY。

$$MY+H \rightleftharpoons MHY \qquad K_{MHY}=\frac{[MHY]}{[MY][H]}$$

酸式配合物副反应系数用 $\alpha_{MY(H)}$表示，其计算式为

$$\alpha_{MY(H)}=\frac{[MY]+[MHY]}{[MY]}=1+[H]K_{MHY} \tag{7-8}$$

在碱度较高时(pH＞11)，形成碱式配合物 M(OH)Y，副反应系数为

$$\alpha_{MY(OH)}=\frac{[MY]+[M(OH)Y]}{[MY]}=1+[OH]K_{M(OH)Y} \tag{7-9}$$

因为 MHY 与 M(OH)Y 大多不太稳定，对主反应影响不大，故一般计算时可忽略不计。

三、配合物的条件稳定常数

样品测定时副反应总是存在，这时主反应的进行程度已不能用 K_{MY} 来描述，因此，在有副反应的情况下，配合物的稳定常数应为

$$K'_{MY}=\frac{[MY']}{[M'][Y']} \tag{7-10}$$

K'_{MY} 称为条件稳定常数，它表示在一定条件下有副反应发生时主反应进行的程度。式中[MY′]为配合物的总浓度，[M′]为未参加主反应的金属离子总浓度，[Y′]为未参加主反应的 EDTA 总浓度。由副反应系数的讨论可知

$$[M']=\alpha_M[M] \qquad [Y']=\alpha_Y[Y] \qquad [MY']=\alpha_{MY}[MY]$$

所以 $K'_{MY}=\dfrac{[MY']}{[M'][Y']}=\dfrac{\alpha_{MY}[MY]}{\alpha_M[M]\alpha_Y[Y]}=K_{MY}\dfrac{\alpha_{MY}}{\alpha_M\alpha_Y}$

$$\lg K'_{MY}=\lg K_{MY}-\lg\alpha_M-\lg\alpha_Y+\lg\alpha_{MY} \tag{7-11}$$

条件稳定常数取决于金属离子与 EDTA 的稳定常数及滴定体系中发生的各种副反应系数的大小。在实际测定时，当溶液的 pH 和试剂浓度一定时，各种副反应系数为定值。因此，条件稳定常数在一定条件下为常数，它是用副反应系数校正后的实际稳定常数。当金属离子和配位剂发生副反应时，α_M 和 α_Y 总是大于 1，导致主反应的完成程度降低，而配合物 MY 发生副反应时，α_{MY} 大于 1，主反应的完成程度增高。利用条件稳定常数公式，可方便的计算出有副反应情况下主反应的完成程度。

例 7-3 计算 pH=3 和 pH=6 时，$\lg K'_{CdY}$ 分别为多少。

解： 从表 7-1 查到 $\lg K_{CdY}=16.40$

从表 7-2 查到 pH=3 时，$\lg\alpha_{Y(H)}=10.63$；pH=6 时，$\lg\alpha_{Y(H)}=4.65$

pH=3 时，$\lg\alpha_{Cd(OH)}=0$；pH=6 时，$\lg\alpha_{Cd(OH)}=0$

所以 pH=3 时，$\lg K'_{CdY}=16.40-10.63=5.77$

pH=6 时，$\lg K'_{CdY}=16.40-4.65=11.75$

例 7-4 计算 pH=11 时，$[NH_3]=0.1$mol/L 时的 $\lg K'_{ZnY}$。

解： $Zn(NH_3)_4^{2+}$的 $\lg\beta_1$～$\lg\beta_4$ 分别是 2.27、4.61、7.01、9.06，

$$\begin{aligned}\alpha_{Zn(NH_3)}&=1+\beta_1[NH_3]+\beta_2[NH_3]^2+\beta_3[NH_3]^3+\beta_4[NH_3]^4\\&=1+10^{2.27}\times10^{-1}+10^{4.61}\times10^{-2}+10^{7.01}\times10^{-3}+10^{9.06}\times10^{-4}=10^{5.10}\end{aligned}$$

pH=11 时，$\lg\alpha_{Zn(OH)}=5.4$

$$\alpha_{Zn}=\alpha_{Zn(NH_3)}+\alpha_{Zn(OH)}-1=10^{5.10}+10^{5.4}-1=10^{5.6}$$

$$\lg\alpha_{Zn}=5.6$$

从表 7-1 查到 $\lg K_{ZnY}=16.50$

从表 7-2 查到 pH=11 时，$\lg\alpha_{Y(H)}=0.07$

$$\lg K'_{ZnY}=\lg K_{ZnY}-\lg\alpha_{Zn}-\lg\alpha_{Y(H)}=16.50-0.07-5.6=10.83$$

计算结果表明，在 pH=11 时，尽管 Zn^{2+}与 OH^-及 NH_3 的副反应很强，但 $\lg K'_{ZnY}$ 可达 10.83，故在强碱条件下仍能用 EDTA 滴定 Zn^{2+}。

第2节 基本原理

一、滴定曲线

类似于酸碱滴定中 pH 随滴定剂体积(百分数)增加的变化趋势，以 pM(-lg[M])表达金属离子浓度，绘制 pM 与配位剂体积(百分数)的关系曲线即为配位滴定的滴定曲线。到达化学计量点附近时，溶液中金属离子的浓度急剧减少，pM 发生突变，产生滴定突跃。选用适当的指示剂可以指示滴定终点。

以 EDTA 标准液滴定 Ca^{2+}为例：在 NH_3-NH_4Cl 缓冲溶液中(pH=10.0)，以 0.01000 mol/L EDTA 标准溶液滴定 20.00ml(V_0)0.01000mol/L Ca^{2+} 溶液，计算滴定过程中[Ca^{2+}]的变化，绘出滴定曲线。

查表 7-1 得：$\lg K_{CaY}=10.69$

查表 7-2 得：pH=10.0 时，$\lg\alpha_{Y(H)}=0.45$，$\lg\alpha_{Ca(OH)}=0$

pH=10.0 时，由于 NH_3 与 Ca^{2+}不发生配位反应，故 $\lg\alpha_{Ca(NH3)}=0$ 所以 $\lg\alpha_{Ca}=0$，$\lg\alpha_Y=\lg\alpha_{Y(H)}=0.45$

$\lg K'_{CaY}=\lg K_{CaY}-\lg\alpha_{Ca}-\lg\alpha_Y=10.24$

在滴定的整个过程中，只要溶液的 pH 不变，条件稳定常数总是不变。设滴定中加入 EDTA 的体积为 V(ml)，整个滴定过程可按四个阶段来考虑。

1．滴定前(V=0)　溶液的 Ca^{2+}浓度等于原始浓度。

[Ca^{2+}]=0.01000 mol/L　　pCa=–lg0.01000=2.00

2．滴定开始至化学计量点之前(V<V_0) $\lg K'_{CaY}$>10，CaY 的离解可忽略。

$$[Ca^{2+}]=\frac{V_0-V}{V_0+V}\times c_{Ca^{2+}}$$

当加入 19.98 ml EDTA 标准溶液时

$$[Ca^{2+}]=\frac{20.00-19.98}{20.00+19.98}\times 0.01000\approx 5.0\times 10^{-6}\ (mol/L)$$

pCa=5.3

3．计量点时(V=V_0)

$$[M']_{sp}=\sqrt{\frac{c_{M(sp)}}{K'_{MY}}} \qquad \text{(见式 7-12)}$$

$$[CaY]=\frac{20.00}{20.00+20.00}\times 0.01000=5.0\times 10^{-3}(mol/L)$$

因为 Ca^{2+}没有副反应，所以

$$[Ca]=[Ca']=\sqrt{\frac{c_{Ca(SP)}}{K'_{CaY}}}=\sqrt{\frac{5.0\times 10^{-3}}{10^{10.24}}}=5.364\times 10^{-7}\ (mol/L)$$

pCa=6.27

4．计量点后(V>V_0)　溶液中 Ca^{2+}浓度由过量的 EDTA 的量决定，即

$$[Y]=\frac{V-V_0}{V+V_0}\times c_{EDTA}$$

当加入 20.02 ml EDTA 标准溶液时

$$[Y']=\frac{0.02}{20.00+20.02}\times 0.01000\approx 5.0\times 10^{-6}$$

$$K'_{CaY}=\frac{[CaY']}{[Ca'][Y']}\qquad [Ca]=[Ca']=\frac{[CaY']}{[Y']K'_{CaY}}$$

$$[Ca]=\frac{5.0\times 10^{-3}}{10^{10.24}\times 5\times 10^{-6}}=10^{-7.24}\text{mol/L}$$

$$pCa=7.24$$

如此逐一计算滴定过程中各阶段溶液 pCa 变化的情况，并将主要计算结果列入表 7-3 中。

表 7-3 用 EDTA(0.01000mol/L)滴定 20.00ml Ca^{2+}溶液(0.01000mol/L)的$[Ca^{2+}]$变化表(25℃)

加入的 EDTA		剩余的 Ca^{2+}		$[Ca^{2+}]$	pCa	
ml	%	%	ml			
0.00	0	100	20.00	1.00×10^{-2}	2.00	
18.00	90.0	10	2.00	5.00×10^{-4}	3.30	
19.80	99.0	1	0.20	5.00×10^{-5}	4.30	
19.98	99.9	0.1	0.02	5.00×10^{-6}	5.30	突跃范围
20.00	100.0	0	0.00	5.364×10^{-7}	6.27	突跃范围
		过量的 EDTA		[EDTA]		
20.02	100.1	0.1	0.02	5.00×10^{-6}	7.24	突跃范围
20.20	101	1.0	0.20	5.00×10^{-5}	8.24	

以 EDTA 加入量为横坐标，以溶液的 pCa 为纵坐标，绘制滴定曲线(pCa-V 曲线)(图 7-2)。

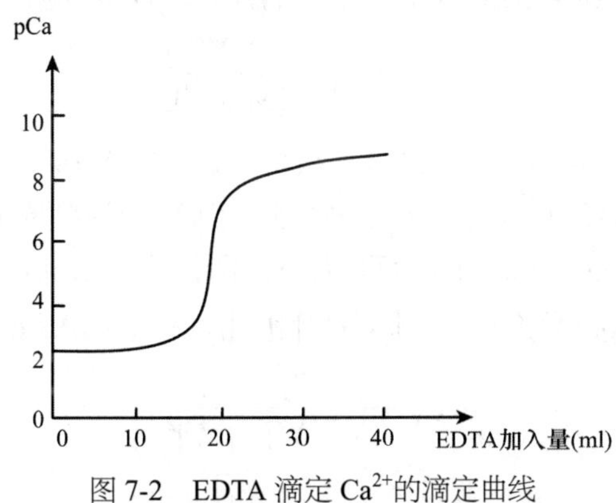

图 7-2 EDTA 滴定 Ca^{2+}的滴定曲线

从表 7-3 和图 7-2 中可以看出，滴定开始至化学计量点前(19.98ml)，pCa 由 2 升到 5.3，改变了 3.3 个单位。而体积从 19.98ml 到 20.02ml，变化了 0.04ml，即在化学计量点±0.1%范围内(约 1 滴溶液)，pCa 由 5.3 突然升至 7.24，改变了近 2 个单位，这种 pCa 的突变称为滴定突跃，突跃所在的 pCa 范围称为滴定突跃范围。

二、影响滴定突跃大小的因素

若被滴定的金属离子 M 和滴定剂 Y 的浓度一定，滴定曲线将随配合物的条件稳定常数 K'_{MY}而变化：K'_{MY}越大，滴定突跃范围越大。图 7-3 为不同 K'_{MY}下的滴定曲线。若条件稳定常数 K'_{MY}一定，则被测金属离子的浓度越高，滴定突跃范围也越大。图 7-4 是不同浓度下的滴定曲线。综合考虑被测金属离子的浓度 c_M 与配合物条件稳定常数 K'_{MY}两个因素，若滴定终点与化学计量点的 pM 相差 0.2($\Delta pM'=\pm0.2$)，要使终点误差 TE≤0.1%，则必须满足条件：$\lg c_M K'_{MY} \geq 6$。

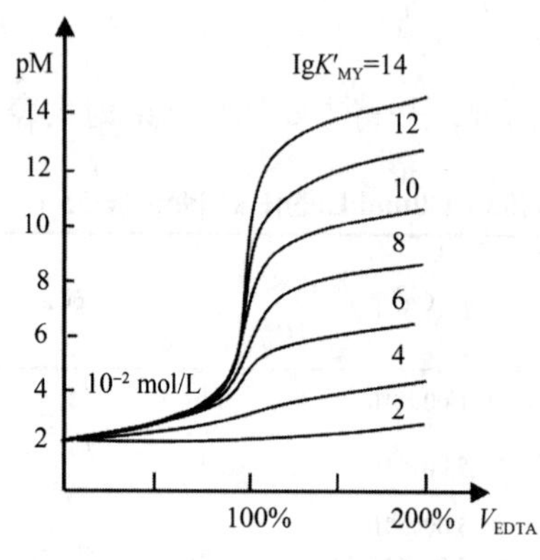

图 7-3　不同 K'_{MY} 时的滴定曲线

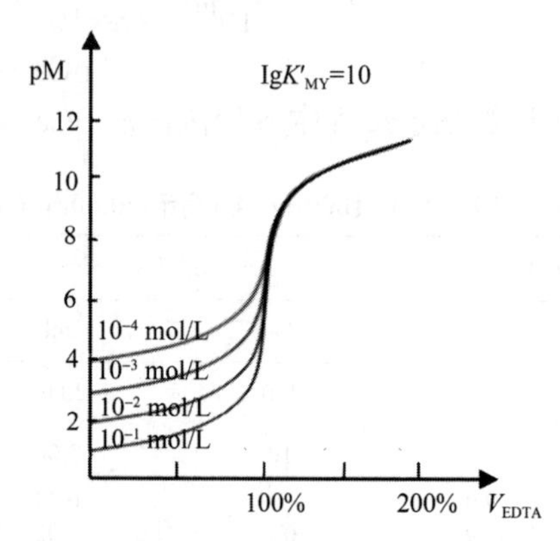

图 7-4　EDTA 滴定不同浓度的金属离子的滴定曲线

三、化学计量点 pM′值的计算

化学计量点时的金属离子浓度是判断配位滴定的准确度和选择指示剂的依据。所以，在配位滴定中要重视化学计量点时金属离子浓度 pM′的计算。计算依据为条件稳定常数 K'_{MY}。

$$K'_{MY} = \frac{[MY']}{[M'][Y']}$$

由于配合物 MY 的副反应系数近似为 1，故可以认为[MY′]=[MY]。

在滴定的任何时刻，$[MY]+[M']=c_M$(c_M 为被测金属离子的总浓度)。若配合物比较稳定，在化学计量点时[M′]很小，对于[MY]而言可以忽略不计，所以，$[MY]=c_{M(sp)}$。

在化学计量点时，[M′]=[Y′](注意：不是[M]=[Y])，将其代入条件稳定常数公式，则有

$$K'_{MY} = \frac{[MY']}{[M'][Y']} = \frac{c_{M(sp)}}{[M']^2}$$

$$[M']_{sp} = \sqrt{\frac{c_{M(sp)}}{K'_{MY}}} \tag{7-12}$$

$$pM' = \frac{1}{2}(pc_{M(sp)} + \lg K'_{MY}) \tag{7-13}$$

式中，$c_{M(sp)}$表示化学计量点时金属离子的总浓度，若滴定剂与被滴定物浓度相等，则 $c_{M(sp)}$为金属离子原始浓度的一半。

例 7-5 用 0.02000mol/L EDTA 溶液滴定相同浓度的 Zn^{2+}，若溶液 pH 为 11，游离氨浓度为 0.20mol/L，计算化学计量点时的 pZn。

解： 化学计量点时，$c_{Zn(sp)}=\frac{1}{2}\times(2.0\times10^{-2})=1.0\times10^{-2}\ (mol/L)$

$$pc_{Zn(sp)}=2.00$$

$$[NH_3]_{sp}=\frac{1}{2}\times0.20=0.10\ mol/L$$

由例 7-4 可知：pH=11 时，$\lg\alpha_{Zn}=5.6$，$\lg\alpha_{Y(H)}=0.07$

$$\lg K'_{ZnY}=\lg K_{ZnY}-\lg\alpha_{Zn}-\lg\alpha_{Y(H)}=16.5-5.6-0.07=10.83$$

$$pZn'=\frac{1}{2}(pc_{Zn(sp)}+\lg K'_{ZnY})=\frac{1}{2}\times(2.00+10.83)=6.42$$

即在化学计量点时，未与 EDTA 配合的 Zn^{2+} 占总 Zn^{2+} 含量的百分数为

$$\frac{[Zn']}{c_{Zn}}\times100\%=\frac{10^{-6.42}}{10^{-2}}\times100\%=0.0038\%$$

计算结果说明：尽管 Zn 的副反应严重(α_{Zn} 高达 $10^{5.6}$)，但化学计量点时溶液中未与 EDTA 配合的锌离子仅为 0.0038%，主反应进行得仍相当完全。

四、金属指示剂

金属指示剂本质上是一种能与金属离子生成配合物的有机染料，一般是有机弱酸或有机弱碱。在滴定过程中，随着金属离子浓度变化而使金属指示剂的颜色突变，从而指示配位滴定终点的到达，这种能与金属离子生成有色配合物的有机染料称为金属离子指示剂，简称金属指示剂。

1．变色原理 在被测定的金属离子溶液中，加入金属指示剂，指示剂与被测金属离子进行配位反应，生成与指示剂自身颜色不同的配合物。

$$\underset{\text{自身色}}{M+In}\rightleftharpoons\underset{\text{配位色}}{MIn}$$

滴定开始至化学计量点前，溶液一直为配合物 MIn 的颜色。在近化学计量点时，游离的金属离子浓度非常低，再加入的 EDTA 进而夺取 MIn 中的 M，将 In 置换出来，使溶液呈现指示剂自身的颜色。

$$\underset{\text{配位色}}{MIn}+Y\rightleftharpoons MY+\underset{\text{自身色}}{In}$$

以 EDTA 在 pH=10 条件下滴定 Mg^{2+}，用铬黑 T(EBT)作指示剂为例。EBT 与 EBT-Mg 配合物的结构及颜色变化如下：

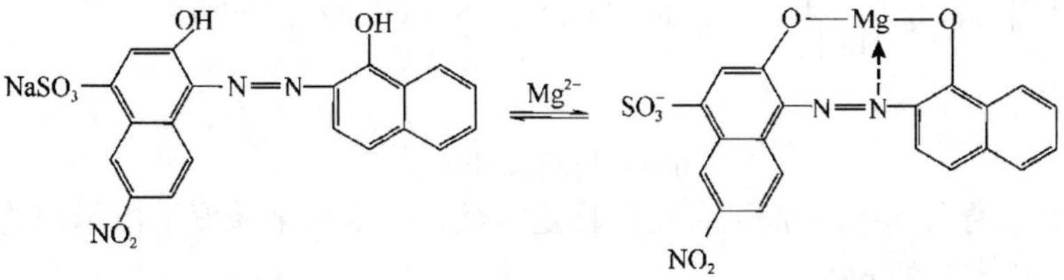

EBT(蓝色) Mg-EBT (红色)

滴定前先加一定量的指示剂于待测液中，EBT 与一部分 Mg^{2+}配位生成红色配合物，当加入 EDTA 后，溶液中大量游离的 Mg^{2+}与 EDTA 配位，溶液仍呈红色。当滴定至化学计量点附近时，游离 Mg^{2+}的浓度已降至很低。此时加入少许 EDTA 就可以与 EBT-Mg 中的 Mg^{2+}配位，使 EBT 游离出来而呈蓝色，引起溶液的颜色突变，指示滴定终点。

2．必备条件

(1) 指示剂与金属离子形成的配合物 MIn 与指示剂 In 自身的颜色应有显著差别。

(2) 显色反应必须灵敏、快速、并具有良好的变色可逆性。

(3) 配合物 MIn 的稳定性适当，要求 $K'_{MY}/K'_{MIn}>10^2$，即 MY 的稳定性优于 MIn。

3．指示剂的封闭与僵化现象及消除办法

(1) 封闭现象：如果指示剂与某些金属离子形成的配位化合物极其稳定，以至于加入过量的滴定剂也不能将指示剂从金属-指示剂配合物中释放出来，导致溶液在化学计量点附近没有颜色变化，这种现象称为指示剂的封闭现象。例如，以 EBT 为指示剂，用 EDTA 滴定 Ca^{2+}、Mg^{2+}时，溶液中若有 Al^{3+}、Fe^{3+}、Cu^{2+}、Co^{2+}、Ni^{2+}等离子时，由于这些离子与指示剂形成的配合物比较稳定，也就是 $K'_{MY}<K'_{MIn}$，EBT 便会被 Al^{3+}、Fe^{3+}、Cu^{2+}、Co^{2+}、Ni^{2+}等离子封闭，不能指示滴定终点。蒸馏水质量差，含有微量的重金属离子，也会使指示剂失效。解决的办法是加入掩蔽剂，使干扰离子生成更稳定的配合物而不再与指示剂作用。例如，Al^{3+}、Fe^{3+}、Cu^{2+}、Co^{2+}、Ni^{2+}对 EBT 的封闭可用三乙醇胺或 KCN 加以消除。

(2) 僵化现象：有些指示剂或金属-指示剂配合物在水中的溶解度太小，使得滴定剂与金属-指示剂配合物交换缓慢，终点拖长。这种现象称为指示剂僵化。解决的办法是，加入有机溶剂或加热以加快反应速率。例如，用 EDTA 滴定 Cu^{2+}时，以 PAN 作指示剂时常产生指示剂僵化，通常加入乙醇或在加热条件下滴定。

4．指示剂颜色转变点 pM_t 的计算　金属指示剂(In)是一种配位剂，它与金属离子(M)形成有色配合物(MIn)。

$$M + In \xlongequal{} MIn$$

其稳定常数表达式为

$$K_{MIn}=\frac{[MIn]}{[M][In]} \tag{7-14}$$

金属指示剂一般是弱酸或弱碱，在一定 pH 下 H^+对指示剂会产生酸效应，故 MIn 的条件稳定常数为

$$K'_{MIn}=\frac{[MIn]}{[M][In']}=\frac{K_{MIn}}{\alpha_{In(H)}}$$

$$pM+\lg\frac{[MIn]}{[In']}=\lg K_{MIn}-\lg\alpha_{In(H)} \tag{7-15}$$

在[MIn]=[In′]时，$\lg\frac{[MIn]}{[In']}=0$，溶液呈现混合色，即指示剂的颜色转变点，此时的金属离子浓度以 pM_t 表示。

$$pM_t=\lg K_{MIn}-\lg\alpha_{In(H)} \tag{7-16}$$

因此，只要知道金属-指示剂配合物的稳定常数，并求得某酸度下指示剂的酸效应系数，就可以求得滴定终点时的 pM_t。

例 7-6 EBT 与 Ca^{2+}配合物的 $\lg K_{MIn}=5.4$，EBT 作为弱酸的二级离解常数分别为 $K_1=10^{-6.5}$，$K_2=10^{-11.6}$，试计算 pH=10 时的 pCa_t。

解：

$$\alpha_{In(H)}=1+\frac{[H^+]}{K_2}+\frac{[H^+]^2}{K_1K_2}=1+\frac{10^{-10}}{10^{-11.6}}+\frac{10^{-10\times2}}{10^{-11.6}\times10^{-6.5}}\approx10^{1.6}$$

$$pCa_t=\lg K_{CaIn}-\lg\alpha_{In(H)}=5.4-1.6=3.8$$

5. 常用金属指示剂

(1) 铬黑 T(eriochrome black T)：铬黑 T 是偶氮苯类染料，黑褐色粉末，化学名称是 1-(1-羟基-2-萘偶氮)-6-硝基-2-萘酚-4-磺酸钠，常用 NaH_2In 表示，简称 EBT，结构式如下：

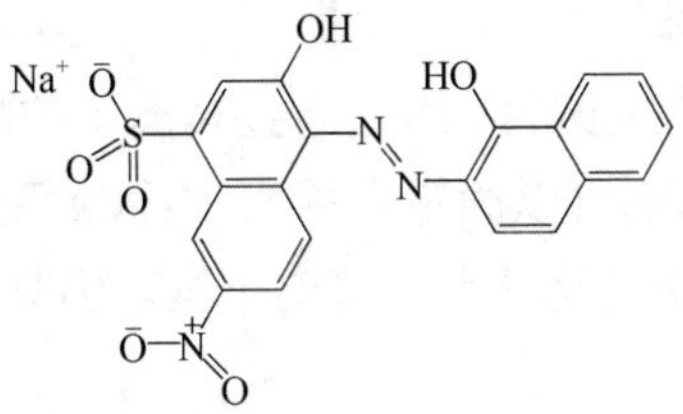

EBT 在不同 pH 下显示不同的颜色。当 pH 小于 6.3 时，呈紫红色，pH 大于 11 时呈橙色，EBT 金属配合物呈红色。所以，EBT 应在 pH 6.3～11.6 使用。在 pH 为 10 的缓冲溶液中，用 EDTA 滴定 Mg^{2+}、Zn^{2+}、Cd^{2+}、Pb^{2+}、Mn^{2+}、稀土金属离子等离子时，EBT 是良好的指示剂，但 Al^{3+}、Fe^{3+}、Cu^{2+}、Co^{2+}、Ni^{2+}对 EBT 有封闭作用。

EBT 固体性质稳定，但水溶液不稳定，在水溶液中只能保存几天，其原因是发生了聚合作用或氧化反应，pH<6.5 时聚合作用严重。配制时一般溶于三乙醇胺，可减慢聚合速度，再用无水乙醇稀释至适用浓度备用。

(2) 二甲酚橙(xylene orange)：二甲酚橙为紫色粉末，易溶于水，不溶于无水乙醇，化学名称是 3，3′-双[*N*，*N*-二(羧甲基)氨基甲基]邻甲酚磺酰酞，简称 XO，其结构式为

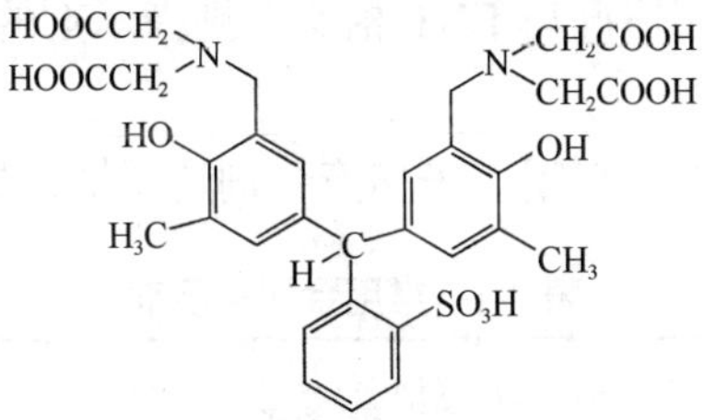

XO 在水溶液中有 7 级酸式离解，其中 H_7In 至 H_3In^{4-}均为黄色，H_2In^{5-}至 In^{7-}均为红色。H_3In^{4-}的离解平衡是

$$\underset{黄}{H_3In^{4-}} \xrightleftharpoons{pK_a=6.3} H^+ + \underset{红}{H_2In^{5-}}$$

XO 在 pH>6.3 时呈红色，pH<6.3 时呈黄色，与金属离子的配合物均为红紫色，因此适合在 pH<6 的酸性溶液中使用。XO 可用于很多金属离子的滴定，如 ZrO^{2+}(pH<1)、Bi^{3+}、Th^{4+}(pH 1～3)、Hg^{2+}、Zn^{2+}、Cd^{2+}、Pb^{2+}、稀土金属离子(pH 5～6)，终点由红紫色变为亮黄色。Fe^{3+}、Al^{3+}、Cu^{2+}、Co^{2+}、Ni^{2+}对二甲酚橙有封闭作用。XO 比较稳定，通常配成 0.2%水溶液，稳定 2～3 周。

(3) PAN [1-(2-pyridinylazo)-2-naohthalenol]：PAN 属于吡啶偶氮类指示剂，橙红色结晶性

粉末，不溶于水，溶于甲醇、乙醇、苯、醚、三氯甲烷等有机溶剂。化学名称是 1-(2-吡啶偶氮)-2-萘酚，简称 PAN，其结构式为

PAN 的杂环氮原子质子化，在溶液中存在如下平衡：

$$H_2In^+ \underset{pK_{a_1}=1.9}{\longleftrightarrow} HIn \underset{pK_{a_2}=12.2}{\longleftrightarrow} In^-$$

黄绿　　　　黄　　　　淡红

可见 PAN 在 pH 1.9～12.2 均呈黄色，而它与金属离子的配合物显红色，所以 PAN 的使用 pH 为 1.9～12.2。使用 PAN 指示剂可以滴定多种离子：Cu^{2+}、Ni^{2+}、Bi^{3+}、Th^{4+}、Hg^{2+}、Zn^{2+}、Cd^{2+}、Pb^{2+}、Sn^{2+}、In^{3+}、Fe^{2+}、Mn^{2+}及稀土金属离子等。但其螯合物不易溶于水，为此常加入乙醇或在加热条件下滴定。

(4) 钙指示剂(calcon)：钙指示剂又名钙紫红素，简称 NN，其结构式为

在溶液中的平衡关系是

$$H_2In^+ \underset{pK_{a_1}=9.1}{\longleftrightarrow} HIn \underset{pK_{a_2}=13.0}{\longleftrightarrow} In^-$$

酒红　　　　蓝　　　　粉红

钙指示剂与 Ca^{2+}的配合物显红色，灵敏度高。用于钙离子的测定，在 pH12～13 时滴定，终点由红色变为纯蓝色。受封闭情况与 EBT 相似。钙指示剂的水溶液或乙醇溶液均不稳定，一般配成固体试剂使用。

常用的金属指示剂应用范围、封闭离子和掩蔽剂选择情况如表 7-4 所示。

表 7-4　常用金属指示剂

指示剂	pH 范围	颜色变化		直接滴定离子	封闭离子	掩蔽剂
		In	MIn			
EBT	7～10	蓝	红	Mg^{2+}、Zn^{2+}、Cd^{2+}、Pb^{2+}、Mn^{2+}、稀土金属离子	Al^{3+}、Fe^{3+}、Cu^{2+}、Co^{2+}、Ni^{2+}	三乙醇胺或 KCN
XO	＜6	亮黄	红紫	pH＜1：ZrO^{2+} pH 1～3：Bi^{3+}、Th^{4+} pH 5～6：Hg^{2+}、Zn^{2+}、Cd^{2+}、Pb^{2+}、稀土金属离子	Fe^{3+} Al^{3+} Cu^{2+}、Co^{2+}、Ni^{2+}	NH_4F 邻二氮菲
PAN	2～12	黄	红	pH2～3：Bi^{3+}、Th^{4+} pH4～5：Cu^{2+}、Ni^{2+}		
NN	10～13	纯蓝	红	Ca^{2+}	与 EBT 相似	与 EBT 相似

第3节　滴定条件的选择

影响滴定准确度的因素主要是滴定体系的 pH 和共存离子的干扰。前者主要是由于酸效应对条件稳定常数和终点 pM_t 产生影响，后者主要是由于 EDTA 可广泛测定多种金属离子而失去了其选择性。本节主要讨论滴定体系酸度和掩蔽剂对配位滴定准确性的影响，而滴定准确度是以终点误差来衡量的。因而首先要对配位滴定终点的误差进行讨论。

一、滴定终点误差

滴定终点误差(titration error，TE)是指滴定终点与化学计量点不一致所引起的误差。

$$TE=\frac{[Y']_{ep}-[M']_{ep}}{c_{M(sp)}}\times 100\% \tag{7-17}$$

若滴定终点与化学计量点完全一致，加入配位剂与被测金属物质的量正好相等，则$[Y']_{ep}=[M']_{ep}$，终点误差为零。若终点与化学计量点不一致，$[Y']_{ep}\neq[M']_{ep}$，就存在滴定终点误差。设终点(ep)与化学计量点(sp)的 pM′值之差为 Δ pM′。则

$$\Delta pM'=pM'_{ep}-pM'_{sp}=\lg\frac{[M']_{sp}}{[M']_{ep}}$$

$$-\Delta pM'=\lg\frac{[M']_{ep}}{[M']_{sp}}\qquad \frac{[M']_{ep}}{[M']_{sp}}=10^{-\Delta pM'}$$

所以，

$$[M']_{ep}=[M']_{sp}\times 10^{-\Delta pM'} \tag{7-18}$$

同样可导出

$$[Y']_{ep}=[Y']_{sp}\times 10^{-\Delta pY'} \tag{7-19}$$

将式(7-18)和式(7-19)代入式(7-17)，则

$$TE=\frac{[Y']_{sp}\times 10^{-\Delta pY'}-[M']_{sp}\times 10^{-\Delta pM'}}{c_{M(sp)}}\times 100\% \tag{7-20}$$

由配合物条件稳定常数可知，

在化学计量点时，$K'_{MY}=\frac{[MY]_{sp}}{[M']_{sp}[Y']_{sp}}$　　$pM'_{sp}+pY'_{sp}=\lg K'_{MY}-\lg[MY]_{sp}$

在终点时，　$K'_{MY}=\frac{[MY]_{ep}}{[M']_{ep}[Y']_{ep}}$　　$pM'_{ep}+pY'_{ep}=\lg K'_{MY}-\lg[MY]_{ep}$

若终点接近化学计量点时，$[MY]_{ep}\approx[MY]_{sp}$。将上面两式相减，得

$$\Delta pM'+\Delta pY'=0\quad \Delta pM'=-\Delta pY' \tag{7-21}$$

在化学计量点时，$K'_{MY}=\frac{[MY]_{sp}}{[M']_{sp}[Y']_{sp}}$　　$[MY]_{sp}\approx c_{M(sp)}$

$$[M']_{sp}=[Y']_{sp}=\sqrt{\frac{[MY]_{sp}}{K'_{MY}}}=\sqrt{\frac{c_{M(sp)}}{K'_{MY}}} \tag{7-22}$$

将式(7-21)和式(7-22)代入式(7-20)得

$$\begin{aligned}TE &= \frac{\sqrt{\frac{c_{M(sp)}}{K'_{MY}}}\times 10^{\Delta pM'}-\sqrt{\frac{c_{M(sp)}}{K'_{MY}}}\times 10^{-\Delta pM'}}{c_{M(sp)}}\times 100\% \\ &= \frac{10^{\Delta pM'}-10^{-\Delta pM'}}{\sqrt{c_{M(sp)}K'_{MY}}}\times 100\%\end{aligned} \tag{7-23}$$

式(7-23)称为林邦(Ringbom)误差公式。由此公式可知，滴定终点误差与三个因素有关：金属配合物的条件稳定常数、终点与化学计量点 pM 的差值 $\Delta pM'$和金属离子的浓度。金属配合物的条件稳定常数和金属离子浓度越大，滴定误差越小；$\Delta pM'$越大，误差越大。

在配位滴定中，化学计量点与指示剂的变色点不可能完全一致。即使很接近，由于人眼判断颜色的局限性，仍可能使$\Delta pM'$有±0.2～±0.5 的误差。假设用等浓度的 EDTA 滴定初始浓度为 c 的金属离子 M，$\Delta pM'=\pm 0.2$。当 $\lg cK'$分别为 8、6、4 时，滴定终点误差可由林邦误差公式计算得出：

$$\lg cK'=8 \qquad TE=\frac{10^{0.2}-10^{-0.2}}{\sqrt{10^8}}\times 100\%=0.01\%$$

$$\lg cK'=6 \qquad TE=\frac{10^{0.2}-10^{-0.2}}{\sqrt{10^6}}\times 100\%=0.1\%$$

$$\lg cK'=4 \qquad TE=\frac{10^{0.2}-10^{-0.2}}{\sqrt{10^4}}\times 100\%=1\%$$

上面计算结果说明，当终点与化学计量点的 pM 相差 0.2 个单位时，若要求终点误差在±0.1%以内，必须满足 $\lg cK'\geqslant 6$。因此，通常将 $\lg cK'\geqslant 6$ 作为能准确滴定的条件。一般 c_M 在 0.01mol/L 左右，所以条件稳定常数 K'_{MY} 必须大于 10^8，才能用配位滴定分析金属离子。

二、酸度的选择

1．滴定体系的最高酸度 EDTA 是六元弱酸，而真正能与金属离子配位的是 Y^{4-}，因此，滴定体系中酸度越大，酸效应系数越大，条件稳定常数越小，生成的金属离子与 EDTA 的配合物越不稳定，不能进行定量滴定。由表 7-1 可知，不同金属离子与 EDTA 生成稳定性不同的配位体，在某一 pH，稳定常数大的金属离子可以被准确滴定，而稳定常数小的金属离子就不能被准确滴定。可见，对每种金属离子都存在一个“最高酸度”的问题。

已经证明，被测金属离子浓度在 0.01mol/L 左右时，条件稳定常数 K'_{MY} 必须大于 10^8，才能用配位滴定法测定金属离子。假如除酸效应外，不存在其他副反应，则

$$\lg K'_{MY}=\lg K_{MY}-\lg\alpha_{Y(H)}\geqslant 8$$

$$\lg\alpha_{Y(H)}\leqslant \lg K_{MY}-8$$

在滴定某种金属离子时，只要知道该金属离子与 EDTA 配合物的稳定常数 $\lg K_{MY}$，就可由上式求出 $\lg\alpha_{Y(H)}$，再从表 7-2 查得该值对应的 pH，即为该离子被滴定的最高酸度。

不同金属离子的 $\lg K_{MY}$ 不同，直接准确滴定所要求的最高酸度也不同，以不同的 $\lg K_{MY}$ 与相应的最高酸度作图，得到的关系曲线称为酸效应曲线，如图 7-5 所示。

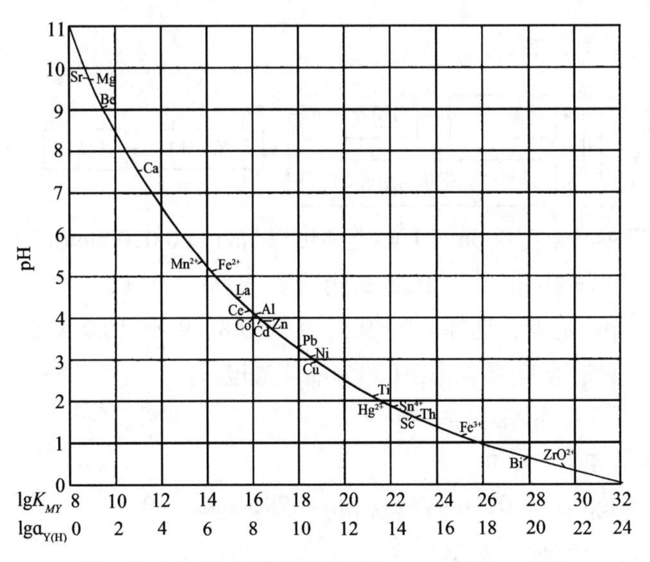

图 7-5　EDTA 的酸效应曲线(c_M=c_Y=0.01 mol/L)

2．滴定体系的最低酸度　在上图中，pH=3 时，$\alpha_{Ni(OH)}\approx1$，可忽略金属离子的水解。如果酸度较低，酸效应影响减小，有利于配位滴定反应。但酸度太低，金属离子会水解并产生沉淀，从而影响被测定离子的准确滴定。因此，配位滴定还有一个“最低酸度”，低于此酸度时，金属离子水解形成羟基配合物甚至析出沉淀 $M(OH)_n$。由于 $K_{sp}=[M][OH]^n$，则

$$[OH]=\sqrt[n]{K_{sp}/[M]}$$

从 pOH+pH=14 可求出最低酸度。

例 7-7　用 EDTA(0.02mol/L)滴定同浓度的 Ni^{2+}溶液，求滴定的酸度范围(最高酸度和最低酸度)。

解：查表 7-1，$\lg K_{NiY}=18.56$

$$\lg\alpha_{Y(H)}=\lg K_{NiY}-8=18.56-8=10.56$$

查表 7-2，$\lg\alpha_{Y(H)}$所对应的 pH 为 3。故最高酸度应控制在 pH=3。

如果仅考虑 Ni^{2+}与 OH^-的羟基配位效应，当 pH=9 时，$\lg\alpha_{Ni(OH)}=0.1$，pH＜9 时，$\lg\alpha_{Y(H)}\approx0$。为使条件稳定常数最大，应取 pH＜9。而按 $Ni(OH)_2$ 开始沉淀的 pH 计算，得

$$[OH^-]=\sqrt[n]{K_{sp}/[M]}=\sqrt{2\times10^{-15}/2\times10^{-2}}=10^{-6.5}$$

$$pH=7.5$$

所以，滴定的酸度范围是 3＜pH＜7.5。

3．最佳酸度　上述最高酸度和最低酸度只是确定了可以进行配位滴定的酸度范围，在这个酸度范围内终点滴定误差可能还达不到要求。在滴定过程中，由于 EDTA 和指示剂都存在酸效应，因此，条件稳定常数 K'_{MY}、化学计量点时金属离子的浓度 pM'_{sp}和金属指示剂颜色转变点的 pM_t都是酸度 H^+的函数，在某一滴定体系中，溶液的酸度发生变化，K'_{MY}、pM'_{sp}、pM_t都会随之变化。我们可选择滴定体系的酸度，使 pM'_{sp}与 pM_t基本一致，使误差达到最小，这时的酸度称为最佳酸度。

最佳酸度的推算基本思路是：在可以进行滴定的酸度范围内，以滴定终点误差为判断标准，计算不同 pH 时的 K'_{MY}、pM'_{sp}、pM_t，再计算与之对应的滴定误差，最小滴定误差所对应的 pH

就是最佳酸度。具体计算过程为

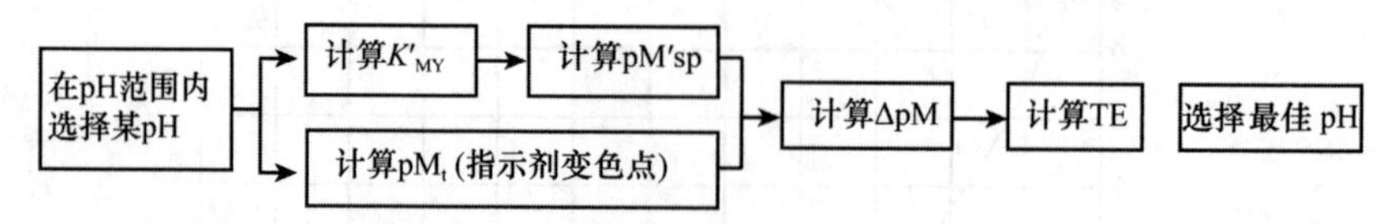

例 7-8 用 EDTA 液(0.01000mol/L)滴定 Mg^{2+}试液(约 0.01000mol/L)，以 EBT 为指示剂，在 pH 9.0～10.5 的缓冲液中滴定，试确定最佳酸度。

解： 先在给定的 pH 范围，选择 9.0、9.5、9.7、9.8、9.9、10.0、10.5 7 个 pH，计算各 pH 所对应的滴定误差，滴定误差最小的 pH 即为最佳酸度。

查表得：$\lg K_{MY}=8.79$，$\lg K_{Mg-EBT}=7.0$

EBT 的 $pK_{a_1}=6.3$，$pK_{a_2}=11.6$

pH=9 时：$\lg\alpha_M=\lg\alpha_{M(OH)}=0$，$\lg\alpha_Y=\lg\alpha_{Y(H)}=1.29$，$\lg\alpha_{MY}=0$

$\lg K'_{MY}=\lg K_{MY}-\lg\alpha_M-\lg\alpha_Y+\lg\alpha_{MY}=7.5$

$$[M']_{sp}=\sqrt{\frac{c_{MY(sp)}}{K'_{MY}}}=\sqrt{\frac{\frac{1}{2}\times1.0\times10^{-2}}{10^{7.5}}}=10^{-4.9}$$

$$\alpha_{In(H)}=1+\frac{[H^+]}{K_{a_2}}+\frac{[H^+]^2}{K_{a_2}K_{a_1}}=1+\frac{10^{-9}}{10^{-11.6}}+\frac{10^{-18}}{10^{-11.6}\times10^{-6.3}}=10^{2.6}$$

$$pM'_{ep}=pM'_t=\lg K_{MIn}-\lg\alpha_{In(H)}=7.0-2.6=4.4$$

$$\Delta pM=pM'_{ep}-pM'_{sp}=4.4-4.9=-0.5$$

$$TE=\frac{10^{\Delta pM'}-10^{-\Delta pM'}}{\sqrt{c_{M(sp)}K'_{MY}}}\times100\%=\frac{10^{-0.5}-10^{0.5}}{\sqrt{\frac{1}{2}\times10^{-2}\times10^{7.35}}}\times100\%=-0.72\%$$

用上述同样的方法算出各pH时的TE，结果见表7-5，由计算结果可知，最佳酸度为pH=9.8。

表 7-5 不同 pH 的滴定误差

pH	pMg	pMg_t	Δ pMg	TE(%)
9.0	4.83	4.4	−0.43	−0.72
9.5	8.09	4.9	−0.19	−0.15
9.7	5.17	5.09	0.08	−0.05
9.8	5.21	5.19	−0.02	−0.01
9.9	5.24	5.29	0.05	0.03
10.0	5.28	5.39	0.11	0.05
10.5	5.38	5.82	0.44	0.2

三、掩蔽剂的选择

EDTA 的配位能力很强，它能与大多数金属生成稳定的配合物。而被测样品中，除被测定的金属离子 M 外，常常还会有其他离子 N 存在。由于 N 与 EDTA 产生配位反应即 Y 发生副反应，降低了条件稳定常数 K'_{MY}，给 M 离子的滴定带来误差。有时共存离子 N 与 EDTA 生成的配合物的稳定性并不很大，但它与指示剂可生成稳定的配合物，即对指示剂有封闭作用。上述情况都为选择性滴定被测离子 M 带来困难。共存离子 N 能否干扰待测离子 M 的测定，取决于 $\lg K'_{MY}$ 与 $\lg K'_{NY}$ 之比。在 N 离子存在下，选择性滴定 M 离子的条件是

$$\frac{c_{M(sp)}K'_{MY}}{c_{N(sp)}K'_{NY}} \geqslant 10^5$$

$$\Delta \lg cK' = \lg c_M K'_{MY} - \lg c_N K'_{NY} \geqslant 5 \qquad (7\text{-}24)$$

由于能准确滴定的条件为 $\lg c_M K'_{MY} \geqslant 6$，将其代入式 7-24。则选择性滴定 M 离子的条件是

$$\lg c_N K'_{NY} \leqslant 1$$

因此，设法降低干扰离子与 EDTA 配合物的条件稳定常数是提高配位滴定选择性的重要途径。若在被测溶液中加入一种试剂，使它与 N 反应，则溶液中的[N]会降低，$\lg c_N K'_{NY}$ 减小，N 对 M 测定的干扰作用也就减小以至消除，这种方法叫作掩蔽法。按掩蔽的反应机制不同，可分为配位掩蔽法、沉淀掩蔽法、氧化还原掩蔽法。

1. 配位掩蔽法 加入掩蔽剂 A 后，溶液中主要的平衡关系是

$$\begin{array}{l} M \ + \ Y \rightleftharpoons MY \\ \qquad\quad \Big\Updownarrow N \overset{A}{\rightleftharpoons} NA\cdots\cdots \\ \qquad\quad NY \end{array}$$

A 与 N 的反应实际上是 N 与 Y 反应的副反应，此时

$$\lg K'_{NY} = \lg K_{NY} - \lg \alpha_{N(A)} \qquad (7\text{-}25)$$

可见，掩蔽法的实质是降低干扰金属配合物的条件稳定常数，使得 M、N 与 EDTA 生成配合物的条件稳定常数的差值增大，从而可能用控制酸度的方法选择性地滴定 M。配位滴定中常见的掩蔽剂见表 7-6。

表 7-6 常用的掩蔽剂及使用范围

名称	使用 pH 范围	被掩蔽的离子	备注
KCN	>8	Cu^{2+}、Co^{2+}、Ni^{2+}、Hg^{2+}、Ti^{2+}及铂族元素	剧毒，须在碱性溶液中使用
NH_4F	4～6	Al^{3+}、Ti^{4+}、Sn^{4+}、Zr^{4+}、W^{6+}等	用 NH_4F 比 NaF 好，因加入 NH_4F 溶液的 pH
	10	Al^{3+}、Mg^{2+}、Ca^{2+}、Sr^{2+}、Ba^{2+}及稀土元素	变化不大
三乙醇胺	10	Al^{3+}、Ti^{4+}、Sn^{4+}、Fe^{3+}	与 KCN 并用可提高掩蔽效果
(TEA)	11～12	Fe^{3+}、Al^{3+}及少量 Mn^{2+}	
酒石酸	1.2	Sb^{2+}、Sn^{4+}、Fe^{3+}及 5mg 以下的 Cu^{2+}	在抗坏血酸存在下使用
	2	Sn^{4+}、Fe^{3+}、Mn^{2+}	
	5.5	Fe^{3+}、Al^{3+}、Sn^{4+}、Ca^{2+}	
	6～7.5	Mg^{2+}、Cu^{2+}、Fe^{3+}、Al^{3+}、Mo^{4+}、Sb^{2+}、W^{6+}	
	10	Al^{3+}、Sn^{4+}	

例 7-9 待测溶液中含有 Al^{3+}27 mg、Zn^{2+}65.4 mg，加入 1g NH_4F 以掩蔽 Al^{3+}，调节溶液 pH 5.5，用 0.010 mol/L 的 EDTA 滴定 Zn^{2+}，如用 XO 为指示剂，假设终点时的体积为 100 ml，求终点误差是多少？

解： 化学计量点时

$$c_{Al(sp)} \approx c_{Al^{3+}} = \frac{0.027}{27} \times \frac{1000}{100} = 0.010\,(mol/L)$$

$$c_{Zn(sp)} \approx c_{Zn^{2+}} = \frac{0.0654}{65.4} \times \frac{1000}{100} = 0.010\,(mol/L)$$

$$c_{F^-} = \frac{1}{37} \times \frac{1000}{100} = 0.27\,(mol/L)$$

与 Al 结合的氟离子浓度：$[F^-]=6\times c_{Al(sp)}=6\times 0.01=0.06(mol/L)$

游离浓度：$[F^-]=0.27-0.06=0.21(mol/L)$

$$\begin{aligned}\alpha_{(Al)F} &= 1+\beta_1[F]+\beta_2[F]^2+\cdots+\beta_6[F]^6 \\ &= 1+10^{6.1}\times 0.21+10^{11.15}\times 0.21^2+\cdots \\ &= 10^{16.20}\end{aligned}$$

游离铝离子浓度 $[Al^{3+}] = \frac{c_{Al(sp)}}{\alpha_{(Al)F}} = \frac{0.010mol/L}{10^{16.20}} = 10^{-18.20}(mol/L)$

则主反应的共存离子效应为

$$\alpha_{Y(Al)} = 1+K_{AlY}[Al^{3+}] = 1+10^{16.30}\times 10^{-18.20} \approx 1$$

$$\alpha_{Zn} \approx 1 \qquad \lg\alpha_{Y(H)} = 5.51$$

$$\lg K'_{ZnY} = \lg K_{ZnY} - \lg\alpha_{Y(H)} = 16.5-5.51 = 10.99$$

$$[Zn^{2+}]_{sp} = \sqrt{\frac{c_{Zn(sp)}}{K'_{ZnY}}} = \sqrt{\frac{0.010}{10^{10.99}}} = 10^{-6.50}$$

$$pZn_{(sp)} = 6.50$$

从指示剂变色点 $pM_t=\lg K_{MIn}-\lg\alpha_{In(H)}$可算出，当 pH=5.5 时，$pZn_t=5.7$，则

$$\Delta pZn=5.7-6.50=-0.80$$

$$TE = \frac{10^{-0.80}-10^{0.80}}{\sqrt{10^{10.99}\times 0.010}} \times 100\% = -0.02\%$$

2. 氧化还原掩蔽法 加入一种氧化剂或还原剂，与干扰离子发生氧化或还原反应，使干扰离子与 EDTA 或与指示剂配合物的稳定性下降，以消除它对主反应的干扰，这种消除干扰的方法称为氧化还原掩蔽法。例如，锆铁中锆的测定，锆(ZrO^{2+})和铁(Fe^{3+})与 EDTA 配合物的稳定常数 $\lg K_{ZrOY}$、$\lg K_{FeY}$ 分别为 29.9 和 25.1， $\Delta\lg K$ 不够大，Fe^{3+}会干扰 ZrO^{2+}的滴定。当加入抗坏血酸或盐酸羟胺将 Fe^{3+} 还原为 Fe^{2+}，由于 Fe^{2+}与 EDTA 配合物的稳定常数 $\lg K_{FeY}$ 只有14.3，比 $\lg K_{ZrOY}$ 小得多，因而不干扰 ZrO^{2+}的滴定。

有的掩蔽剂同时兼有氧化还原作用，如以 KCN 掩蔽 Cu 就是这样。

$$2Cu^{2+}+8CN^- \rightleftharpoons 2[Cu(CN)_3]^{2-}+(CN)_2$$

3. 沉淀掩蔽法 加入能与干扰离子生成沉淀的沉淀剂，并在沉淀存在下直接进行配位滴定，这种方法称为沉淀掩蔽法。例如，Ca^{2+}、Mg^{2+}的 EDTA 配合物的稳定常数较接近，分别为 $10^{10.7}$ 和 $10^{8.7}$。而且 Ca^{2+}、Mg^{2+}性质相近，找不到合适的配位掩蔽剂，在溶液中也没有氧化还原反应可利用。但 Ca^{2+}、Mg^{2+}与氢氧化物的溶度积分别为 $10^{-10.4}$、$10^{-4.9}$，相差较大。所以可在 pH＞12 的情况下滴定 Ca^{2+}、而 Mg^{2+}则生成 $Mg(OH)_2$ 沉淀，不会干扰 Ca^{2+}的测定。沉淀掩蔽法常用的沉淀剂见表 7-7。

表 7-7　沉淀掩蔽法常用的沉淀剂

沉淀剂	被沉淀离子	被滴定离子	pH	指示剂
氢氧化物	Mg^{2+}	Ca^{2+}	12	钙指示剂
KI	Cu^{2+}	Zn^{2+}	5～6	PAN
氟化物	Ba^{2+}、Sr^{2+}、Ca^{2+}、Mg^{2+}	Zn^{2+}、Cd^{2+}、Mn^{2+}	10	EBT
硫酸盐	Ba^{2+}、Sr^{2+}	Ca^{2+}、Mg^{2+}	10	EBT
硫化钠或铜试剂	Hg^{2+}、Pb^{2+}、Bi^{2+}、Cu^{2+}、Cd^{2+}	Ca^{2+}、Mg^{2+}	10	EBT

第 4 节　应用与示例

一、标准溶液的配制与标定

1．EDTA 标准溶液　EDTA 在水中溶解度小，常用乙二胺四乙酸二钠(EDTA-2Na)配制标准溶液。EDTA-2Na 摩尔质量为 372.26，室温下在水中的溶解度为 11.1g。

(1) EDTA 标准溶液(0.05 mol/L)的配制：取 EDTA-2Na 19g，加适量的水溶解转移至 1L 容量瓶中，稀释至刻度，摇匀。

(2) EDTA 标准溶液(0.05 mol/L)的标定：取于约 800℃灼烧至恒重的基准氧化锌 0.12g，精密称定，加稀盐酸 3 ml 使溶解，加水 25 ml，加 0.025%甲基红的乙醇溶液 1 滴，滴加氨试液至溶液显微黄色，加水 25ml 与 NH_3-NH_4Cl 缓冲液(pH=10.0)10ml，再加 EBT 指示剂适量，用本液滴定至溶液由紫红色变为纯蓝色。根据本液的消耗量与氧化锌的取用量，算出本液的浓度，即得。

EDTA 标准溶液应贮藏于硬质玻璃瓶或聚乙烯瓶中。

2．锌标准溶液

(1) 锌标准溶液(0.05 mol/L)的配制：方法一，取硫酸锌约 15g，加稀盐酸 10ml 与适量蒸馏水，稀释至约 1000 ml，摇匀；方法二，精密称取纯锌粒约 3.3g，加蒸馏水 5ml 及盐酸 10ml，置水浴上温热使溶解，放冷，稀释至约 1000 ml。

(2) 锌标准溶液的标定：精密量取方法一中待标定溶液 25.00ml，加 0.025%甲基红的乙醇溶液 1 滴，滴加氨试液至溶液显微黄色，加水 25ml、NH_3-NH_4Cl 缓冲液(pH10.0)10ml 与铬黑 T 指示剂少量，用 EDTA 滴定液(0.05mol/L)滴定至溶液由紫红色变为纯蓝色，并将滴定的结果用空白试验校正。根据 EDTA 滴定液的消耗量，算出本液的浓度，即得。

二、滴定方式

1．直接滴定法　只要金属离子与 EDTA 的配位反应能满足滴定分析的要求，就可以直接进行滴定。直接滴定法的优点是方便快速、可能引入的误差较少。只要条件允许，应尽可能采用直接滴定法。直接滴定法应用最广，下面以钙、镁的联合滴定为例说明之。

钙、镁是很多原材料的主要成分，水的硬度分析也要求测定其含量。在钙、镁的各种测定方法中，以配位滴定最为简便。通常是先在 pH=10 的氨性溶液中以 EBT 为指示剂，用 EDTA

滴定两者的总量。另取同样试液，加入氢氧化钠试液，使 pH＞12，此时镁以 $Mg(OH)_2$ 的形式产生沉淀而被掩蔽，选用对 Ca^{2+} 灵敏的钙指示剂指示终点，用 EDTA 滴定 Ca^{2+}。从钙、镁总量中减去钙的量，就可以得到镁的含量。

2. 返滴定法 当被测定金属离子不符合直接滴定的条件，就不能用直接滴定法。在下列情况下可用返滴定法测定：①被测金属离子与滴定剂的配合反应进行很慢(如 Cr^{3+}、Al^{3+}等)；②被测金属离子对指示剂有封闭作用(如 Fe^{3+}、Al^{3+}等)，或找不到合适的指示剂(如 Ba^{2+}、Sr^{2+}等)；③被测金属离子在滴定 pH 条件下会发生水解，又找不到合适的辅助配位剂。

例如，用 EDTA 滴定 Al^{3+}：Al^{3+}与 EDTA 配位反应很慢；Al^{3+}能封闭二甲酚橙指示剂；Al^{3+}易水解形成多种多核羟基配合物。因此只有在一定 pH 下用返滴定法进行测定。先加入 pH=6 的氨性缓冲液和定量过量的 EDTA 标准溶液于供试液中，煮沸 3～5min，以加速 Al^{3+}与 EDTA 的配位反应，放冷后，加入二甲酚橙指示剂(Al^{3+}已与 EDTA 形成配合物不会封闭二甲酚橙)，用标准 Zn 溶液滴定过量的 EDTA，终点时，过量的一点锌与二甲酚橙结合，使溶液由黄色转变为红色。

3. 置换滴定法 置换滴定是利用置换反应，置换出等物质量的另一金属离子，或置换出与被测金属离子等量的 EDTA，然后滴定。置换滴定法有下列 2 种。

(1) 置换出金属离子：如 Ag^+与 EDTA 配合物的稳定常数为 $10^{7.3}$，显然该配合物不够稳定，不能直接用 EDTA 滴定。如果向供试液中加入过量的$[Ni(CN)_4]^{2-}$，将发生如下反应：

$$2Ag^++Ni(CN)_4{}^{2-} \rightleftharpoons 2[Ag(CN)_2{}^-]+ Ni^{2+}$$

置换出来的 Ni^{2+}，在 pH=10 的氨性缓冲液中，以紫脲酸铵为指示剂，用 EDTA 滴定，即可算出 Ag^+的含量。

(2) 置换出 EDTA：用 EDTA 将样品中所有金属离子生成配合物，再加入专一性试剂 L，选择性地与被测金属离子 M 生成比 MY 更稳定的配合物 ML，因而将与 M 等量的 EDTA 置换出来。

$$MY+L \rightleftharpoons ML+Y$$

释放出来的 EDTA 用锌标准溶液滴定，可计算出 M 的含量。例如，测定合金中的 Sn 时，可在供试液中加入过量的 EDTA，试样中的 Pb^{2+}、Zn^{2+}、Cd^{2+}、Ba^{2+}、Sn^{4+}等都与 EDTA 形成配合物，过量的 EDTA 用 Zn 标准液返滴定。再加入 NH_4F 使 SnY 转变成更稳定的 $SnF_6{}^{2-}$，释放出的 EDTA 再用 Zn 标准溶液滴定，即可求得 Sn^{4+}的含量。

(3) 利用金属指示剂间接指示终点：例如，EBT 与 Ca^{2+}显色不灵敏，但对 Mg^{2+}较灵敏，若在 pH=10 氨性缓冲液中测定 Ca^{2+}，在供试液中可加入少量的 MgY，此时将发生如下置换反应：

$$MgY+ Ca^{2+} \rightleftharpoons CaY+Mg^{2+}$$

置换出来的 Mg^{2+}与 EBT 形成深红色 EBT-Mg 配合物。滴定过程中，EDTA 先与 Ca^{2+}生成配合物，最后夺取 EBT-Mg 配合物中的 Mg^{2+}，而使 EBT 指示剂游离出来，溶液由深红色转变为蓝色，终点变色敏锐。开始加入的 MgY 与最后生成的是等量的，不影响滴定的准确度。

4. 间接滴定法 当 EDTA 与某些金属离子或非金属离子不发生配位反应或不能生成稳定的配合物时可以采用间接滴定法。间接法通常是选择一种沉淀剂，这种沉淀剂中含有能与 EDTA 生成稳定配合物的金属离子，故可被 EDTA 滴定。供试液被滴定时，先加入这种沉淀剂，将被测定离子定量地沉淀为固定组成的沉淀，过量的沉淀剂用 EDTA 滴定，或将沉淀分离、溶解后，再用 EDTA 滴定其中的金属离子，从而计算被测金属离子的含量。

例如，K^+可沉淀为 $K_2NaCo(NO_2)_6 \cdot 6H_2O$，沉淀过滤溶解后，用 EDTA 滴定其中的 Co^{2+}以间接测定 K^+的含量；Na^+可沉淀为 $NaZn(UO_2)_3Ac_9 \cdot 9H_2O$，沉淀过滤溶解后，用 EDTA 滴定其中的 Zn^{2+}以间接测定 Na^+的含量。又如，PO_4^{3-}可沉淀为 $MgNH_4PO_4 \cdot 6H_2O$，沉淀过滤溶解于 HCl，加一定量过量的 EDTA 标准溶液，并调至碱性，用 Mg^{2+}标准溶液滴定过量的 EDTA，以求得 PO_4^{3-}的量；SO_4^{2-}的测定可定量地加入过量 Ba^{2+}标准溶液，将其沉淀为 $BaSO_4$，而后以 EBT 为指示剂，用 EDTA 滴定过量的 Ba^{2+}，从而计算出 SO_4^{2-}的含量。

三、示例

1. 钙、镁离子的测定 制盐工业中工业盐、食用盐(海盐、湖盐、矿盐、精制盐)、氯化钾、工业氯化镁试样中钙、镁离子含量的测定都是采用配位滴定法。根据中华人民共和国国家标准《制盐工业通用试验方法—钙和镁离子的测定》(GB/T 13025.6-2012)，先在 pH10 时，用 EDTA 滴定钙镁的总量，再在 pH12 时滴定钙的含量，其检测方法如下。

(1) 钙镁总量的测定：吸取一定量样品溶液，置于 150ml 烧杯中，加入 5ml 氨性缓冲溶液(pH=10)、4 滴 EBT 指示剂，然后用 0.02mol/L EDTA 标准溶液滴定至溶液由酒红色变为亮蓝色。

(2) Mg^{2+}的测定：吸取一定量样品溶液于 150ml 烧杯中，加水至 25ml，加入 2ml 2mol/L 氢氧化钠溶液和约 10 mg 钙指示剂，然后用 0.02mol/L EDTA 标准溶液滴定至溶液由酒红色变为纯蓝色。

CaY 比 MgY 更稳定，但 EBT-Mg 比 EBT-Ca 更稳定，所以在钙镁总量测定过程中，Ca^{2+}先被滴定，溶液的颜色由酒红色变为亮蓝色时，Mg^{2+}恰好从 EBT-Mg 被置换出来，即已被定量测定，而 Ca^{2+}在此之前早已定量反应完全，故测定的是钙镁的总量。在 Mg^{2+}的测定中，当加入 2ml 2mol/L 氢氧化钠溶液，溶液 pH 已达 12 左右，此时 Mg 将以 $Mg(OH)_2$ 的形式沉淀而被掩蔽，选用钙指示剂，用 EDTA 测定 Ca 的含量，前后两次测定之差即为 Mg 的含量。

水的硬度以每升水中含钙镁离子的总量折算成 $CaCO_3$ 的毫克数表示。因此，测定方法与国家标准《制盐工业通用试验方法—钙和镁离子的测定》(GB/T 13025.6-2012)的测定方法基本一致。

2. 含金属离子的药品含量测定 含金属离子的药品大多可用配位滴定法测定其含量，如氯化钙、乳酸钙、葡萄糖酸钙、氢氧化铝、硫酸镁、硫糖铝等药物，《中国药典》2020 年版均采用配位滴定法。

(1) 葡萄糖酸钙的含量测定：取本品 0.5g，精密称定，加水 100ml，微热使溶解，加氢氧化钠试液 15ml 与钙紫红素指示剂 0.1g，用 EDTA-2Na 滴定液(0.05mol/L)滴定至溶液自紫红色转变为纯蓝色。每 1ml EDTA-2Na 滴定液(0.05 mol/L)相当于 22.42mg 的 $C_{12}H_{22}CaO_{14} \cdot H_2O$。

(2) 氢氧化铝的含量测定：取本品约 0.6 g，精密称定，加盐酸与水各 10 ml，加热溶解后，放冷，滤过，取滤液置 250ml 容量瓶中，滤器用水洗涤，洗液并入容量瓶中，用水稀释至刻度，摇匀；精密量取 25ml，加氨试液中和至恰析出沉淀，再滴加稀盐酸至沉淀恰好溶解为止，加乙酸-乙酸铵缓冲液(pH=6.0)10ml，再加精密量取的 EDTA-2Na 滴定液(0.05mol/L)25ml，煮沸 3～5min，放冷，加二甲酚橙指示液 1ml，用锌滴定液(0.05mol/L)滴定至溶液自黄色转变为红色，并将滴定的结果用空白试验校正，每 1ml EDTA-2Na 滴定液(0.05mol/L)相当于 2.549 mg 的 Al_2O_3。

(3) 硫酸镁的含量测定：取本品约 0.25g，精密称定，加水 30ml 溶解后，加 NH_3-NH_4Cl 缓冲液(pH=10.0)10ml 与 EBT 指示剂少许，用 EDTA-2Na 滴定液(0.05mol/L)滴定至溶液由紫红色转变为纯蓝色。每 1ml EDTA-2Na 滴定液(0.05mol/L)相当于 6.018 mg 的 $MgSO_4$。

(4) 硫糖铝中铝的测定：取本品约 1.0g 精密称定，置 200ml 容量瓶中，加稀盐酸 10ml 溶解后，加水稀释至刻度，摇匀；精密量取 20ml，加氨试液中和至恰析出沉淀，再滴加稀盐酸至沉淀恰溶解为止，加醋酸-醋酸铵缓冲液(pH=6.0)20ml，再加精密量取的 EDTA-2Na 滴定液(0.05mol/L)25ml，煮沸 3～5min，放冷至室温，加二甲酚橙指示液 1ml，用锌滴定液(0.05mol/L)滴定至溶液自黄色转变为红色，并将滴定的结果用空白试验校正。每 1ml EDTA-2Na 滴定液(0.05mol/L)相当于 1.349mg 的 Al。

(5) 硫糖铝中硫的测定：取本品约 1.0g 精密称定，置烧杯中，加硝酸溶液(1→2)10ml 与水 10ml。缓缓煮沸 10min，加氨试液至碱性后再多加 5ml，煮沸 1min，放冷，移置 100ml 容量瓶中，加水稀释至刻度，摇匀，用干燥滤纸滤过，精密量取续滤液 10 ml，加 1mol/L 盐酸溶液，至恰呈酸性后，再多加 3 滴，精密加氯化钡-氯化镁溶液(取氯化钡 6g 与氯化镁 5g，加水溶解并稀释至 500ml)10ml，摇匀，放置片刻，加 NH_3-NH_4Cl 缓冲液(pH10.0)15ml、三乙醇胺溶液(1→2)5ml 与 EBT 指示剂少量，用 EDTA-2Na 滴定液(0.05mol/L)滴定，并将滴定的结果用空白试验校正。每 1ml EDTA-2Na 滴定液(0.05mol/L)相当于 1.603mg 的 S。

思考与练习

一、简答题

1. EDTA 与金属离子配合物有哪些特点？
2. 配合物的稳定常数与条件稳定常数有什么不同？二者之间有什么关系？
3. 对配位反应来说，影响稳定常数的主要因素有哪些？
4. 影响配位滴定突跃范围的因素是什么？
5. 金属指示剂应具备什么条件？选择金属指示剂的依据是什么？
6. 何为指示剂的封闭现象？怎样消除封闭？
7. 配位滴定中常用的掩蔽方法有哪些？各适用于哪些情况？
8. 配位滴定的条件如何选择？主要从哪些方面考虑？
9. 配位滴定中常用的滴定方式有哪些？各适用于哪些情况？

二、计算题

1. 取碳酸钙样品 0.1326g，加盐酸溶解，用氨水中和过量盐酸后稀释至 30ml，加 NH_3-NH_4Cl 缓冲液(pH=10.0)10ml 与铬黑 T 指示剂少许，用 0.05048mol/L 乙二胺四乙酸二钠滴定液滴定至溶液由紫红色转变为纯蓝色。消耗乙二胺四乙酸二钠滴定液 21.50ml，求 $CaCO_3$ 的质量分数。每 1ml 乙二胺四乙酸二钠滴定液(0.05mol/L)相当于 5.004 mg 的 $CaCO_3$。

(81.91%)

2. 取氢氧化铝 0.5045g，加盐酸与水各 10ml，加热溶解后，放冷，滤过，取滤液置 250ml 容量瓶中，滤器用水洗涤，洗液并入容量瓶中，用水稀释至刻度，摇匀；精密量取 25ml，加氨试液中和至恰析出沉淀，再滴加稀盐酸至沉淀恰溶解为止，加乙酸-乙酸铵缓冲液(pH=6.0)10ml，再加精密量取的 0.0510mol/L 乙二胺四乙酸二钠滴定液 25ml，煮沸 3～5min，放冷，加二甲酚橙指示液 1ml，用 0.0492mol/L 锌滴定液滴定至溶液自黄色转变为红色，消耗锌滴定液 13.46ml，求氢氧化铝(以三氧化二铝计)的质量分数。每 1ml 乙二胺四乙酸二钠滴定液(0.05mol/L)相当于 2.549mg 的 Al_2O_3。

(61.92%)

3. 用 0.0100mol/L EDTA 滴定 20.00ml 同浓度的金属离子 M。已知在某条件下反应完全，在加入 19.98ml 至 20.02ml EDTA 时，pM 改变了 3 个单位，计算 K'_{MY}。

($10^{11.30}$)

4. 取水样100.0ml，用氨性缓冲溶液调节至pH = 10，以 EBT 为指示剂，用 EDTA 标准溶液(0.009800mol/L)滴定至终点，共消耗13.25ml，计算水的总硬度(折算为碳酸钙的量，分子量为100.0)。另取同样体积水样，用NaOH调节至pH=12.8，加入钙指示剂，用上述EDTA标准溶液滴定至终点，消耗11.20ml，求水样中钙、镁离子的含量(mg/L)。

(13.0 ppm, 43.9 mg/L, 4.82 mg/L)

5. 若一溶液中含有 Fe^{3+}、Al^{3+}各 0.01mol/L，假设除酸效应外无其他副反应发生，以 0.01mol/L EDTA 溶液能否滴定 Fe^{3+}，如果能，应如何控制溶液酸度？(TE%=0.1%)

(可以，最高酸度 1.2，最低酸度 2.2)

(程芳芳、耿　婷)

本章 ppt 课件

| 第 8 章 |　氧化还原滴定法

氧化还原滴定法(oxidation-reduction titration)是以氧化还原反应为基础的滴定分析法。由于氧化还原反应是基于氧化剂与还原剂间的电子转移的反应，反应机制往往比较复杂，有些反应常伴有副反应。因此，在氧化还原滴定中应严格控制实验条件，以满足滴定分析对滴定反应的要求。

氧化还原滴定法在滴定分析中应用较为广泛，能直接或间接测定很多无机物或有机物的含量。

第 1 节　氧化还原反应

一、电极电位与 Nernst 方程式

1. 电极电位(electrode potential)　电极电位是电极与溶液接触处存在的双电层产生的电位。物质的氧化还原性质可以用相关氧化还原电对的电极电位来衡量。氧化还原电对(redox couple)是由物质的氧化型和与之对应的还原型构成的整体，如 Fe^{3+}/Fe^{2+}、Ce^{4+}/Ce^{3+}、MnO_4^-/Mn^{2+}、$Cr_2O_7^{2-}/Cr^{3+}$。

一般情况下，电极电位越高，氧化型的氧化能力越强；电极电位越低，还原型的还原能力越强。在通常条件下，电对电极电位的大小可通过 Nernst 方程式计算。

2. Nernst 方程式　Nernst 方程式计算电对的电极电位，其基本依据是电对的氧化还原半反应。对于可逆氧化还原电对 Ox/Red 的氧化还原半反应如下：

$$\mathrm{Ox} + ne \rightleftharpoons \mathrm{Red}$$

则该电对的电极电位按 Nernst 方程式计算得

$$\varphi_{\mathrm{Ox/Red}} = \varphi^{\ominus}_{\mathrm{Ox/Red}} + \frac{RT}{nF}\ln\frac{\alpha_{\mathrm{Ox}}}{\alpha_{\mathrm{Red}}} = \varphi^{\ominus}_{\mathrm{Ox/Red}} + \frac{2.303RT}{nF}\lg\frac{\alpha_{\mathrm{Ox}}}{\alpha_{\mathrm{Red}}} \tag{8-1}$$

$$\varphi_{\mathrm{Ox/Red}} = \varphi^{\ominus}_{\mathrm{Ox/Red}} + \frac{0.0592}{n}\lg\frac{\alpha_{\mathrm{Ox}}}{\alpha_{\mathrm{Red}}}\ (25℃) \tag{8-2}$$

式中，$\varphi^{\ominus}_{\mathrm{Ox/Red}}$ 为标准电极电位，指温度为 25℃时，相关离子的活度均为 1mol/L，气压为 1.013×10^5Pa 时，测出的相对于标准氢电极的电极电位(规定标准氢电极电位为零)。R 为气体常数；8.314J/(K·mol)；T 为绝对温度 K；F 为法拉第常数(96487C/mol)；n 为氧化还原半反应转移的电子数目；$\alpha_{\mathrm{Ox}}/\alpha_{\mathrm{Red}}$ 为氧化态活度和还原态活度之比。

对于金属-金属离子、Ag-AgCl 电对等，一般规定纯金属、纯固体的活度为 1。例如，Cu^{2+}/Cu 电对，有半反应如下：

$$Cu^{2+} + 2e \rightleftharpoons Cu \quad 则$$

$$\varphi_{Cu^{2+}/Cu} = \varphi^{\ominus}_{Cu^{2+}/Cu} + \frac{0.0592}{2}\lg \alpha_{Cu^{2+}}$$

AgCl/Ag 电对，有半反应如下：

$$AgCl + e \rightleftharpoons Ag + Cl^- \quad 则$$

$$\varphi_{AgCl/Ag} = \varphi^{\ominus}_{AgCl/Ag} + 0.0592\lg \frac{1}{\alpha_{Cl^-}}$$

二、条件电极电位

(一) 条件电极电位的表达式

在使用 Nernst 方程式计算相关电对的电极电位时，应考虑以下两个问题：一是通常只知道电对氧化型和还原型的浓度，不知道它们的活度，而用浓度代替活度进行计算将导致误差，因此，必须引入相应的活度系数 γ_{Ox}、γ_{Red}；二是当条件改变时，电对氧化型、还原型的存在形式可能会发生改变，从而使电对氧化型、还原型的浓度改变，进而使电对的电极电位改变，为此，必须引入相应的副反应系数 α_{Ox}、α_{Red}。

由于 $a_{Ox} = [Ox]\cdot\gamma_{Ox}$ $\qquad a_{Red} = [Red]\cdot\gamma_{Red}$

$$[Ox] = \frac{c_{Ox}}{\alpha_{Ox}} \qquad [Red] = \frac{c_{Red}}{\alpha_{Red}}$$

所以 $a_{Ox} = \dfrac{c_{Ox}\gamma_{Ox}}{\alpha_{Ox}}$ $\qquad a_{Red} = \dfrac{c_{Red}\gamma_{Red}}{\alpha_{Red}}$

代入式(8-2)得：

$$\varphi_{Ox/Red} = \varphi^{\ominus}_{Ox/Red} + \frac{0.0592}{n}\lg \frac{c_{Ox}\cdot\gamma_{Ox}\cdot\alpha_{Red}}{\alpha_{Ox}\cdot c_{Red}\cdot\gamma_{Red}} \tag{8-3}$$

当 $c_{Ox} = c_{Red} = 1\text{mol/L}$ (或其比值为 1)时，式(8-3)如下：

$$\varphi_{Ox/Red} = \varphi^{\ominus}_{Ox/Red} + \frac{0.0592}{n}\lg \frac{\gamma_{Ox}\cdot\alpha_{Red}}{\alpha_{Ox}\cdot\gamma_{Red}} = \varphi^{\ominus\prime}_{Ox/Red} \tag{8-4}$$

式(8-4)中的 $\varphi^{\ominus\prime}_{Ox/Red}$ 称为电对 Ox / Red 的条件电极电位，亦称式量电位。它是在特定条件下，电对的氧化型、还原型分析浓度均为 1mol/L 时或其比值为 1 时的实际电位。一些电对的条件电极电位见附录。当知道相关电对的 $\varphi^{\ominus\prime}_{Ox/Red}$ 值时，电对的电极电位应用下式计算：

$$\varphi_{Ox/Red} = \varphi^{\ominus\prime}_{Ox/Red} + \frac{0.0592}{n}\lg \frac{c_{Ox}}{c_{Red}} \tag{8-5}$$

条件电极电位 $\varphi^{\ominus\prime}$和标准电极电位 $\varphi^{\ominus}$的关系与配合物的条件稳定常数 K'_{MY} 和绝对稳定常数 K_{MY} 的关系有些类似。但是，到目前为止，分析工作者只是测出了少数电对在一定条件下的 $\varphi^{\ominus\prime}$值，当缺少相同条件的 $\varphi^{\ominus\prime}$值时，可选用条件相近的 $\varphi^{\ominus\prime}$值，若无合适的 $\varphi^{\ominus\prime}$值，则用 $\varphi^{\ominus}$值代替 $\varphi^{\ominus\prime}$，在近似认为γ=1 时，电极电位一般用下式计算

$$\varphi_{Ox/Red} = \varphi^{\ominus}_{Ox/Red} + \frac{0.0592}{n}\lg\frac{[Ox]}{[Red]} \tag{8-6}$$

(二) 影响条件电极电位的因素

由式(8-3)可知，影响条件电极电位的因素即为影响物质活度系数和副反应系数的因素，主要体现在盐效应、酸效应、配位效应和生成沉淀四个方面。

1. 盐效应 指溶液中电解质浓度对条件电极电位的影响。电解质浓度越大，离子强度越大。活度系数的大小受浓度、离子强度的影响，若电对的氧化型和还原型为多价离子，则盐效应较为明显。在氧化还原反应中，溶液的离子强度一般比较大，离子活度系数精确值不容易计算，且各种副反应等其他影响更重要，故一般予以忽略。

2. 酸效应 酸度对条件电位的影响表现在以下两个方面。

(1) 有的电对氧化还原半反应中，伴有 H^+或 OH^-参加，此时酸度将对电对的电极电位产生较大的影响，如以下反应：

$$MnO_4^- + 5Fe^{2+} + 8H^+ \rightleftharpoons Mn^{2+} + 5Fe^{3+} + 4H_2O\ .$$

(2) 有的电对的氧化型或还原型本身是弱酸或弱碱，酸度改变时，将导致弱酸、弱碱浓度的改变，从而使电对的电极电位改变。如以下反应：

$$H_3AsO_4 + 2I^- + 2H^+ \rightleftharpoons H_3AsO_3 + I_2 + H_2O$$

已知 $\varphi^{\ominus}_{AsO_4^{3-}/AsO_3^{3-}}$ =0.56V，$\varphi^{\ominus}_{I_2/I^-}$ =0.535V，两个氧化还原电对的半电池反应为

$$H_3AsO_4 + 2e + 2H^+ \rightleftharpoons H_3AsO_3 + H_2O$$

$$I_2 + 2e \rightleftharpoons 2I^-$$

由上述两个氧化还原电对的半电池反应可以看出，H_3AsO_4/H_3AsO_3 电对的电极电位受 H^+浓度影响较大，而 I_2/I^-电对的电极电位对 H^+浓度的变化不敏感。事实证明，当$[H^+]$=1.0 mol/L 时，反应向右进行，而当溶液呈中性或弱碱性时，反应向左进行。

3. 配位效应 当溶液中存在与电对氧化型或还原型生成配合物的配位剂时，若配位剂与电对氧化型发生配位反应，则降低了电对氧化型的游离浓度，使电对的电极电位降低；若配位剂与电对还原型发生配位反应，则降低了电对还原型的游离浓度，使电对的电极电位升高。

4. 生成难溶性沉淀 在氧化还原反应过程中，若氧化型生成沉淀，条件电极电位会降低；若还原型生成沉淀，条件电极电位会增高。例如，间接碘量法测定 Cu^{2+}时，反应如下：

$$2Cu^{2+} + 4I^- \rightleftharpoons 2CuI\downarrow + I_2$$

析出的 I_2 再用 $Na_2S_2O_3$ 标准溶液滴定。但是从 $\varphi^{\ominus}_{Cu^{2+}/Cu^+} = 0.16V$，$\varphi^{\ominus}_{I_2/I^-} = 0.535V$ 来看，似乎 Cu^{2+}无法氧化 I^-。然而，由于 Cu^+ 生成了溶解度很小的 CuI↓，大大降低了 Cu^+ 的游离浓度，从而使 Cu^{2+}/Cu^+ 的电极电位显著升高，使上述反应向右进行。设$[Cu^{2+}]=[I^-]$= 1mol/L，则

$$\varphi_{Cu^{2+}/Cu^{+}} = \varphi^{\ominus}_{Cu^{2+}/Cu^{+}} + 0.0592\lg\frac{[Cu^{2+}]}{[Cu^{+}]},\ [Cu^{+}] = \frac{K_{sp}}{[I^{-}]}$$

$$= 0.16 + 0.0592\lg\frac{[Cu^{2+}][I^{-}]}{K_{sp}}$$

$$= 0.16 - 0.0592\lg 1.1\times10^{-12} = 0.87(V) > \varphi^{\ominus}_{I_2/I^{-}}$$

故此时 Cu^{2+}可以氧化 I^{-}，反应向右进行。

三、氧化还原反应进行的程度

氧化还原反应进行的程度，可用相关反应的平衡常数 K 来衡量。而平衡常数 K 可根据相关的氧化还原反应，用 Nernst 方程式求得。例如，下述氧化还原反应：

$$m\mathrm{Ox}_1 + n\mathrm{Red}_2 \rightleftharpoons m\mathrm{Red}_1 + n\mathrm{Ox}_2$$

平衡常数为

$$K = \frac{c^{m}_{\mathrm{Red}_1}\cdot c^{n}_{\mathrm{Ox}_2}}{c^{m}_{\mathrm{Ox}_1}\cdot c^{n}_{\mathrm{Red}_2}} \tag{8-7}$$

与上述氧化还原反应相关的氧化还原半反应和电对的电极电位为

$$\mathrm{Ox}_1 + ne \rightleftharpoons \mathrm{Red}_1 \quad \varphi_{\mathrm{Ox}_1/\mathrm{Red}_1} = \varphi^{\ominus'}_{\mathrm{Ox}_1/\mathrm{Red}_1} + \frac{0.0592}{n}\lg\frac{c_{\mathrm{Ox}_1}}{c_{\mathrm{Red}_1}} \tag{8-8}$$

$$\mathrm{Ox}_2 + me \rightleftharpoons \mathrm{Red}_2 \quad \varphi_{\mathrm{Ox}_2/\mathrm{Red}_2} = \varphi^{\ominus'}_{\mathrm{Ox}_2/\mathrm{Red}_2} + \frac{0.0592}{m}\lg\frac{c_{\mathrm{Ox}_2}}{c_{\mathrm{Red}_2}} \tag{8-9}$$

当氧化还原反应达到平衡时，两个电对的电极电位相等，即式(8-8)和式(8-9)相等，整理得

$$\lg K = \frac{m\cdot n(\varphi^{\ominus'}_{\mathrm{Ox}_1/\mathrm{Red}_1} - \varphi^{\ominus'}_{\mathrm{Ox}_2/\mathrm{Red}_2})}{0.0592} \tag{8-10}$$

其中 $m\cdot n$ 是 m 、n 的最小公倍数。

从式(8-10)可知，两个氧化还原电对的条件电极电位相差($\Delta\varphi^{\ominus'}$)越大，或两个氧化还原半反应中转移电子的最小公倍数($m\times n$)越大，反应的平衡常数 K 越大，反应进行越完全。若无相关电对的条件电极电位，亦可用相应的标准电极电位代替进行计算，作为初步预测或判断反应进行的程度，亦有一定意义。

若将上述氧化还原反应用于滴定分析，反应到达化学计量点时误差≤0.1%，则可满足滴定分析对滴定反应的要求，即有

$$\frac{c_{\mathrm{Red}_1}}{c_{\mathrm{Ox}_1}} \geqslant 10^3,\quad \frac{c_{\mathrm{Ox}_2}}{c_{\mathrm{Red}_2}} \geqslant 10^3$$

将上述关系代入式(8-7)，整理如下式：

$$K \geqslant 10^{3(m+n)}$$

当 $m=n=1$ 时，$K\geqslant10^6$，则 $\Delta\varphi^{\ominus'}\geqslant0.35V$；同理，若 $m=1$，$n=2$(或 $m=2$，$n=1$)，则 $K\geqslant10^9$，$\Delta\varphi^{\ominus'}\geqslant0.27V$；若 $m=1$，$n=3$(或 $m=3$，$n=1$)，则 $K\geqslant10^{12}$，$\Delta\varphi^{\ominus'}\geqslant0.24V$。其他以此类推。

四、氧化还原反应速率及其影响因素

根据氧化还原电对的标准电极电位 $\varphi^{\ominus}$值或条件电极电位 $\varphi^{\ominus'}$值可以判断反应进行的方向及程度，但无法判断反应速率。例如，$K_2Cr_2O_7$与 KI 的反应，其平衡常数 $K \geqslant 10^{80}$，但反应速率却很慢，必须放置一段时间反应才得以进行完全。所以，在讨论氧化还原滴定时，除要考虑反应进行的方向、程度外，还要考虑反应进行的速率。影响氧化还原反应速率的因素主要有以下几个方面。

1. 氧化剂、还原剂本身的性质 不同的氧化剂和还原剂，反应速率可以相差很大，这与它们的电子层结构及反应机制有关。

2. 反应物浓度 根据质量作用定律，反应速率与反应物浓度的乘积成正比。所以，一般来说，反应物浓度越大，反应的速率也越快。

3. 反应温度 升高反应温度，既可以增加反应物之间碰撞的概率，又可以增加活化分子数目。实践证明，对绝大多数氧化还原反应来说，升高反应温度均可提高反应速率。一般温度每升高 10℃，反应速率可提高 2～4 倍。值得注意的是，并非在任何情况下均可用升高温度的办法来提高反应速率。

4. 催化剂 催化剂是能改变反应速率，而其本身反应前后的组成和质量并不发生改变的物质。催化剂分为正催化剂和负催化剂两类。正催化剂提高反应速率；负催化剂降低反应速率，又称“阻化剂”。一般所说的催化剂，通常是指正催化剂。例如，MnO_4^-滴定$C_2O_4^{2-}$的反应，初始速度很慢，若加入少量 Mn^{2+}，则反应速度明显加快。由于反应中有 Mn^{2+}产生，因此通常滴定过程中滴定速度可先慢后快。

5. 诱导作用 在氧化还原反应中，一种反应(主要反应)的进行，能够诱发反应速率极慢或本来不能进行的另一反应发生的现象，称为诱导作用。例如，MnO_4^-氧化 Cl^-的反应进行得很慢，但当溶液中存在 Fe^{2+}时，由于MnO_4^-与 Fe^{2+}反应的进行，诱发MnO_4^-与 Cl^-反应加快进行。这种本来难以进行或进行很慢，但在另一反应的诱导下得以进行或加速进行的反应，称为被诱导反应，简称诱导反应，如下列反应。

$$MnO_4^- + 5Fe^{2+} + 8H^+ \rightleftharpoons Mn^{2+} + 5Fe^{3+} + 4H_2O \quad \text{(初级反应或主反应)}$$

$$2MnO_4^- + 10Cl^- + 16H^+ \rightleftharpoons 2Mn^{2+} + 5Cl_2 + 8H_2O \quad \text{(诱导反应)}$$

其中MnO_4^-称为作用体；Fe^{2+} 称为诱导体；Cl^-称为受诱体。

在催化反应中，催化剂在反应前后组成和质量不发生改变；而在诱导反应中，诱导体反应后变成其他物质，因此诱导反应在滴定分析中往往是有害的，应设法避免。

五、化学计量点电位

对于$m\mathrm{Ox}_1 + n\mathrm{Red}_2 \rightleftharpoons m\mathrm{Red}_1 + n\mathrm{Ox}_2$一类的氧化还原反应，化学计量点电极电位为

$$\varphi_{sp} = \frac{n\varphi^{\ominus'}_{\mathrm{Ox_1/Red_1}} + m\varphi^{\ominus'}_{\mathrm{Ox_2/Red_2}}}{m+n} \tag{8-11}$$

第2节 基本原理

一、滴定曲线

以氧化还原反应电对的电极电位为纵坐标，以加入滴定剂的体积或百分数为横坐标绘制的曲线，为氧化还原滴定曲线。氧化还原滴定曲线一般用实验的方法测绘，而对于可逆氧化还原电对亦可依 Nernst 方程式进行计算。

现以 0.1000 mol/L Ce^{4+}标准溶液滴定 20.00ml 0.1000mol/L 的 Fe^{2+}溶液为例(1 mol/L H_2SO_4 溶液中)。

$$Ce^{4+} + e \rightleftharpoons Ce^{3+} \qquad \varphi^{\ominus'}_{Ce^{4+}/Ce^{3+}} = 1.44V$$

$$Fe^{3+} + e \rightleftharpoons Fe^{2+} \qquad \varphi^{\ominus'}_{Fe^{3+}/Fe^{2+}} = 0.68V$$

滴定反应为 $Ce^{4+} + Fe^{2+} \rightleftharpoons Ce^{3+} + Fe^{3+}$

滴定过程中相关电对的电极电位依 Nernst 方程式计算如下。

1. 滴定前(V=0) 此时为 0.1000 mol/L 的 Fe^{2+} 溶液，但由于空气中氧气可将 Fe^{2+} 氧化为 Fe^{3+}，因此不可避免地存在少量 Fe^{3+}，然而 Fe^{3+} 的浓度难以确定，故此时电极电位无法依 Nernst 方程式进行计算。

2. 滴定开始至化学计量点前($V<V_0$) 这个阶段体系存在 Fe^{3+}/Fe^{2+}、Ce^{4+}/Ce^{3+} 两个电对。但由于 Ce^{4+}在此阶段的溶液中极少且难以确定其浓度，故只能用 Fe^{3+}/Fe^{2+} 电对计算该阶段的电极电位。

$$\varphi_{Fe^{3+}/Fe^{2+}} = \varphi^{\ominus'}_{Fe^{3+}/Fe^{2+}} + 0.0592\lg\frac{c_{Fe^{3+}}}{c_{Fe^{2+}}}$$

因 $c_{Fe^{3+}}$、$c_{Fe^{2+}}$ 在数值上等于二者物质的量与滴定溶液总体积的比值，此总体积对 Fe^{3+}、Fe^{2+} 来说是相同的，为方便起见，上述 Nernst 方程式中的浓度比用物质的量之比代替。

(1) 若加入 Ce^{4+} 标准溶液 10.00ml(此时距化学计量点 50%)：

$$n_{Fe^{3+}} = 10.00 \times 0.1000 = 1.000(\text{mmol})$$

$$n_{Fe^{2+}} = (20.00 \times 0.1000 - 10.00 \times 0.1000) = 1.000(\text{mmol})$$

$$\varphi_{Fe^{3+}/Fe^{2+}} = 0.68 + 0.0592\lg\frac{1.000}{1.000} = 0.68\ (\text{V})$$

(2) 若加入 Ce^{4+}标准溶液 19.98ml(此时距化学计量点 0.1%)：

$$n_{Fe^{3+}} = 19.98 \times 0.1000 = 1.998(\text{mmol})$$

$$n_{Fe^{2+}} = (20.00 - 19.98) \times 0.1000 = 0.002000(\text{mmol})$$

$$\varphi_{Fe^{3+}/Fe^{2+}} = 0.68 + 0.0592\lg\frac{1.998}{0.002000} = 0.86\ (\text{V})$$

3. 化学计量点($V=V_0$) 此时加入 Ce^{4+}标准溶液 20.00ml，根据化学计量点电位计算式(8-11)得

$$\varphi_{sp} = \frac{1.44 + 0.68}{1+1} = 1.06\ (V)$$

4．化学计量点后$(V > V_0)$　此阶段因Fe^{2+}已完全被Ce^{4+}氧化，虽然可能尚有少量Fe^{2+}存在，但其浓度难以确定，故应按Ce^{4+}/Ce^{3+}电对的电极电位计算式计算这个阶段体系的电极电位。

$$\varphi_{Ce^{4+}/Ce^{3+}} = \varphi^{\ominus\prime}_{Ce^{4+}/Ce^{3+}} + 0.0592\lg\frac{c_{Ce^{4+}}}{c_{Ce^{3+}}}$$

若加入Ce^{4+}标准溶液20.02ml(此时超过化学计量点0.1%)，

$$n_{Ce^{4+}} = 0.02 \times 0.1000 = 0.002000(mmol)$$

$$n_{Ce^{3+}} = 20.00 \times 0.1000 = 2.000(mmol)$$

$$\varphi_{Ce^{4+}/Ce^{3+}} = 1.44 + 0.0592\lg\frac{0.002000}{2.000} = 1.26\ (V)$$

用同样的方法可计算出该阶段其他各点相应的电位值，将滴定过程中计算出的结果列于表8-1中，滴定曲线如图8-1所示。对于氧化还原反应$m\mathrm{Ox}_1 + n\mathrm{Red}_2 \rightleftharpoons m\mathrm{Red}_1 + n\mathrm{Ox}_2$，若用$\mathrm{Ox}_1$滴定$\mathrm{Red}_2$，化学计量点±0.1%范围内电位突跃区间为

$$(\varphi^{\ominus\prime}_{\mathrm{Ox_2/Red_2}} + \frac{3\times 0.0592}{m}) \sim (\varphi^{\ominus\prime}_{\mathrm{Ox_1/Red_1}} - \frac{3\times 0.0592}{n}) \tag{8-12}$$

表8-1　0.1000mol/L Ce^{4+}滴定20.00ml 0.1000mol/L Fe^{2+}溶液电极电位数据表

加入Ce^{4+}(ml)	反应进行的百分比	φ值(V)	
1.00	5	0.6	
2.00	10	0.62	
4.00	20	0.64	
8.00	40	0.67	
10.00	50	0.68	
18.00	90	0.74	
19.80	99	0.80	
19.98	99.9	0.86	突跃范围
20.00	100	1.06	突跃范围
20.02	100.1	1.26	突跃范围
22.00	110	1.38	

由式(8-12)可知，影响氧化还原滴定电位突跃区间的主要因素为：①两个氧化还原电对的$\Delta\varphi^{\ominus\prime}$值越大，突跃范围越大；②两个氧化还原半反应中转移的电子数n或m越大，突跃范围也越大。氧化还原滴定的突跃及其大小，与两个氧化还原电对相关离子的浓度无关。

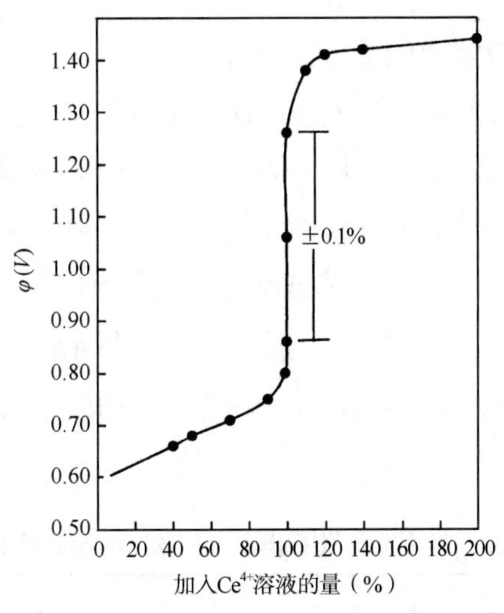

图 8-1　0.1000mol/L Ce^{4+}标准溶液滴定 20.00ml 0.1000mol/L Fe^{2+}溶液的滴定曲线

二、指示剂

氧化还原滴定中常用的指示剂有以下几种类型。

1. 自身指示剂　有些标准溶液或被滴定的组分本身有颜色，反应后变为无色或浅色物质，这类滴定则可用标准溶液或被滴定物质自身作指示剂如 $KMnO_4$、I_2 等。实践证明，当 $KMnO_4$ 的浓度为 2×10^{-6} mol/L 时，即可使溶液呈现明显的淡红色，从而指示滴定终点。

2. 特殊指示剂　某些物质本身不具有氧化性和还原性，但它能与氧化剂或还原剂发生可逆的显色反应，引起颜色变化，从而指示终点。例如，可溶性淀粉遇 I_3^- 时即可发生显色反应，生成蓝色的吸附配合物；当 I_3^- 被还原为 I^-后，蓝色的吸附配合物不复存在，蓝色亦消失。所以可溶性淀粉是碘量法的专属指示剂。

3. 氧化还原指示剂　指示剂本身是具有氧化还原性质的有机试剂，其氧化型和还原型具有明显不同的颜色，根据颜色的变化指示滴定终点。指示剂的氧化还原半反应如下：

$$In_{Ox} + ne \rightleftharpoons In_{Red}$$

In_{Ox} 为氧化型，In_{Red}为还原型。随着氧化还原滴定过程中溶液电位的变化，指示剂$\left(\frac{c_{In_{Ox}}}{c_{In_{Red}}}\right)$的值亦按 Nernst 方程式的关系改变。

$$\varphi_{In_{Ox}/In_{Red}} = \varphi^{\ominus'}_{In_{Ox}/In_{Red}} + \frac{0.0592}{n}\lg\frac{c_{In_{Ox}}}{c_{In_{Red}}} \tag{8-13}$$

与酸碱指示剂的情况类似，当 $\frac{c_{In_{Ox}}}{c_{In_{Red}}} \geqslant 10$ 时，溶液显指示剂氧化型的颜色；当 $\frac{c_{In_{Ox}}}{c_{In_{Red}}} \leqslant \frac{1}{10}$ 时，溶液显指示剂还原型的颜色。故氧化还原指示剂的理论变色电位范围为

$$\varphi^{\ominus'}_{In_{Ox}/In_{Red}} \pm \frac{0.059}{n} \tag{8-14}$$

在氧化还原指示剂选择时，要求氧化还原指示剂的变色电位范围在滴定突跃电位范围内，

最好使指示剂的$\varphi^{\ominus}$值与化学计量点的φ_{sp}值一致。

若可供选择的指示剂只有部分变色范围在滴定突跃范围内，则必须设法改变滴定突跃范围，使所选用的指示剂成为适宜的指示剂。例如，Ce^{4+}测定Fe^{2+}的滴定突跃范围为0.86～1.26V，若用二苯胺磺酸钠为指示剂($\varphi^{\ominus\prime}$=0.84V)，一般需加入适量的磷酸，使之与Fe^{3+}形成稳定的$FeHPO_4^+$，降低$c_{Fe^{3+}}/c_{Fe^{2+}}$的比值，从而降低滴定突跃起点电位值(即化学计量点前0.1%处电位值)，增大滴定突跃范围，使二苯胺磺酸钠成为适合的指示剂。

不同的氧化还原指示剂的$\varphi^{\ominus\prime}$值不同，其变色电位范围亦不同。常用氧化还原指示剂的$\varphi^{\ominus\prime}$值及其颜色变化见表8-2。

表8-2 常用氧化还原指示剂的$\varphi^{\ominus\prime}$值及颜色变化

指示剂	$\varphi^{\ominus}$(V) $[H^+]$=1mol/L	颜色变化	
		氧化型	还原型
次甲基蓝	0.36	蓝色	无色
二苯胺	0.76	紫色	无色
二苯胺磺酸钠	0.84	紫红	无色
邻苯氨基苯甲酸	0.89	紫红	无色
邻二氮菲-亚铁	1.06	浅蓝	红
硝基邻二氮菲-亚铁	1.25	浅蓝	紫红

第3节 碘 量 法

一、基本原理

碘量法(iodimetry)是以I_2作为氧化剂或以I^-作为还原剂的氧化还原滴定法。因I_2在水中的溶解度很小，室温下仅约为0.00133 mol/L，故常将I_2溶解在KI溶液中，使I_2与I^-结合生成I_3^-，来增大I_2在水中的溶解度并减少其挥发损失。碘量法的基本反应是

$$I_3^- + 2e \rightleftharpoons 3I^- \qquad \varphi^{\ominus}_{I_3^-/I^-} = 0.545V$$

由$\varphi^{\ominus}_{I_3^-/I^-}$值可以看出，$I_2$是一种较弱的氧化剂，能氧化具有较强还原性的物质；$I^-$是一种中等强度的还原剂，可以还原许多具有氧化性的物质。因此，碘量法是氧化还原滴定法中应用广泛的重要方法之一。碘量法分为直接碘量法和间接碘量法。

1．直接碘量法 凡$\varphi^{\ominus}$值低于$\varphi^{\ominus}_{I_3^-/I^-}$值的电对，其还原型常可用$I_2$标准溶液直接滴定的滴定分析方法，称为直接碘量法，亦称碘滴定法。

直接碘量法可用来测定含有S^{2-}、SO_3^{2-}、$S_2O_3^{2-}$、Sn^{2+}、AsO_3^{3-}、SbO_3^{3-}及含有二烯醇基、巯基(—SH)等组分的含量。

该方法只能在酸性、中性、弱碱性溶液中进行。如果pH＞9，则会发生如下副反应：

$$3I_2 + 6OH^- \rightleftharpoons IO_3^- + 5I^- + 3H_2O$$

2. 间接碘量法 间接碘量法亦称滴定碘法。凡$\varphi^{\ominus}$值高于$\varphi^{\ominus}_{I_3^-/I^-}$值的电对，其氧化型可将溶液中的$I^-$氧化成$I_2$，再用$Na_2S_2O_3$标准溶液滴定所生成的$I_2$。这种滴定方式属置换滴定。

有的还原性物质，可先与过量的I_2标准溶液反应(可以是氧化还原反应，也可以是有机物的碘代反应)，待反应完全后，再用$Na_2S_2O_3$标准溶液滴定剩余的I_2，这种方法属于返滴定法。

间接碘量法可以用来测定含有ClO_3^-、ClO^-、CrO_4^{2-}、$Cr_2O_7^{2-}$、IO_3^-、BrO_3^-、SbO_4^{3-}、MnO_4^-、AsO_4^{3-}、NO_3^-、NO_2^-、Cu^{2+}、H_2O_2等氧化性组分的含量，也可以测定糖类、甲醛、丙酮及硫脲等还原性物质，还可测定能与I_2发生碘代反应的有机酸、有机胺类，以及测定能与$Cr_2O_7^{2-}$定量生成难溶性化合物的生物碱类(如盐酸小檗碱等)。

该方法的滴定反应为 $$I_2 + 2S_2O_3^{2-} \rightleftharpoons S_4O_6^{2-} + 2I^-$$

这个反应须在中性或弱酸性条件下进行，I_2与$Na_2S_2O_3$的摩尔比1∶2。若酸度过高，$Na_2S_2O_3$会发生歧化反应；酸度过低，I_2会发生歧化反应，改变I_2与$Na_2S_2O_3$的摩尔比，导致较大误差。

现以$B^+ \cdot Cl^- \cdot 2H_2O$表示盐酸小檗碱，其测定方法以反应式表示如下：

$$2B^+ + Cr_2O_7^{2-}(\text{一定量过量}) \rightleftharpoons B_2Cr_2O_7\downarrow$$

$$Cr_2O_7^{2-}(\text{剩余}) + 6I^- + 14H^+ \rightleftharpoons 2Cr^{3+} + 3I_2 + 7H_2O$$

$$I_2 + 2S_2O_3^{2-} \rightleftharpoons S_4O_6^{2-} + 2I^-$$

$2B^+ \sim 1Cr_2O_7^{2-} \sim 6S_2O_3^{2-}$ 含量计算式：

$$B^+ \cdot Cl^- \cdot 2H_2O\% = \frac{\left[c_{Cr_2O_7^{2-}}V_{Cr_2O_7^{2-}} - \frac{1}{6}c_{S_2O_3^{2-}}V_{S_2O_3^{2-}}\right] \times \frac{2M_{B^+ \cdot Cl^- \cdot 2H_2O}}{1000}}{W} \times 100\%$$

二、误差来源及措施

碘量法误差来源主要有两个方面：一是I_2易挥发；二是I^-在酸性条件下易被空气中的O_2氧化。为此常采取如下措施来减小误差。

1. 防止I_2的挥发

(1) 在直接碘量法中，配制碘标准溶液时，应将I_2溶解在KI溶液中；在间接碘量法中，应加入过量KI(一般比理论值大2～3倍)。

(2) 反应需在室温条件下进行。温度升高，不仅会增大I_2的挥发损失，也会降低淀粉指示剂的灵敏度，并能加速$Na_2S_2O_3$的分解。

(3) 实验中使用碘量瓶，且在加水封口的情况下使氧化剂与I^-反应。

(4) 滴定时不要剧烈振摇。

2. 防止I^-被空气中的O_2氧化

(1) 溶液酸度不宜太高。酸度越高，空气中O_2氧化I^-的速率越大。

(2) I^-与氧化性物质反应的时间不宜过长。

(3) $Na_2S_2O_3$滴定I_2的速度可适当快些。

(4) 避免 Cu^{2+}、NO_2^-等能够催化空气中 O_2 氧化 I^-的离子存在。

(5) 滴定时应避免长时间光照，因为光对空气中 O_2 氧化 I^-具有催化作用。

三、指示剂

淀粉是碘量法中最常用的指示剂。如前所述，淀粉遇 I_2 即显蓝色，反应灵敏且可逆性好，故可根据蓝色的出现或消失确定滴定终点。在使用淀粉指示剂时应注意以下几点。

(1) 用直接碘量法分析样品时，淀粉指示剂可在滴定前加入；而用间接碘量法分析样品时，则应在近终点时加入，否则会有较多的 I_2 被淀粉吸附，使终点滞后。

(2) 淀粉指示剂在弱酸性介质中最灵敏。pH＞9 时，I_2 易发生歧化反应，生成 IO^-、IO_3^-，而 IO^-、IO_3^- 不与淀粉发生显色效应；pH＜2 时，淀粉易水解成糊精，糊精遇 I_2 显红色，该显色反应可逆性差。

(3) 直链淀粉遇 I_2 显蓝色，且显色反应可逆性好；支链淀粉遇 I_2 显紫色，且显色反应不敏锐。

(4) 醇类的存在会降低指示剂的灵敏度。在 50%以上乙醇溶液中，I_2 与淀粉甚至不发生显色反应。

(5) 淀粉指示剂适宜在室温下使用。温度升高会降低指示剂的灵敏度。

(6) 淀粉指示剂最好在使用前现配，不宜久放。配制时将淀粉悬浊液煮至半透明，且加热时间不宜过长，并应迅速冷却至室温。

四、标准溶液的配制与标定

(一) I_2 标准溶液

1．0.1 mol/L I_2标准溶液的配制 用升华法制得的纯 I_2，可以用直接法配制标准溶液，但考虑到碘的挥发性及其对分析天平有一定的腐蚀作用，故常先用近似法配成需要的浓度，然后再进行标定。

2．0.1 mol/L I_2标准溶液的标定 标定 I_2 标准溶液的基准物质是 As_2O_3，但因本品剧毒，管理严格，使用时需谨慎，故I_2标准溶液的标定通常采用比较法，即采用已标定好的$Na_2S_2O_3$标准溶液准确确定待标定的 I_2 溶液的浓度。二者的反应式为

$$I_2 + 2S_2O_3^{2-} \rightleftharpoons S_4O_6^{2-} + 2I^-$$

由反应式可知：

$$c_{I_2} = \frac{c_{S_2O_3^{2-}} V_{S_2O_3^{2-}}}{2V_{I_2}}$$

(二) $Na_2S_2O_3$ 标准溶液

1．配制 $Na_2S_2O_3 \cdot 5H_2O$ 易风化、氧化，且含少量 S、S^{2-}、SO_3^{2-}、CO_3^{2-}、Cl^- 等杂质，故不能用直接法配制，只能用间接法配制。

0.1 mol/L $Na_2S_2O_3$溶液的配制：在500ml新煮沸放冷的蒸馏水中加入0.1g Na_2CO_3，溶解后加入12.5g $Na_2S_2O_3 \cdot 5H_2O$，充分混合溶解后转入棕色试剂瓶中，放置两周予以标定。

配制$Na_2S_2O_3$溶液时应注意的问题如下。

(1) 蒸馏水中有CO_2时会促使$Na_2S_2O_3$分解。

$$2S_2O_3^{2-} + CO_2 + H_2O \rightleftharpoons SO_3^{2-} + 2HCO_3^- + 3S\downarrow$$

此处，$S_2O_3^{2-}$发生歧化反应生成SO_3^{2-}和S。虽然SO_3^{2-}也具有还原性，但它与I_2的反应却不同于$S_2O_3^{2-}$。

$$SO_3^{2-} + I_2 + H_2O \rightleftharpoons SO_4^{2-} + 2I^-$$

$Na_2S_2O_3$与I_2作用时摩尔比为2∶1，而SO_3^{2-}与I_2反应摩尔比却为1∶1。

(2) 空气中O_2氧化$S_2O_3^{2-}$，使$Na_2S_2O_3$浓度降低。

$$O_2 + 2S_2O_3^{2-} \rightleftharpoons 2SO_4^{2-} + 2S\downarrow$$

(3) 蒸馏水中嗜硫菌等微生物作用，促使$Na_2S_2O_3$分解。

$$Na_2S_2O_3 \xrightarrow{\text{细菌}} Na_2SO_3 + S\downarrow$$

此外，蒸馏水中若含有微量的Cu^{2+}、Fe^{3+}，也会促使$Na_2S_2O_3$分解。

2．标定 标定$Na_2S_2O_3$溶液常用的基准物质有$K_2Cr_2O_7$、KIO_3等，其中以$K_2Cr_2O_7$基准物最为常用。标定方法：精密称取一定量的$K_2Cr_2O_7$基准物(于105℃干燥至恒重)，在酸性溶液中与过量的KI作用，反应生成的I_2以待标定的$Na_2S_2O_3$滴定，近终点时加入淀粉指示剂。根据消耗$Na_2S_2O_3$的体积和$K_2Cr_2O_7$质量，求出$Na_2S_2O_3$浓度。

$$Cr_2O_7^{2-} + 6I^- + 14H^+ \rightleftharpoons 2Cr^{3+} + 3I_2 + 7H_2O$$

$$I_2 + 2S_2O_3^{2-} \rightleftharpoons S_4O_6^{2-} + 2I^-$$

可见1mol $K_2Cr_2O_7$～6mol $Na_2S_2O_3$

$$c_{Na_2S_2O_3} = \frac{6 \times m_{K_2Cr_2O_7}}{M_{K_2Cr_2O_7} \times \frac{V_{Na_2S_2O_3}}{1000}}$$

五、应用与示例

1．维生素C含量的测定——直接碘量法

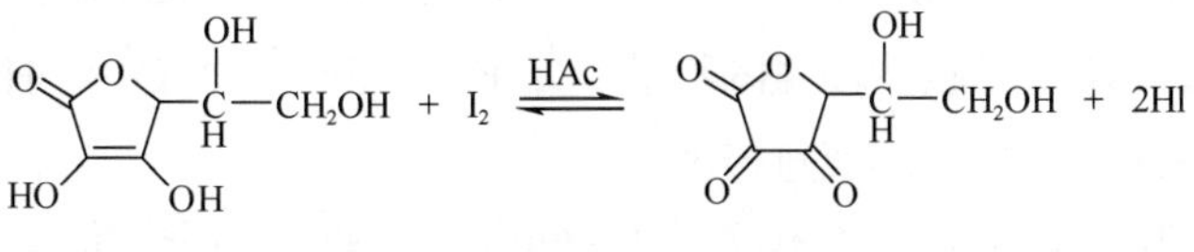

$$\text{维生素C} + I_2 \underset{}{\overset{HAc}{\rightleftharpoons}} \text{脱氢维生素C} + 2HI$$

维生素C中含有二烯醇基（$-\overset{HO}{\underset{}{C}}=\overset{OH}{\underset{}{C}}-$）结构，$I_2$可以将二烯醇基氧化为二羰基（$-\overset{O}{\overset{\|}{C}}-\overset{O}{\overset{\|}{C}}-$）。维生素C的还原性很强，易被空气中$O_2$氧化，特别在碱性溶液中更为严重，所以在滴定时加入适量稀HAc，使溶液保持弱酸性，避免被空气氧化。

2. 中药胆矾中 $CuSO_4·5H_2O$ 的测定——间接碘量法

(1) 溶解：在弱酸性介质中(pH = 3.0～4.0)溶解胆矾试样，并加入过量 KI，则会发生如下反应，

$$2Cu^{2+} + 5I^- \rightleftharpoons 2CuI\downarrow + I_3^-$$

这里加入的过量 KI 既是还原剂、沉淀剂，又是配位剂(与 I_2 生成 I_3^-)；同时，I^-浓度增大，亦可提高 φ_{Cu^{2+}/Cu^+} 值、降低 φ_{I_2/I^-} 值，使反应向右进行完全。

(2) 滴定：生成的一定量的 I_2 用 $Na_2S_2O_3$ 标准溶液滴定，以淀粉为指示剂。因 CuI 沉淀强烈吸附 I_2，导致结果偏低，故可在近终点时加入适量 NH_4SCN，使 CuI 沉淀转化为 CuSCN 沉淀，而 CuSCN 沉淀对 I_2 的吸附作用很弱，这样可减小误差。若滴定过程中注意充分振摇，亦可不加 NH_4SCN。

(3) 计算：显然，被测组分 $CuSO_4·5H_2O$ 与滴定剂 $Na_2S_2O_3$ 的物质量的关系为

$$CuSO_4·5H_2O \sim Na_2S_2O_3$$

用此法亦可测定铜矿、炉渣、电镀液中的铜。

第 4 节　高锰酸钾法

一、基本原理

$KMnO_4$ 法(potassium permanganate method)是以 $KMnO_4$ 为氧化剂，直接或间接滴定被测物质的方法。$KMnO_4$ 是一种强氧化剂，其氧化能力随酸度不同而有较大差异。

在强酸性溶液中，MnO_4^- 被还原剂全部还原为 Mn^{2+}

$$MnO_4^- + 5e + 8H^+ \rightleftharpoons Mn^{2+} + 4H_2O \qquad \varphi^{\ominus}_{MnO_4^-/Mn^{2+}} = 1.51V$$

通常酸性介质为 H_2SO_4，$[H^+]$为 1～2 mol/L，应避免使用 HCl 和 HNO_3。

在弱酸、弱碱或中性溶液中，MnO_4^-一般被还原为褐色的水合二氧化锰沉淀。

$$MnO_4^- + 3e + 2H_2O \rightleftharpoons MnO_2 + 4OH^- \qquad \varphi^{\ominus}_{MnO_4^-/MnO_2} = 0.59V$$

在强碱性溶液中，$[OH^-]$＞2mol/L 时，很多有机物能与 $KMnO_4$ 反应，$KMnO_4$被还原为绿色的 MnO_4^{2-}。

$$MnO_4^- + e \rightleftharpoons MnO_4^{2-} \qquad \varphi^{\ominus}_{MnO_4^-/MnO_4^{2-}} = 0.564V$$

在使用 $KMnO_4$ 法时，可根据被测组分的性质，选择不同的酸度条件和不同的滴定方法。

1. 直接滴定法　许多还原性较强的物质，如 Fe^{2+}、Sb^{3+}、AsO_3^{3-}、H_2O_2、$C_2O_4^{2-}$、NO_2^-、W^{5+}、U^{4+}等均可用 $KMnO_4$ 标准溶液直接滴定。

2. 返滴定法　某些氧化性物质不能用 $KMnO_4$ 溶液直接滴定，但可用返滴定法测定。例如，MnO_2 的含量测定，可在 MnO_2 的 H_2SO_4 溶液中加入一定量过量的 $Na_2C_2O_4$ 标准溶液，待 MnO_2 与 $Na_2C_2O_4$ 反应完全后，再用 $KMnO_4$ 标准溶液滴定剩余的 $Na_2C_2O_4$。

3. 间接滴定法　某些非氧化还原性物质，如 Ca^{2+}，其含量测定可采用先向其溶液中加入一定量过量的 $Na_2C_2O_4$ 溶液，使 Ca^{2+}全部沉淀为 CaC_2O_4，沉淀经过滤洗涤后，用稀 H_2SO_4 溶

液溶解，最后以 $KMnO_4$ 标准溶液滴定溶解释放出的 $C_2O_4^{2-}$，从而求出 Ca^{2+}的含量。

此外，某些有机物，如甲醇、甲醛、甲酸、甘油、乙醇酸、酒石酸、柠檬酸、水杨酸、葡萄糖、苯酚等，亦可用间接法测定。测定时，在强碱性溶液中进行。以甲醇测定为例，先向试样中加入一定量过量的 $KMnO_4$ 标准溶液，反应如下：

$$6MnO_4^- + CH_3OH + 8OH^- \rightleftharpoons CO_3^{2-} + 6MnO_4^{2-} + 6H_2O$$

待反应完全，加入一定量的酸溶液后，MnO_4^{2-} 歧化为 MnO_4^- 和 MnO_2；再加入一定量的 $FeSO_4$ 标准溶液，将反应剩余的 MnO_4^-、歧化反应生成的 MnO_4^- 和 MnO_2 全部还原为 Mn^{2+}；以 $KMnO_4$ 标准溶液返滴剩余的 $FeSO_4$。根据 $KMnO_4$ 两次的用量和 $FeSO_4$ 的用量及各反应物之间的关系，求算试样中甲醇的含量。

二、指示剂

$KMnO_4$ 自身可作指示剂。但当所用 $KMnO_4$ 标准溶液浓度低于 0.002 mol/L 时，应使用二苯胺磺酸钠等氧化还原指示剂，同时尽量使溶液酸度与指示剂变色的 $\varphi^{\ominus'}$ 值对应的酸度相符合。用 $KMnO_4$ 作指示剂时，以粉红色 30s 不褪为宜。

三、标准溶液的配制与标定

1. 配制 因 $KMnO_4$ 不易制纯且稳定性差，易与蒸馏水中所含有的微量还原性物质反应等原因，一般先配成近似需要的浓度，然后再进行标定。为了配制较稳定的 $KMnO_4$ 溶液，常采取以下措施。

(1) 称取稍多于理论量的 $KMnO_4$，溶于一定体积的蒸馏水中。

(2) 将配好的 $KMnO_4$ 溶液加热至沸，并保持微沸约 1h，然后放置 2～3 天。

(3) 用垂熔玻璃漏斗过滤，去除沉淀。

(4) 过滤后的 $KMnO_4$ 溶液贮存在棕色瓶中，置阴凉干燥处存放，待标定。

2. 标定 标定 $KMnO_4$ 溶液常用的基准物有 $Na_2C_2O_4$、$H_2C_2O_4 \cdot 2H_2O$ 等。在酸性溶液中，$KMnO_4$ 与 $C_2O_4^{2-}$的反应如下：

$$2MnO_4^- + 5C_2O_4^{2-} + 16H^+ \rightleftharpoons 2Mn^{2+} + 10CO_2\uparrow + 8H_2O$$

用上述方法标定 $KMnO_4$ 溶液时，应注意以下几点。

(1) 温度：提高滴定反应的速率，一般将滴定溶液加热至 70～80℃。但温度高于 90℃时，会使 $H_2C_2O_4$ 分解。

$$H_2C_2O_4 \longrightarrow CO_2\uparrow + CO\uparrow + H_2O$$

(2) 酸度：应保持适宜、足够的酸度，一般控制开始滴定时[H^+]约为 1mol/L。酸度太低时，$KMnO_4$ 会分解为 MnO_2；酸度太高时，$H_2C_2O_4$ 会发生分解。

(3) 滴定速度：开始滴定时速度不宜太快，否则会使来不及反应的 $KMnO_4$ 在热酸性溶液中分解。

$$4MnO_4^- + 12H^+ \rightleftharpoons 4Mn^{2+} + 5O_2\uparrow + 6H_2O$$

(4) 催化剂：Mn^{2+}的存在可提高反应速率，故在滴定前可加几滴 $MnSO_4$ 溶液。

(5) 指示剂：$KMnO_4$ 自身可作指示剂，以粉红色 30s 不褪为宜。

四、应用与示例

H_2O_2 的测定　H_2O_2 可用 $KMnO_4$ 标准溶液在酸性条件下直接进行滴定，反应如下：

$$2MnO_4^- + 5H_2O_2 + 6H^+ \rightleftharpoons 2Mn^{2+} + 5O_2 \uparrow + 8H_2O$$

反应在室温下进行。开始滴定时速度不宜太快，这是由于此时 MnO_4^-与 H_2O_2 反应速率较慢。但随着 Mn^{2+}的生成，在催化作用下可逐渐加快反应速率。亦可预先加入少量 Mn^{2+}作催化剂。由滴定反应可知：

$$KMnO_4 \sim \frac{2}{5} H_2O_2$$

故

$$H_2O_2\% = \frac{c_{KMnO_4} \times V_{KMnO_4} \times \frac{5}{2} \times \frac{M_{H_2O_2}}{1000}}{V} \times 100\%$$

第 5 节　其他氧化还原滴定法

一、重铬酸钾法

$K_2Cr_2O_7$ 是一种常用的强氧化剂，在酸性介质中与还原性物质作用时，本身还原为 Cr^{3+}，反应方程式如下

$$Cr_2O_7^{2-} + 6e + 14H^+ \rightleftharpoons 2Cr^{3+} + 7H_2O \qquad \varphi^{\ominus}_{Cr_2O_7^{2-}/Cr^{3+}} = 1.33V$$

$K_2Cr_2O_7$ 法(potassium dichromate method)与 $KMnO_4$ 法比较，有如下特点。

(1) $K_2Cr_2O_7$ 易制纯，为常用的基准物质，纯品在 120℃干燥至恒重后，可直接精密称量配制标准溶液，无需再行标定。

(2) $K_2Cr_2O_7$ 标准溶液非常稳定，可长期保存使用。

(3) $K_2Cr_2O_7$ 的氧化能力较 $KMnO_4$ 弱，在 1mol/L HCl 溶液中的 $\varphi^{\ominus\prime} = 1.00$ V，室温下不与 Cl^- 作用($\varphi^{\ominus\prime}_{Cl_2/Cl^-} = 1.33$ V)。故可在 HCl 溶液中用 $K_2Cr_2O_7$ 标准溶液滴定 Fe^{2+}。

(4) $Cr_2O_7^{2-}/Cr^{3+}$ 的 $\varphi^{\ominus\prime}$ 值随酸的种类和浓度不同而异，见表 8-3。

表 8-3　不同酸度条件下 $Cr_2O_7^{2-}/Cr^{3+}$ 的 $\varphi^{\ominus\prime}$ 值(V)

酸的种类与浓度(mol/L)	HCl，1	HCl，3	$HClO_4$，1	H_2SO_4，2	H_2SO_4，4
$\varphi^{\ominus\prime}$	1.00	1.08	1.025	1.10	1.15

(5) 常用二苯胺磺酸钠作指示剂，虽然 $K_2Cr_2O_7$ 本身显橙色，但其还原产物 Cr^{3+}显绿色，对橙色的观察有严重影响，故不能用自身指示终点。

采用 $K_2Cr_2O_7$ 法可以测定 Fe^{2+}、VO_2^{2+}、Na^+、COD 及土壤中有机质和某些有机化合物的含量。

二、亚硝酸钠法

亚硝酸钠法(sodium nitrite method)分为重氮化滴定法和亚硝基化滴定法。

1. 重氮化滴定法(diazotization titration) 重氮化滴定法是用 $NaNO_2$ 标准溶液在无机酸存在下，滴定芳伯胺类化合物的滴定分析法。滴定反应如下：

$$ArNH_2 + NaNO_2 + 2HCl \rightleftharpoons [Ar\overset{+}{N} \equiv N]Cl^- + NaCl + 2H_2O$$

这类反应称为重氮化反应，故此法称重氮化滴定法。反应产物为芳伯胺的重氮盐。

进行重氮化滴定时，应注意以下几点。

(1) 酸的种类和浓度：一般以 1～2 mol/L HCl 介质为宜。

(2) 反应温度：重氮化反应的速率随温度升高而加快，但生成的重氮盐随温度升高而加速分解。所以，一般在 30℃以下进行滴定，最好在 15℃以下。

(3) 滴定速度：重氮化反应一般速率较慢，故滴定速度不宜太快，要求慢滴快搅拌(或振摇)。

(4) 苯环上取代基团的影响：苯环上，特别是对位上有亲电子基团，如—NO_2、—SO_3H、—COOH、—X 等，可使反应速率加快；若是斥电子基团，如—CH_3、—OH、—OR 等，则会使反应速率降低。

2. 亚硝基化滴定法(nitrozation titration) 亚硝基化滴定法是用 $NaNO_2$ 标准溶液在酸性条件下，滴定芳仲胺类化合物的分析方法。滴定反应不是重氮化反应，而是亚硝基化反应，故称亚硝基化滴定法。反应如下：

$$ArNHR + HNO_2 \rightleftharpoons ArN(NO)R + H_2O$$

亚硝酸钠法终点的确定有两种方法：一是外指示剂法，即 KI-淀粉试纸法；二是内指示剂法，应用较多的指示剂是橙黄Ⅳ-亚甲蓝，其次是中性红、二苯胺、亮甲酚蓝等。

三、溴酸钾法及溴量法

1. 溴酸钾法(potassium bromate method) 溴酸钾法是以 $KBrO_3$ 标准溶液在酸性溶液中直接滴定还原性物质的分析方法。$KBrO_3$ 在酸性溶液中是一种强氧化剂，易被一些还原性物质还原为 Br^-，半电池反应为

$$BrO_3^- + 6e + 6H^+ \rightleftharpoons Br^- + 3H_2O \qquad \varphi^{\ominus}_{BrO_3^-/Br^-} = 1.44V$$

滴定反应到达化学计量点后，稍过量的 BrO_3^- 与 Br^-作用产生黄色的 Br_2，指示终点的到达。

$$BrO_3^- + 5Br^- + 6H^+ \rightleftharpoons Br_2(黄) + 3H_2O$$

但这种指示终点的方法灵敏度不高，常用甲基橙或甲基红作指示剂。化学计量点前，指示剂在酸性溶液中显红色；化学计量点后，稍过量的 BrO_3^- 立即破坏甲基橙或甲基红的呈色结构，红色消失，指示终点到达。由于指示剂的这种颜色变化是不可逆的，在终点前常因 $KBrO_3$ 溶液局部过浓而与指示剂作用，因此，最好在近终点加入，或在近终点时再补加一点指示剂。

$KBrO_3$法可以测定As^{3+}、Sb^{3+}、Sn^{2+}、Cu^{+}、Fe^{2+}、I^{-}及联胺等还原性物质。

2. 溴量法(bromimetry)　溴量法是以溴的氧化作用和溴代作用为基础的滴定分析方法。许多有机物可与Br_2定量地发生取代反应或加成反应，利用此类反应，可先向试液中加入一定量、过量的Br_2标准溶液，待反应进行完全后，再加入过量KI，析出与剩余Br_2等摩尔的I_2，最后用$Na_2S_2O_3$标准溶液滴定I_2。根据Br_2和$Na_2S_2O_3$两种标准溶液的浓度和用量，可求出被测组分的含量。

由于Br_2易挥发，故常配成一定浓度$KBrO_3$的KBr(质量比为1∶5)溶液，二者加到酸性溶液中后即生成一定量的Br_2。

溴量法则用于测定能与Br_2发生取代和加成反应的有机物，如酚类及芳胺类化合物的含量。

四、铈量法

铈量法(cerium sulphate method)是以Ce^{4+}为氧化剂，在酸性溶液中测定具有还原性物质的含量，本身还原为Ce^{3+}。Ce^{4+}的氧化还原半反应为

$$Ce^{4+} + e \rightleftharpoons Ce^{3+} \qquad \varphi^{\ominus\prime}_{Ce^{4+}/Ce^{3+}} = 1.61V \text{ (1 mol/L } HNO_3 \text{ 溶液)}$$

酸的种类和浓度不同，Ce^{4+}/Ce^{3+}的$\varphi^{\ominus\prime}$值亦不同，见表8-4。

表8-4　不同介质中Ce^{4+}/Ce^{3+}的$\varphi^{\ominus\prime}$值(V)

浓度(mol/L)	$HClO_4$	HNO_3	H_2SO_4	HCl
0.5			1.44	
1	1.7	1.61	1.44	
2	1.71	1.62	1.44	
4	1.75	1.61	1.43	
6	1.82			
8	1.87	1.65	1.42	1.28

因为在1mol/L HCl溶液中，Ce^{4+}可缓慢氧化Cl^{-}，故一般很少用HCl作滴定介质，常用H_2SO_4和$HClO_4$。一般能用$KMnO_4$溶液滴定的物质，都可用$Ce(SO_4)_2$溶液滴定，且$Ce(SO_4)_2$溶液具有以下特点。

(1) $Ce(SO_4)_2$标准溶液很稳定，经长时间曝光、加热、放置，均不会导致浓度改变。

(2) 标准溶液可以直接配制。

(3) Ce^{4+}还原为Ce^{3+}只有一个电子转移，无中间价态的产物，反应简单且无副反应。

(4) 多选用邻二氮菲-亚铁为指示剂。

采用铈量法可以直接滴定Fe^{2+}等一些金属低价离子及H_2O_2、某些有机物；间接滴定法可以测定某些氧化性物质，如过硫酸盐等，亦可测定一些还原性物质，如羟胺等。采用间接滴定法测定还原性物质，大多是因为直接滴定时反应较慢的缘故。

五、高碘酸钾法

高碘酸钾法(potassium periodate method)是基于以高碘酸钾为氧化剂测定一些还原性物质

的滴定法。

高碘酸 H_5IO_6(periodic acid)，为一中等强度的二元酸。

$$H_5IO_6 \rightleftharpoons H^+ + H_4IO_6^- \qquad K_{a_1} = 2.3\times10^{-2}$$

$$H_4IO_6^- \rightleftharpoons H^+ + H_3IO_6^{2-} \qquad K_{a_2} = 4.4\times10^{-9}$$

$H_4IO_6^-$能够脱水，生成高碘酸离子。

$$H_4IO_6^- \rightleftharpoons IO_4^- + 2H_2O \qquad K_a = 40$$

故高碘酸盐在酸性溶液中的主要形式为 H_5IO_6 和 IO_4^-，溶液的 pH 越低，H_5IO_6 占的百分比越大。

在酸性溶液中，高碘酸盐是一个很强的氧化剂，它能得到两个电子被还原成碘酸盐。

$$H_5IO_6 + H^+ + 2e \rightleftharpoons IO_3^- + 3H_2O \qquad \varphi^{\ominus} = 1.60V$$

高碘酸盐标准溶液可选用 H_5IO_6、KIO_4 或 $NaIO_4$ 配制。由于 $NaIO_4$ 溶解度大，易于纯制，最为常用。一般无需对高碘酸盐标准溶液的浓度进行标定，只要在测定样品的同时做一空白溶液滴定，由样品滴定与空白滴定消耗硫代硫酸钠标准溶液的体积差，即可求出氧化样品消耗的高碘酸盐的量，进而算出测定结果。如需标定时，可准确量取一定体积的高碘酸盐标准溶液，加入含过量碘化钾的酸性溶液中，反应方程式如下：

$$IO_4^- + 7I^- + 8H^+ \rightleftharpoons 4I_2 + 4H_2O$$

析出的 I_2 用 $Na_2S_2O_3$ 标准溶液滴定。

高碘酸盐和高锰酸钾的性质相似，在酸性溶液中都具有较强的氧化性，除可直接滴定一些还原性物质外，还可测定一些有机化合物，如α-羟基醇、α-羰基醇、α-胺基醇和多羟基醇。

一、思考题

1. 条件电位和标准电位有什么不同？影响条件电位的因素有哪些？
2. 碘量法的主要误差来源有哪些？为什么碘量法不适宜在高酸度或高碱度介质中进行？
3. 氧化还原滴定中的指示剂分为几类？各自如何指示滴定终点？
4. 用重铬酸钾法测定铁，滴定反应为

$$Cr_2O_7^{2-} + 6Fe^{2+} + 14H^+ \rightleftharpoons 2Cr^{3+} + 6Fe^{3+} + 7H_2O$$

试证明化学计量点的电位：(设 H^+的活度为 1mol/L)

$$\varphi_{sp} = \frac{6\varphi^{\ominus'}_{Cr_2O_7^{2-}/Cr^{3+}} + \varphi^{\ominus'}_{Fe^{3+}/Fe^{2+}}}{7} - \frac{0.059}{7}\lg\frac{2}{3}c_{Fe^{3+}}$$

二、计算题

1. 计算 pH=10.0，$[NH_4^+]+[NH_3]$=0.20 mol/L 时 Zn^{2+}/Zn 电对的条件电位。若 $c_{Zn^{2+}}$ =0.020 mol/L，体系的电位是多少？

(−0.94V，−0.99V)

2. 计算在 1.5mol/L HCl 介质中，当 $c_{Cr_2O_7^{2-}}$ =0.1mol/L，$c_{Cr^{3+}}$ = 0.020mol/L 时，$Cr_2O_7^{2-}/Cr^{3+}$ 电对的电极电位。

(1.02V)

3. 已知在 1mol/L HCl 介质中，$\varphi^{\ominus}_{Fe^{3+}/Fe^{2+}} = 0.70V$，$\varphi^{\ominus}_{Sn^{4+}/Sn^{2+}} = 0.14V$。求在此条件下，反应 $2Fe^{3+} + Sn^{2+} = Sn^{4+} + 2Fe^{2+}$ 的条件平衡常数。

(9.5×10^{18})

4. 准确称取含有 PbO 和 PbO_2 混合物的试样 1.234g，在其酸性溶液中加入 20.00ml 0.2500 mol/L $H_2C_2O_4$ 溶液，PbO_2 还原为 Pb^{2+}。所得溶液用氨水中和，使溶液中所有的 Pb^{2+} 均沉淀为 PbC_2O_4。过滤，滤液酸化后用0.04000 mol/L $KMnO_4$ 标准溶液滴定，用去 10.00ml，然后将所得 PbC_2O_4 沉淀溶于酸后，用 0.04000mol/L $KMnO_4$ 标准溶液滴定，用去 30.00ml。计算试样中 PbO 和 PbO_2 的质量分数。($M_{PbO} = 223.2$，$M_{PbO_2} = 239.2$)

(36.18%，19.38%)

5. 测血液中的 Ca^{2+}，一般是将 Ca^{2+} 沉淀为 CaC_2O_4，用 H_2SO_4 溶解 CaC_2O_4，游离出的 $C_2O_4^{2-}$，再用 $KMnO_4$ 溶液滴定。今将 2.50ml 血样稀释至 25.00ml，取此稀释血样 20.00ml，经上述处理后，用 0.002 00 mol/L 的 $KMnO_4$ 溶液滴定至终点用去 2.30ml，求 50ml 血样中 Ca^{2+} 的毫克数。(M_{Ca}=40.0)

(11.50mg)

6. 用 30.00ml 某 $KMnO_4$ 标准溶液恰能氧化一定量的 $KHC_2O_4 \cdot H_2O$，同样质量的 $KHC_2O_4 \cdot H_2O$ 又恰能与 25.20ml 浓度为 0.2012mol/L 的 KOH 溶液反应。计算此 $KMnO_4$ 溶液的浓度。

(0.067 60 mol/L)

7. 称取苯酚试样 0.4082g，用 NaOH 溶解后，移入 250.0ml 容量瓶中，加入蒸馏水稀释至刻度，摇匀。吸取 25.00ml，加入溴酸钾标准溶液($KBrO_3$+KBr)25.00ml，然后加入 HCl 及 KI。待析出 I_2 后，再用 0.1084mol/L $Na_2S_2O_3$ 标准溶液滴定，用去 20.04ml。另取 25.00ml 溴酸钾标准溶液做空白试验，消耗同浓度的 $Na_2S_2O_3$ 41.60 ml。试计算试样中苯酚的质量分数。($M_{苯酚} = 94.14$)

(89.80%)

8. 称取含 $NaIO_3$ 和 $NaIO_4$ 的混合试样 2.260g，溶解后定容于 250ml 容量瓶中；准确移取试液 50.00ml，调至弱碱性，加入过量 KI，此时 IO_4^- 被还原为 IO_3^-(IO_3^- 不氧化 I^-)；释放出的 I_2 用 0.08000mol/L $Na_2S_2O_3$ 溶液滴定至终点时，消耗 10.00ml。另移取试液 20.00ml，用 HCl 调节溶液至酸性，加入过量的 KI；释放出的 I_2 用 0.08000mol/L $Na_2S_2O_3$ 溶液滴定，消耗 30.00ml。计算混合试样中 $NaIO_3$ 和 $NaIO_4$ 的质量分数。(M_{NaIO_4}=214.0，M_{NaIO_3}=198.0)

(18.94%，20.44%)

9.称取软锰矿试样 0.4012g，溶解后在酸性介质中加入 0.4488g 基准 $Na_2C_2O_4$。待充分反应后，以 0.01012 mol/L $KMnO_4$ 溶液返滴定过量的 $Na_2C_2O_4$ 至终点时，消耗 30.20ml。计算试样中 MnO_2 的质量分数。(M_{MnO_2}=86.96，$M_{Na_2C_2O_4}$=134.0)

(56.02%)

10. 取 10 片盐酸黄连素粗称，研细并精密称取相当于 3 片量的样品，溶解，定量转移至 100ml 容量瓶中，精密加入 0.016 67mol/L $K_2Cr_2O_7$ 溶液 50.00ml，加入蒸馏水至刻度，摇匀。过滤，弃去初滤液，精密移取续滤液 50ml 于 250ml 碘量瓶中，加入过量 KI、HCl 溶液(1→2)5ml，密封，暗处放置 10min 后，用 0.1098mol/L $Na_2S_2O_3$ 滴定至终点，用去 12.81ml，计算每片样品中盐酸小檗碱($C_{20}H_{18}ClNO_4 \cdot 2H_2O$)的含量。若其标示量为 0.1g/片，《中国药典》规定其含量应为标示量的 93.0%～107.0%，问该产品是否合格？($M_{C_{20}H_{18}ClNO_4 \cdot 2H_2O}$=407.85)

(99.12%，合格)

11. 精密移取30.00ml的葡萄糖溶液，置250ml的碘量瓶中，精密加入0.05000mol/L 的 I_2 标准溶液30.00ml，在不断振摇的情况下，滴加 0.1mol/L 的 NaOH 48.00ml，密闭，在暗处放置 10min，然后加入 0.5 mol/L H_2SO_4 8ml，摇匀，用 0.1054 mol/L $Na_2S_2O_3$ 标准溶液滴定，终点用淀粉做指示剂，滴定至蓝色消失，用去 $Na_2S_2O_3$ 标准溶液15.89ml；取相同体积的 I_2 溶液作空白试验，用去 0.1054mol/L $Na_2S_2O_3$ 标准溶液 37.38ml，求100ml 葡萄糖溶液中含葡萄糖的质量。($M_{C_6H_{12}O_6 \cdot H_2O}$=198.17)

(0.7481g)

(陈晓霞)

本章 ppt 课件

参考文献

国家药典委员会，2020. 中国药典(2020)一部. 北京：中国医药科技出版社

国家药典委员会，2020. 中国药典(2020)二部. 北京：中国医药科技出版社

胡育筑，孙毓庆，2015. 分析化学(上). 第4版. 北京：科学出版社

华中师范大学，陕西师范大学，东北师范大学，等，2001. 分析化学(下). 第3版. 北京：高等教育出版社

黄杉生，2016. 分析化学. 北京：科学出版社

黄世德，梁生旺，2005. 分析化学. 北京：中国中医药出版社

李发美，2011. 分析化学. 第7版. 北京：人民卫生出版社

李克安，2005. 分析化学教程. 北京：北京大学出版社

蒲国刚，袁倬斌，吴守国，1993. 电分析化学. 合肥：中国科技大学出版社

苏承昌，梁淑萍，揭新明，等，2000. 分析仪器. 北京：军事医学科学出版社

孙毓庆. 2012. 分析化学. 第4版. 北京：人民卫生出版社

吴性良，朱万森，马林，2004. 分析化学原理. 北京：化学工业出版社

曾元儿，张凌，2007. 分析化学. 北京：科学出版社

张广强，黄世德，2001. 分析化学. 北京：学苑出版社

张丽，2017. 分析化学. 北京：科学出版社

张凌，李锦，2012. 分析化学. 北京：人民卫生出版社

张雪梅，汪徐春，2017. 分析化学. 北京：科学出版社

附 录

附录一 国际原子量表*

元素	符号	原子量	元素	符号	原子量	元素	符号	原子量
银	Ag	107.8682	铪	Hf	178.49	铷	Rb	85.4678
铝	Al	26.98154	汞	Hg	200.59	镍	Re	186.207
氟	Ar	39.948	钬	Ho	164.93	铑	Rh	102.9055
砷	As	74.9216	碘	I	126.9045	钌	Ru	101.07
金	Au	196.9666	铟	In	114.82	硫	S	32.06
硼	B	10.81	铱	Ir	192.22	锑	Sb	121.76
钡	Ba	137.33	钾	K	39.0983	钪	Sc	44.9559
铍	Be	9.01218	氪	Kr	83.80	硒	Se	78.971
铋	Bi	208.9804	镧	La	138.9055	硅	Si	28.0855
溴	Br	79.904	锂	Li	6.941	钐	Sm	150.36
碳	C	12.0116	镥	Lu	174.967	锡	Sn	118.71
钙	Ca	40.08	镁	Mg	24.305	锶	Sr	87.62
镉	Cd	112.41	锰	Mn	54.9380	钽	Ta	180.9479
铈	Ce	140.12	钼	Mo	95.94	铽	Tb	158.9254
氯	Cl	35.453	氮	N	14.00643	碲	Te	127.60
钴	Co	58.9332	钠	Na	22.98977	钍	Th	232.0381
铬	Cr	51.996	铌	Nb	92.9064	钛	Ti	47.867
铯	Cs	132.9054	钕	Nd	144.24	铊	Tl	204.383
铜	Cu	63.546	氖	Ne	20.1797	铥	Tm	168.9342
镝	Dy	162.50	镍	Ni	58.69	铀	U	238.0289
铒	Er	167.26	镎	Np	237.0482	钒	V	50.9415
铕	Eu	151.96	氧	O	15.99903	钨	W	183.85
氟	F	18.998403	锇	Os	190.23	氙	Xe	131.29
铁	Fe	55.847	磷	P	30.97376	钇	Y	88.9058
镓	Ga	69.72	铅	Pb	207.2	镱	Yb	173.05
钆	Gd	157.25	钯	Pd	106.42	锌	Zn	65.38
锗	Ge	72.630	镨	Pr	140.9077	锆	Zr	91.22
氢	H	1.00784	铂	Pt	195.08			
氦	He	4.00260	镭	Ra	226.0254			

* 本表按化学元素符号进行排序。

附录二　常用化合物的式量表

分子式	分子量	分子式	分子量
$AgBr$	187.77	$KBrO_3$	167.00
$AgCl$	143.32	KCl	74.55
AgI	234.77	$KClO_4$	138.55
$AgNO_3$	169.87	$KSCN$	97.18
Al_2O_3	101.96	K_2CO_3	138.21
As_2O_3	197.82	K_2CrO_4	194.19
$BaCl_2 \cdot 2H_2O$	244.27	$K_2Cr_2O_7$	294.18
BaO	153.33	KH_2PO_4	136.09
$Ba(OH)_2 \cdot 8H_2O$	315.46	$KHSO_4$	136.16
$BaSO_4$	233.39	$KHC_4H_4O_6$(酒石酸氰钾)	188.18
$CaCO_3$	100.09	$KHC_8H_4O_4$(邻苯二钾酸氰钾)	204.22
CaO	56.08	$K(SbO)C_4H_4O_6 \cdot \frac{1}{2}H_2O$(酒石酸锑钾)	333.93
$Ca(OH)_2$	74.9	KI	166.00
CO_2	44.01	KIO_3	214.00
CuO	79.55	KIO_3HIO_3	389.91
Cu_2O	143.09	$KMnO_4$	158.03
$CuSO_4 \cdot 5H_2O$	249.68	KNO_2	85.10
FeO	71.85	KOH	56.11
Fe_2O_3	159.69	K_2PtCl_6	485.99
$FeSO_4 \cdot 7H_2O$	278.01	$MgCO_3$	84.31
$FeSO_4(NH_4)SO_4 \cdot 6H_2O$	392.13	$MgCl_2$	95.21
H_3BO_4	61.83	$MgSO_4 \cdot 7H_2O$	246.47
$HC_2H_3O_2$(醋酸)	60.05	$MgNH_4PO_4 \cdot 6H_2O$	245.41
$H_2C_2O_4 \cdot 2H_2O$(草酸)	126.07	MgO	40.30
HCl	36.46	$Mg(OH)_2$	58.32
$HClO_4$	100.46	$Mg_2P_2O_7$	222.55
HNO_3	63.01	$Na_2B_4O_7 \cdot 10H_2O$	381.37
H_2O	18.015	$NaBr$	102.89
H_2O_2	34.02	$NaCl$	58.44
H_3PO_4	98.00	$Na_2C_2O_4$(草酸钠)	134.00
H_2SO_4	98.07	$NaC_7H_5O_2$(苯甲酸钠)	144.11
I_2	253.81	$Na_3C_6H_5O_7 \cdot 2H_2O$(枸橼酸钠)	294.10
$KAl(SO_4)_2 \cdot 12H_2O$	474.38	Na_2CO_3	105.99
KBr	119.00	$NaHCO_3$	84.01
$Na_2HPO_4 \cdot 12H_2O$	358.14	$(NH_4)_2SO_4$	132.13
$NaNO_2$	69.00	$PbCrO_4$	323.19
Na_2O	61.98	PbO_2	239.20
$NaOH$	40.00	$PbSO_4$	303.26
$Na_2S_2O_3$	158.10	P_2O_5	141.95
$Na_2S_2O_3 \cdot 5H_2O$	248.17	SiO_2	60.08
NH_3	17.03	SO_2	64.06
NH_4Cl	53.49	SO_3	80.06
$NH_3 \cdot H_2O$	35.05	ZnO	81.38
$(NH_4)_3PO_4 \cdot 12MoO_3$	1876.35		

附录三　弱酸、弱碱在水中的电离常数(25℃)

弱酸	分子式	K_a	pK_a
砷酸	H_3AsO_4	$6.30\times10^{-3}(K_{a_1})$	2.20
		$1.00\times10^{-7}(K_{a_2})$	7.00
		$3.20\times10^{-12}(K_{a_3})$	11.50
亚砷酸	H_3AsO_3	6.00×10^{-10}	9.22
硼酸	H_3BO_3	$5.80\times10^{-10}(K_{a_1})$	9.24
碳酸	$H_2CO_3(CO_2+H_2O)$(如不计水合 CO_2，H_2CO_3 的 $pK_{a_1}=3.76$)	$4.20\times10^{-7}(K_{a_1})$	6.38
		$5.60\times10^{-11}(K_{a_2})$	10.25
氢氰酸	HCN	6.20×10^{-10}	9.21
氰酸	HCNO	3.5×10^{-4}	3.46
铬酸	H_2CrO_4	$3.20\times10^{-7}(K_{a_2})$	6.49
氢氟酸	HF	6.60×10^{-4}	3.18
亚硝酸	HNO_2	5.10×10^{-4}	3.29
磷酸	H_3PO_4	$7.60\times10^{-3}(K_{a_1})$	2.12
		$6.30\times10^{-8}(K_{a_2})$	7.20
		$4.40\times10^{-13}(K_{a_3})$	12.36
焦磷酸	$H_4P_2O_7$	$3.00\times10^{-2}(K_{a_1})$	1.52
		$4.40\times10^{-3}(K_{a_2})$	2.36
		$2.50\times10^{-7}(K_{a_3})$	6.60
		$5.60\times10^{-19}(K_{a_4})$	9.25
亚磷酸	H_3PO_3	$5.00\times10^{-2}(K_{a_1})$	1.30
		$2.50\times10^{-7}(K_{a_2})$	6.60
氢硫酸	H_2S	$1.30\times10^{-7}(K_{a_1})$	6.60
		$7.10\times10^{-15}(K_{a_2})$	14.15
硫酸	H_2SO_4	$1.00\times10^{-2}(K_{a_1})$	1.99
亚硫酸	$H_2SO_3(SO_2+H_2O)$	$1.30\times10^{-2}(K_{a_1})$	1.90
		$6.30\times10^{-8}(K_{a_2})$	7.20
硫氰酸	HSCN	1.40×10^{-1}	0.85
偏硅酸	H_2SiO_3	$1.70\times10^{-10}(K_{a_1})$	9.77
		$1.60\times10^{-12}(K_{a_2})$	11.80
甲酸(蚁酸)	HCOOH	1.80×10^{-4}	3.74
乙酸(醋酸)	CH_3COOH	1.80×10^{-5}	4.74
丙酸	C_2H_5COOH	1.34×10^{-6}	4.87
一氯乙酸	CH_2ClOOH	1.40×10^{-3}	2.86
二氯乙酸	$CHCl_2COOH$	5.00×10^{-2}	1.30
三氯乙酸	CCl_3COOH	0.23	0.64
氨基乙酸盐	$^{+}NH_3CH_2COOH$	$4.50\times10^{-3}(K_{a_1})$	2.35
	$^{+}NH_3CH_2COO^{-}$	$2.50\times10^{-10}(K_{a_1})$	9.60
抗坏血酸	$O{=}C{-}C(OH){=}C(OH){-}CH{-}CHOH{-}CH_2OH$（C 与 CH 成环）	$5.00\times10^{-5}(K_{a_1})$	4.30
		$1.50\times10^{-10}(K_{a_2})$	9.82

续表

弱酸	分子式	K_a	pK_a
乳酸	$CH_3CHOHCOOH$	1.40×10^{-4}	3.86
苯甲酸	C_6H_5COOH	6.20×10^{-5}	4.21
草酸	$H_2C_4O_4$	$5.90\times10^{-2}(K_{a_1})$	1.22
		$6.40\times10^{-5}(K_{a_2})$	4.19
d-酒石酸	CH(OH)COOH–CH(OH)COOH	$9.10\times10^{-4}(K_{a_1})$	3.04
		$4.30\times10^{-5}(K_{a_2})$	4.37
酒石酸	$H_2C_4O_4$	$1.04\times10^{-3}(K_{a_1})$	2.98
		$4.55\times10^{-5}(K_{a_2})$	4.34
邻一苯二甲酸	$C_6H_4(COOH)_2$	$1.10\times10^{-3}(K_{a_1})$	2.95
		$3.90\times10^{-6}(K_{a_2})$	5.41
柠檬酸	CH_2COOH–C(OH)COOH–CH_2COOH	$7.40\times10^{-4}(K_{a_1})$	3.13
		$1.70\times10^{-5}(K_{a_2})$	4.76
		$4.00\times10^{-7}(K_{a_3})$	6.40
苯酚	C_6H_5OH	1.10×10^{-10}	9.95
乙二胺四乙酸 (EDTA)	H_6Y^{2+}	$0.1(K_{a_1})$	0.90
	H_5Y^{+}	$2.5\times10^{-2}(K_{a_2})$	1.60
	H_4Y	$1.00\times10^{-2}(K_{a_3})$	2.00
	H_3Y^{-}	$2.10\times10^{-3}(K_{a_4})$	2.67
	H_2Y^{2-}	$6.90\times10^{-7}(K_{a_5})$	6.16
	HY^{3-}	$5.50\times10^{-11}(K_{a_6})$	10.26
环已烷二胺四乙酸(CyDTA)	$C_6H_{10}[N(CH_2COOH)_2]_2$	$3.72\times10^{-3}(K_{a_1})$	2.43
		$3.02\times10^{-4}(K_{a_2})$	3.52
		$7.59\times10^{-7}(K_{a_3})$	6.12
		$2.00\times10^{-12}(K_{a_4})$	11.70
乙二醇二乙醚二胺四乙酸(EGTA)	CH_2—O—$(CH_2)_2$—N$(CH_2COOH)_2$ / CH_2—O—$(CH_2)_2$—N$(CH_2COOH)_2$	$1.00\times10^{-2}(K_{a_1})$	2.00
		$2.24\times10^{-3}(K_{a_2})$	2.65
		$2.41\times10^{-9}(K_{a_3})$	8.85
		$3.47\times10^{-10}(K_{a_4})$	9.46
二乙三胺五乙酸 (DTPA)	CH_2—CH_2—N$(CH_2COOH)_2$ / H—CH_2COOH / CH_2—CH_2—N$(CH_2COOH)_2$	$1.29\times10^{-2}(K_{a_1})$	1.89
		$1.62\times10^{-3}(K_{a_2})$	2.79
		$5.13\times10^{-5}(K_{a_3})$	4.29
		$2.46\times10^{-9}(K_{a_4})$	8.61
		$3.81\times10^{-11}(K_{a_5})$	10.48
水杨酸	$C_6H_4OHCOOH$	$1.00\times10^{-3}(K_{a_1})$	3.00
		$4.20\times10^{-13}(K_{a_2})$	12.38
磺基水杨酸	$C_6H_4SO_8HOHCCOOH$	$4.70\times10^{-3}(K_{a_1})$	2.33
		$4.80\times10^{-12}(K_{a_2})$	11.32
邻硝基苯甲酸	$C_6H_4NO_2COOH$	6.71×10^{-3}	2.17
硫代硫酸	$H_2S_2O_3$	$5.00\times10^{-1}(K_{a_1})$	0.30
		$1.00\times10^{-2}(K_{a_2})$	2.00

续表

弱酸	分子式	K_a	pK_a
苦味酸	$HOC_6H_2(NO_2)_3$	4.20×10^{-1}	0.38
邻二氮菲	$C_{12}H_8N_2$	1.10×10^{-5}	4.96
8-羟基喹啉	C_9H_6NOH	$9.60\times10^{-6}(K_{a_1})$	5.02
		$1.55\times10^{-10}(K_{a_2})$	9.81

弱碱	分子式	K_b	pK_b
稀氨溶液	$NH_3\cdot H_2O$	1.80×10^{-5}	4.74
联氨	H_2NNH_2	$3.00\times10^{-6}(K_{b_1})$	5.52
		$7.60\times10^{-15}(K_{b_2})$	14.12
羟氨	NH_2OH	9.10×10^{-9}	8.04
甲胺	CH_3NH_2	4.2×10^{-4}	3.38
乙胺	$C_2H_5NH_2$	5.60×10^{-4}	3.25
二甲胺	$(CH_3)_2NH$	1.20×10^{-4}	3.93
二乙胺	$(C_2H_5)_2NH$	1.30×10^{-3}	2.89
乙醇胺	$HOCH_2CH_2NH_2$	3.20×10^{-5}	4.50
三乙醇胺	$(HOCH_2CH_2)_3N$	5.80×10^{-7}	6.24
六次甲基乙酸	$(CH_2)_6N_4$	1.40×10^{-9}	8.85
乙二胺	$H_2NCH_2CH_2NH_2$	$8.50\times10^{-5}(K_{b_1})$	4.07
		$7.10\times10^{-8}(K_{b_2})$	7.15
吡啶	N	1.70×10^{-9}	8.77
喹啉	C_9H_7N	6.30×10^{-10}	9.20

附录四　难溶化合物的溶度积(18～25℃)

难溶化合物	K_{sp}	pK_{sp}	难溶化合物	K_{sp}	pK_{sp}
$Al(OH)_3$(无定形)	1.3×10^{-33}	32.90	$Bi(OH)_3$	4.0×10^{-31}	30.40
Al-8-羟基喹啉	1.0×10^{-29}	29.00	$BiOOH^*$	4.0×10^{-10}	9.40
Ag_3AsO_4	1.0×10^{-22}	22.00	BiI_3	8.1×10^{-19}	18.09
AgBr	5.0×10^{-13}	12.30	BiOCl	1.8×10^{-31}	30.75
Ag_2CO_3	8.1×10^{-12}	11.09	$BiPO_4$	1.3×10^{-23}	22.89
AgCl	1.8×10^{-10}	9.75	Bi_2S_3	1.0×10^{-97}	97.00
Ag_2CrO_4	2.0×10^{-12}	11.71	$CaCO_3$	2.9×10^{-9}	8.54
AgCN	1.2×10^{-16}	15.92	CaF_2	2.7×10^{-11}	10.57
AgOH	2.0×10^{-18}	17.71	$CaC_2O_4\cdot H_2O$	2.0×10^{-9}	8.70
AgI	9.3×10^{-17}	16.03	$Ca_3(PO_4)_2$	2.0×10^{-29}	28.70
$Ag_2C_2O_4$	3.5×10^{-11}	10.46	$CaSO_4$	9.1×10^{-6}	5.04
Ag_3PO_4	1.4×10^{-16}	15.84	Ca-8-羟基喹啉	7.6×10^{-12}	11.12
Ag_2SO_4	1.4×10^{-5}	4.84	$CaWO_4$	8.7×10^{-9}	8.06
Ag_2S	2.0×10^{-49}	48.70	$CdCO_3$	5.2×10^{-12}	11.28

续表

难溶化合物	K_{sp}	pK_{sp}	难溶化合物	K_{sp}	pK_{sp}
AgSCN	1.0×10^{-12}	12.00	$Cd_2[Fe(CN)_6]$	3.2×10^{-17}	16.49
As_2S_3	2.1×10^{-22}	21.68	$Cd(OH)_2$ (新析出)	2.5×10^{-14}	13.60
$BaCO_3$	5.0×10^{-9}	8.29	$CdC_2O_4\cdot3H_2O$	9.1×10^{-8}	7.04
$BaCrO_4$	1.2×10^{-10}	9.93	$Co_2[Fe(CN)_6]$	1.8×10^{-15}	14.74
BaF_2	1.0×10^{-6}	6.00	$CoCO_3$	1.4×10^{-13}	12.84
$BaC_2O_4\cdot2H_2O$	2.3×10^{-8}	7.64	$Co(OH)_2$ (新析出)	2.0×10^{-15}	14.70
Ba-8-羟基喹啉	5.0×10^{-9}	8.30	$Co(OH)_3$	2.4×10^{-44}	43.70
$BaSO_4$	1.1×10^{-10}	9.96	$Co[Hg(SCN)_4]$	1.5×10^{-6}	5.82
α-CoS	4.0×10^{-21}	20.40	$Mn(OH)_2$	1.9×10^{-16}	12.72
$Co_3(PO_4)_2$	2.0×10^{-35}	34.70	MnS (无定形)	2×10^{-10}	9.7
$Cr(OH)_3$	6.0×10^{-31}	30.20	MnS (晶形)	2×10^{-13}	12.7
CuBr	5.2×10^{-9}	8.28	Mn-8-羟基喹啉	2.0×10^{-22}	21.70
CuCl	1.2×10^{-6}	5.92	$NiCO_3$	6.6×10^{-9}	8.18
CuCN	3.2×10^{-20}	19.49	$Ni(OH)_2$ 新析出	2.0×10^{-15}	14.70
CuI	1.1×10^{-12}	11.96	$Ni_3(PO_4)_2$	5.0×10^{-31}	30.30
CuOH	1.0×10^{-14}	14.00	α-NiS	3.0×10^{-19}	18.50
Cu_2S	2.0×10^{-48}	47.70	β-NiS	1.0×10^{-24}	24.00
CuSCN	4.8×10^{-15}	14.32	γ-NiS	2.0×10^{-26}	25.70
$CuCO_3$	1.4×10^{-10}	9.86	Ni-8-羟基喹啉	8.0×10^{-27}	26.10
$Cu(OH)_2$	2.2×10^{-20}	19.66	$PbCO_3$	7.4×10^{-14}	13.13
CuS	6.0×10^{-36}	35.20	$PbCl_2$	1.6×10^{-5}	4.79
Cu-8-羟基喹啉	2.0×10^{-30}	29.70	PbClF	2.4×10^{-9}	8.62
$FeCO_3$	3.2×10^{-11}	10.50	$PbCrO_4$	2.8×10^{-13}	12.55
$Fe(OH)_2$	8.0×10^{-16}	15.10	PbF_2	2.7×10^{-8}	7.57
FeS	6.0×10^{-18}	17.20	$Pb(OH)_2$	1.2×10^{-15}	14.93
$Fe(OH)_3$	4.0×10^{-38}	37.40	PbI_2	7.1×10^{-9}	8.15
$FePO_4$	1.3×10^{-22}	21.89	$PbMoO_4$	1.0×10^{-13}	13.00
Hg_2Br_2**	5.8×10^{-23}	22.24	$Pb_3(PO_4)_2$	8.0×10^{-43}	42.10
Hg_2CO_3	8.9×10^{-17}	16.05	$PbSO_4$	1.6×10^{-8}	7.79
Hg_2Cl_2	1.3×10^{-18}	17.88	PbS	8.0×10^{-28}	27.10
$Hg_2(OH)_2$	2.0×10^{-24}	23.70	$Pb(OH)_4$	3.0×10^{-66}	65.50
Hg_2I_2	4.5×10^{-29}	28.35	$Sb(OH)_3$	4.0×10^{-42}	41.40
Hg_2SO_4	7.4×10^{-7}	6.13	Sb_2S_3	2.0×10^{-93}	92.70
Hg_2S	1.0×10^{-47}	47.00	SnS	1.0×10^{-25}	25.00
$Hg(OH)_2$	3.0×10^{-26}	25.52	$Sn(OH)_4$	1.0×10^{-56}	56.00
HgS (红色)	4.0×10^{-53}	52.40	SnS_2	2.0×10^{-27}	26.70
HgS (黑色)	2.0×10^{-52}	51.70	$SrCO_3$	1.1×10^{-19}	9.96
$MgNH_4PO_4$	2.0×10^{-13}	12.70	$SrCrO_4$	2.2×10^{-5}	4.65
$MgCO_3$	3.5×10^{-8}	7.46	SrF_2	2.4×10^{-9}	8.61
MgF_2	6.4×10^{-9}	8.19	$SrC_2O_4\cdot H_2O$	1.6×10^{-7}	6.80

续表

难溶化合物	K_{sp}	pK_{sp}	难溶化合物	K_{sp}	pK_{sp}
$Mg(OH)_2$	1.8×10^{-11}	10.74	$Sr_3(PO_4)_2$	4.1×10^{-28}	27.39
β-CoS	2.0×10^{-25}	24.70	$SrSO_4$	3.2×10^{-70}	6.49
Mg-8-羟基喹啉	4.0×10^{-16}	15.40	Sr-8-羟基喹啉	5.0×10^{-10}	9.30
$MnCO_3$	1.8×10^{-11}	10.74	$Ti(OH)_3$	1.0×10^{-40}	40.00
$TiO(OH)_2$***	1.0×10^{-29}	29.00	$Zn_3(PO_4)_2$	9.1×10^{-33}	32.04
$ZnCO_3$	1.4×10^{-11}	10.84	ZnS	1.2×10^{-23}	22.92
$Zn_2[Fe(CN)_6]$	4.1×10^{-16}	15.39	Zn-8-羟基喹啉	5.0×10^{-25}	24.30
$Zn(OH)_2$	1.2×10^{-17}	16.92			

*BiOOH $K_{sp}=[BiO^+][OH^-]$

**$(Hg_2)_mX_n$ $K_{sp}=[Hg_2^{2+}]^m[X^{-2m/n}]^n$

***$TiO(OH)_2$ $K_{sp}=[TiO^{2+}][OH^-]^2$

附录五 氨酸配合剂类配合物的形成常数(18～25℃)

金属离子	logK					
	EDTA	CyDTA	DTPA	EGTA	HEDTA	TTHA
Ag^+	7.32			6.88	6.71	8.67
Al^{3+}	16.3	19.5	18.6	13.9	14.3	19.7
Ba^{2+}	7.86	8.69	8.87	8.41	6.3	8.22
Be^{2+}	9.3	11.51				
Bi^{3+}	27.94	32.3	35.6		22.3	
Ca^{2+}	10.96	13.20	10.83	10.97	8.3	10.06
Cd^{2+}	16.46	19.93	19.2	16.7	13.3	19.8
Ce^{3+}	15.98	16.76				
Co^{2+}	16.31	19.92	19.27	12.39	14.6	17.1
Co^{3+}	36				37.4	
Cr^{3+}	23.4					
Cu^{2+}	18.80	22.00	21.55	17.71	17.6	19.2
Er^{3+}						23.19
Fe^{2+}	14.32	19.0	16.5	11.87	12.3	
Fe^{3+}	25.1	30.1	28.0	20.5	19.8	26.8
Ga^{3+}	20.3	23.2	25.54		16.9	
Hg^{2+}	21.80	25.00	26.70	23.2	20.30	26.8
In^{3+}	25.0	28.8	29.0		20.2	
La^{3+}		16.26				22.22
Li^+	2.79					
Mg^{2+}	8.7	11.02	9.30	5.21	7.0	8.43
Mn^{2+}	13.87	17.48	15.60	12.28	10.9	14.65
Mo(V)	～28					
Na^+	1.66					
Nd^{3+}	16.61	17.68				22.82

续表

金属离子	logK					
	EDTA	CyDTA	DTPA	EGTA	HEDTA	TTHA
Ni^{2+}	18.62	20.3	20.32	13.55	17.3	18.1
Pb^{3+}	18.04	20.38	18.80	14.71	15.7	17.1
Pd^{2+}	18.5					
Pr^{3+}	16.4	17.31				
Sc^{3+}	23.1	26.1	24.5	18.2		
Sm^{3+}						24.3
Sn^{2+}	22.11					
Sr^{2+}	8.73	10.59	9.77	8.50	6.9	9.26
Th^{4+}	23.2	25.6	28.78			31.9
TiO^{2+}	17.3					
Tl^{3+}	37.3	38.3				
U^{4+}	25.8	27.6	7.69			
VO^{2+}	18.8	20.1				
Y^{3+}	18.10	19.85	22.13	17.16	14.78	
Zn^{2+}	16.50	19.37	18.40	12.7	14.7	16.65
Zr^{4+}	29.5		35.8			
稀土元素	16～20	17～22	19		13～16	

EDTA：乙二胺四乙酸

CyDTA：1，2-二胺基环己烷四乙酸(或称 DCTA)

DTPA：二乙基三胺五乙酸

EGTA：乙二醇二乙醚二胺四乙酸

HEDTA：*N*-β 羟基乙基乙二胺三乙酸

TTHA：三乙基四胺六乙酸

附录六　标准电极电位表(25℃)

（按 $E^{\ominus}$ 值高低排列）

半反应	$E^{\ominus}$/V
F_2(气)$+2H^++2e$══$2HF$	3.06
O_3+2H^++2e══O_2+H_2O	2.07
$S_2O_8^{2-}+2H^++2e$══$2H_2O$	2.01
$H_2O_2+2H^++2e$══$2H_2O$	1.77
PbO_2(固)$+SO_4^{2-}+4H^++2e$══$PbSO_4$(固)$+2H_2O$	1.685
Au^++e══Au	1.68
$HClO_2+2H^++2e$══$HClO+H_2O$	1.64
$HClO+H^++e$══$1/2Cl_2+H_2O$	1.63
$Ce^{4+}+e$══Ce^{3+}	1.61
$H_5IO_6+H^++2e$══$IO_3^-+3H_2O$	1.60
$HBrO+H^++e$══$1/2Br_2+H_2O$	1.59
$BrO_3^-+6H^++5e$══$1/2Br_2+3H_2O$	1.52

续表

半反应	E^0/V
$MnO_4^- + 8H^+ + 5e = Mn^{2+} + 4H_2O$	1.51
$Au(\text{Ⅲ}) + 3e = Au$	1.50
$HClO + H^+ + 2e = Cl^- + H_2O$	1.49
$ClO_3^- + 6H^+ + 5e = 1/2Cl_2 + 2H_2O$	1.47
$PbO_2(\text{固}) + 4H^+ + 2e = Pb^{2+} + 2H_2O$	1.455
$HIO + H^+ + e = 1/2I_2 + H_2O$	1.45
$ClO_3^- + 6H^+ + 6e = Cl^- + 3H_2O$	1.45
$BrO_3^- + 6H^+ + 6e = Br^- + 3H_2O$	1.44
$Au(\text{Ⅲ}) + 2e = Au(\text{Ⅰ})$	1.41
$Cl_2(\text{气}) + 2e = 2Cl^-$	1.3595
$ClO_4^- + 8H^+ + 7e = 1/2Cl_2 + 4H_2O$	1.34
$Cr_2O_7^{2-} + 14H^+ + 6e = 2Cr^{3+} + 7H_2O$	1.33
$MnO_2(\text{固}) + 4H^+ + 2e = Mn^{2+} + 2H_2O$	1.23
$O_2(\text{气}) + 4H^+ + 4e = 2H_2O$	1.229
$IO_3^- + 6H^+ + 5e = 1/2I_2 + 3H_2O$	1.20
$ClO_4^- + 2H^+ + 2e = ClO_3^- + 3H_2O$	1.19
$AuCl_2^- + e = Au + 2Cl^-$	1.11
$Br_2(\text{水}) + 2e = 2Br^-$	1.087
$NO_2 + H^+ + e = HNO_2$	1.07
$Br_3^- + 2e = 3Br$	1.05
$HNO_2 + H^+ + e = NO(\text{气}) + H_2O$	1.00
$VO_2^+ + 2H^+ + e = VO^{2+} + H_2O$	1.00
$AuCl_4^- + 3e = Au + 4Cl^-$	0.99
$HIO + H^+ + 2e = I^- + H_2O$	0.99
$AuBr_2^- + e = Au + 2Br^-$	0.96
$NO_3^- + 3H^+ + 2e = HNO_2 + H_2O$	0.94
$ClO^- + H_2O + 2e = Cl_2 + 2OH^-$	0.89
$H_2O_2 + 2e = 2OH^-$	0.88
$AuBr_4^- + 3e = Au + 4Br^-$	0.87
$Cu^+ + I^- + e = CuI(\text{固})$	0.86
$Hg_2^{2+} + 2e = 2Hg$	0.845
$AuBr_4^- + 2e = AuBr_2^- + 2Br^-$	0.82
$NO_3^- + 2H^+ + e = NO_2 + H_2O$	0.80
$Ag^+ + e = Ag$	0.799
$Hg_2^{2+} + 2e = 2Hg$	0.793
$Fe^{3+} + e = Fe^{2+}$	0.771
$BrO^- + H_2O + 2e = Br^- + 2OH^-$	0.76
$O_2(\text{气}) + 2H^+ + 2e = H_2O_2$	0.682
$AsO_2^- + 2H_2O + 3e = As + 4OH^-$	0.68
$2HgCl_2 + 2e = Hg_2Cl_2(\text{固}) + 2Cl^-$	0.63

半反应	E^0/V
Hg_2SO_4(固)$+2e=\!=\!=2Hg+SO_4{}^{2-}$	0.6151
$MnO_4{}^-+2H_2O+3e=\!=\!=MnO_2$(固)$+4OH^-$	0.588
$MnO_4{}^-+e=\!=\!=MnO_4{}^{2-}$	0.564
$H_3AsO_4+2H^++2e=\!=\!=H_3AsO_3+H_2O$	0.599
$I_3{}^-+2e=\!=\!=3I^-$	0.545
I_2(固)$+2e=\!=\!=2I^-$	0.5345
Mo(Ⅵ)+e══Mo(Ⅴ)	0.53
$Cu^++e=\!=\!=Cu$	0.52
$4H_2SO_3+4H^++4e=\!=\!=S_2O_3{}^{2-}+6H_2O$	0.51
$HgCl_4{}^{2-}+2e=\!=\!=Hg+4Cl^-$	0.48
$2H_2SO_3+2H^++4e=\!=\!=S_2O_3{}^2O_2H+^-$	0.40
$Fe(CN)_6{}^{3-}+e=\!=\!=Fe(CN)_6{}^{4-}$	0.356
$Cu^{2+}+2e=\!=\!=Cu$	0.337
$VO^{2+}+2H^++e=\!=\!=V^{3+}+H_2O$	0.337
$BiO^++2H^++3e=\!=\!=Bi+H_2O$	0.32
Hg_2Cl_2(固)$+2e=\!=\!=2Hg+2Cl^-$	0.2676
$HAsO_2+3H^++3e=As+2H_2O$	0.248
$AgCl$(固)$+e=\!=\!=Ag+Cl^-$	0.2223
$SbO^++2H^++3e=\!=\!=Sb+H_2O$	0.212
$SO_4{}^{2-}+4H^++2e=\!=\!=SO_2$(水)$+2H_2O$	0.17
$Cu^{2+}+e=\!=\!=Cu^+$	0.159
$Sn^{4+}+2e=\!=\!=Sn^{2+}$	0.154
$S+2H^++2e=\!=\!=H_2S$(气)	0.141
$Hg_2Br_2+2e=\!=\!=2Hg+2Br$	0.1395
$TiO^{2+}+2H^++e=\!=\!=Ti^{3+}+H_2O$	0.1
$S_4O_6^{2-}+2e=\!=\!=2S_2O_3^2$	0.08
$AgBr$(固)$+e=\!=\!=Ag+Br^-$	0.071
$2H^++2e=\!=\!=H_2$	0.000
$O_2+H_2O+2e=\!=\!=HO_2^-+OH^-$	−0.067
$TiOCl+2H^++3Cl^++e=\!=\!=TiCl^-+H_2O$	−0.09
$Pb^{2+}+2e=\!=\!=Pb$	−0.126
$Sn^{2+}+2e=\!=\!=Sn$	−0.136
AgI(固)$+e=\!=\!=Ag+I^-$	−0.152
$Ni^{2+}+2e=\!=\!=Ni$	−0.246
$H_3PO_4+2H^++2e=\!=\!=H_3PO_3+H_2O$	−0.276
$Co^{2+}+2e=\!=\!=Co$	−0.277
$Tl^++e=\!=\!=Tl$	−0.3360
$In^{3+}+3e=\!=\!=In$	−0.345
$PbSO_4$(固)$+2e=\!=\!=Pb+SO_4^{2-}$	−0.3553
$SeO_2^{2}{}^-+3H_2O+4e=\!=\!=Se+6OH^-$	−0.366

续表

半反应	E^0/V
$As+3H^++3e=AsH_3$	–0.38
$Se+2H^++2e=H_2Se$	–0.40
$Cd^{2+}+2e=Cd$	–0.403
$Cr^{3+}+e=Cr^{2+}$	–0.41
$Fe^{2+}+2e=Fe$	–0.440
$S+2e=S^{2-}$	–0.48
$2CO_2+2H^++2e=H_2C_2O_4$	–0.49
$H_3PO_3+2H^++2e=H_3PO_2+H_2O$	–0.50
$Sb+3H^++3e=SbH_3$	–0.51
$HPbO_2^-+H_2O+2e=Pb+3OH^-$	–0.54
$Ga^{3+}+3e=Ga$	–0.56
$TeO_3^{2-}+3H_2O+4e=Te+6OH^-$	–0.57
$2SO_3^{2-}+3H_2O+4e=S_2O_3^{2-}+6OH^-$	–0.58
$SO_3^{2-}+3H_2O+4e=S+6OH^-$	–0.66
$ASO_4^{3-}+2H_2O+2e=AsO^{2-}+4OH^-$	–0.67
Ag_2S(固)$+2e=2Ag+S^{2-}$	–0.69
$Cr^{2+}+2e=Cr$	–0.91
$HSnO_2^-+H_2O+2e=Sn+3OH^-$	–0.91
$Se+2e=Se^{2-}$	–0.92
$Sn(OH)_6^{2-}+2e=HSn_2^-+H_2O+3OH^-$	–0.93
$CNO^-+H_2O+2e=CN^-+2OH^-$	–0.97
$Mn^{2+}+2e=Mn$	–1.182
$ZnO_2^{2-}+2H_2O+2e=Zn+4OH^-$	–1.216
$Al^{3+}+3e=Al$	–1.66
$H_2AlO_3^-+H_2O+3e=Al+4OH^-$	–2.35
$Mg^{2+}+2e=Mg$	–2.37
$Na^++e=Na$	–2.714
$Ca^{2+}+2e=Ca$	–2.87
$Sr^++2e=Sr$	–2.89
$Ba^++2e=Ba$	–2.90
$K^++e=K$	–2.925
$Li^++e=Li$	–3.042